Jürgen Stockmar

Das große Buch
der Allradtechnik

Jürgen Stockmar

Das große Buch der Allradtechnik

Motor
buch
Verlag

Einbandgestaltung: Dos Luis Santos

ISBN 3-613-02436-5

1. Auflage 2004
Copyright © by Pietsch Verlag, Postfach 103743, 70032 Stuttgart
Ein Unternehmen der Paul Pietsch Verlage GmbH + Co.

Sie finden uns im Internet unter www.motorbuch-verlag.de

Lektorat: Joachim Kuch
Innengestaltung: GreenTomato Süd GmbH
Druck und Bindung: Henkel GmbH, 70435 Stuttgart
Printed in Germany

Eine alte Regel lautet: Bevor Du mit einem Buch beginnst, stelle sicher, dass es dieses nicht schon gibt. Bei unseren Recherchen entdeckten wir tatsächlich eine vielfältige Literatur zu Allradfahrzeugen. Diese Bücher beziehen sich aber ausschließlich auf bestimmte Fahrzeug-Typen oder Hersteller. Den umfassenden Überblick über das breite Angebot an Allradfahrzeugen und ihre Technik für den privaten Einsatz, der auch Vergleiche ermöglicht und die vielfältigen Aspekte in einen großen Zusammenhang setzt, gab es bis jetzt im deutschen Sprachraum noch nicht. Diese Lücke soll das vorliegende Buch schließen.

In immer kürzeren Abständen stellen japanische, koreanische, amerikanische und europäische Hersteller ihre neuen Modelle mit Allradantrieb vor. Heute können die Käufer aus einem kaum mehr zu überschauenden Modellangebot sowohl bei Limousinen, Stationwagen, Crossover-Fahrzeugen, SUVs, SAVs als auch Geländewagen ihre genaue Wahl aus einer Vielzahl von Karosserievarianten, Motoren und Ausstattungen treffen. Auch die für den Vierradantrieb eingesetzten Technologien variieren zwischen dem einfachen, zuschaltbaren Allradantrieb und dem komplexen, elektronisch gesteuerten und mit mehreren anderen Bordrechnern des Fahrzeugs verknüpften Allradsystem. Zu diesen faszinierenden Fahrzeugen für die privaten Nutzer und ihren Eigenschaften wollten wir möglichst ALLES WICHTIGE schreiben. Bei der Buchkonzeption waren wir also nicht gerade bescheiden. Allerdings reichen 232 Seiten zwischen zwei Buchdeckeln nicht aus, um bei dieser umfassenden Materie allen Details gebührenden Raum zu widmen. Doch in der Selbstbeschränkung zeigt sich der Meister und so betrachteten wir den schlanken Rahmen als Gelegenheit zur höheren Verdichtung des Stoffes. Gemeinsam mit der übersichtlichen Gestaltung sollte dann doch in definierten Grenzen ein hoher Wirkungsgrad für den Leser zu erreichen sein.

Ein solches Buch erfordert breite Unterstützung. An erster Stelle sei hier Rudolf Skarics genannt. Er trug als professioneller Motorjournalist mit vielfältigen Quellenhinweisen, Recherchen, Unterlagen und Ratschlägen zur generellen Konzeption bei und erstellte wichtige Modulteile.

Als Informationsquelle, die offensichtlich nie ausgeschöpft werden kann, bewies sich Heribert Lanzer. Er leitete über viele Jahre die Vorentwicklungs-Abteilung der Engineering-Division des Allrad-spezialisten Steyr-Daimler-Puch, heute MagnaSteyr. Sein umfangreiches Wissen auf allen Gebieten des Allradantriebes und sein reichhaltiges Archiv waren wichtige Quellen auch für außergewöhnliche Informationen und Unterlagen.

Sven Stockmar hat mit seiner profunden und detaillierten Kenntnis über Märkte, Marken und Modelle ebenfalls viele nützliche Hinweise und Ergänzungen beigesteuert. Ebenso wichtig waren auch seine stilsicheren Anmerkungen zu Sequenzen, die im Original ein Ingenieur-Grundstudium zum schnellen und völligen Verständnis verlangt hätten. Mit feinem Gespür leitete er uns häufig genug zu leserfreundlicheren Darstellungen.

Hilfreich standen uns auch mehrere Presseabteilungen von Automobil- und Zubehör-Herstellern zur Seite. Viele Informationen und Bilder von ihnen sind in den Umfang dieses Buches eingeflossen. Erstaunlich war aber auch zu sehen, wie wenig informativ einige offizielle Presseinformationen, Kataloge und Internetseiten besonders von Automobilfirmen aufgebaut sind. Eine der wichtigsten Regeln der Öffentlichkeitsarbeit „Tu Gutes und sprich drüber" scheint bei manchen Presseabteilungen in einem erkennbarem Desinteresse an der in ihren Fahrzeugen angewandten Technik unterzugehen. Glücklicherweise arbeiten aber weltweit Tausende von Fans der verschiedenen Marken und Modelle daran, auf ihren Internetseiten auch sonst offiziell nicht zugängliche Informationen bereitzustellen. Auch diesen Informanten gilt unser besonderer Dank.

Bei vielen Erläuterungen technischer Zusammenhänge und Details haben wir Automodelle als Beispiele angeführt, in denen diese beschriebenen Lösungen realisiert sind. Häufig finden sich die gleichen oder ähnliche Konstruktionen auch in anderen Fahrzeugen wieder. Aus Gründen der Vereinfachung, wegen der besseren Übersichtlichkeit und Lesbarkeit haben wir auf die Vollständigkeit bei der Nennung unserer exemplarischen Beispiele bewusst verzichtet.

Wir können uns gut vorstellen, dass nicht jeder Leser an jedem Kapitel dieses Buches gleichermaßen interessiert ist. Eines würde er vielleicht nur überfliegen oder sogar überschlagen, dafür aus anderen Umfängen umso mehr Informationen ziehen. Damit für diese Leser wichtige Basisinformationen nicht verloren gehen, haben wir grundlegende Aussagen in mehreren Kapiteln herausgearbeitet. Wiederholungen an verschiedenen Stellen dieses Buches sind also durchaus gewollt und nicht einfach bei der Korrektur übersehen worden.

Da der Anteil von Fahrerinnen speziell bei Sport Utility Vehicles und Sports Activity Vehicles sehr hoch ist, hoffen wir auch auf eine entsprechende weibliche Leserschaft. Dennoch wird in diesem Buch an den entsprechenden Stellen nur von „Fahrern" gesprochen. Wir bitten alle Damen, diesen Begriff als geschlechtsneutral aufzufassen und sich ganz bewusst eingeschlossen zu fühlen.

Und nun wünschen wir Ihnen viel Spaß beim Lesen dieses Buches. Wir hoffen, dass unsere Texte und Informationen Ihnen dabei helfen werden, für sich das richtige Fahrzeug mit Allradantrieb auszuwählen und gleichzeitig ein tieferes Verständnis für die spannende Materie der Technik und des richtigen Umgangs mit Allradfahrzeugen zu gewinnen.

Jürgen Stockmar und Team
Wien 2004

1.

Die Geschichte des Allradantriebs

Der Weg vom Rad
zum variantenreichen
HighTech-System

Die Erfindung des Rades als wichtigste notwendige Voraussetzung für alle Fahrzeuge verschwindet im Nebel der frühen Menschheitsgeschichte. Sehr wohl dokumentiert ist dagegen die erste Konstruktionszeichnung für ein Fahrzeug mit Vierradantrieb. 1506 legte Leonardo da Vinci den Entwurf für eine gepanzerte Kampfmaschine vor, deren vier Räder unabhängig voneinander von vier Maschinisten angetrieben wurden. Damit erfüllt dieser Geniestreich sogar die Bedingungen der modernsten Allradantriebe mit separaten Steuerungen für die einzelnen Räder nach dem Torque-Vectoring-Prinzip. Mit Leonardo da Vincis Entwurf für die beschriebene Kampfmaschine ist der Entwicklungsbeginn der Fahrzeuge mit Allradantrieb im Jahr 1506 klar gesetzt. Mit gutem Gewissen kann davon ausgegangen werden, dass vor dem großen Visionär Leonardo da Vinci keine ähnlichen Gedanken entstanden sind. Interessanterweise folgte Leonardo ein weiterer großer Geist nur wenige Jahre später ebenfalls mit einer detailliert zu Papier gebrachten Zeichnung für einen von vier Personen angetriebenen Prunk-Wagen mit Vierradantrieb: kein geringerer als Albrecht Dürer hatte diese Idee um 1520 geboren.

Die folgenden stürmischen Jahrhunderte verliefen – allerdings nur im Hinblick auf allradgetriebene Fahrzeuge – ohne weitere Neuentwicklungen oder zusätzliche Erkenntnisse. Die menschliche Kraft war für den Antrieb von schwereren Fahrzeugen bei weitem nicht ausreichend und Zugtiere wurden schon seit Jahrtausenden vor die Wagen gespannt, weil sie so ihre ganze Kraft am besten einsetzen konnten. Die Verfolgung weiterer Ideen auf dem Antriebs-Sektor wäre Verschwendung von Zeit, Energie und Intelligenz gewesen. Und alle drei wurden dringend benötigt, um die damals anstehenden großen Probleme für die Bevölkerung zu lösen.

Der Einsatz kreativer Intelligenz führte im 18. Jahrhundert zur Erfindung der Dampfmaschine. Der Engländer Thomas Newcomen realisierte bereits 1712 eine atmosphärische Dampfmaschine mit extrem schlechtem Wirkungsgrad und völlig unbefriedigender Leistung. Erst James Watt gelang dann 1765 der Durchbruch mit seiner Niederdruckdampfmaschine, die als erste steuerbare Kraftmaschine in der Geschichte der Menschheit in der weiteren Zukunft viele Probleme lösen sollte. Ab 1787 diente die Dampfmaschine von James Watt als Antrieb in Textilbetrieben und bildete damit die technische Grundlage für die erste industrielle Revolution.

Jetzt waren die ingeniuesen Denker wieder gefordert, eine sinnvolle Kombination von Kraftmaschine und Wagen zu einem praktikablen Transportmittel zu schaffen. Was bisher nur in Ideen und Zeichnungen möglich gewesen war, konnte nun endlich in die Realität umgesetzt werden. Dorfschmiede, Erfinder, Fantasten, mu-

tige Investoren und Visionäre stürzten sich auf diese neue Antriebsquelle und pflanzten sie in die skurrilsten Gefährte. Keine dieser Konstruktionen, die hauptsächlich in Großbritannien entstanden, hat Jahre überdauert oder sonderlichen Erfolg erringen können. Die Vielfalt der Dampfmaschinen-getriebenen ersten „Automobile" belegt die konzeptionellen Schwierigkeiten, mit denen die Erfinder zu kämpfen hatten, um aus der schwergewichtigen stationären Dampfmaschine eine mobile Antriebseinheit zu entwickeln. So griffen die Konstrukteure als Lösungsweg eine Idee wieder auf, die seit der Renaissance geschlummert hatte: den Allradantrieb.

Die Dampfmaschine macht das erste Allradfahrzeug mobil

Natürlich gingen viele große Ideen, wenn sie keinen Durchbruch erringen konnten, im Dunst der Vergangenheit verloren.

Glücklicherweise war es aber schon immer das Bestreben von Menschen mit innovativen Ideen, diese auch kommerziell nutzen zu können. Dieser Nutzung ging der Schutz des geistigen Eigentums voraus, der am besten mit gewährten Patenten verteidigt werden konnte.

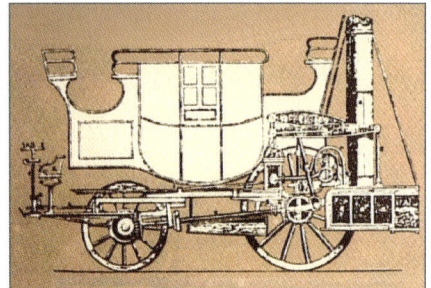 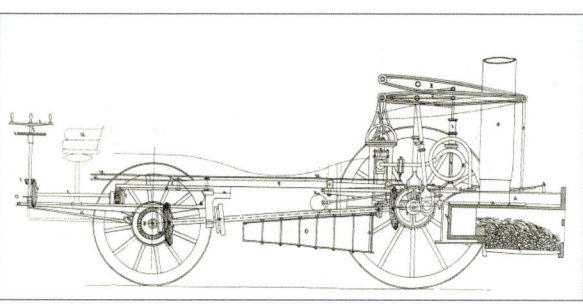

Mut war nötig, um sich 1827 diesem ersten Automobil mit Dampfmaschinenantrieb und zuschaltbaren Allradsystem von Burstall und Hill zur Fahrt über Englands Wege anzuvertrauen.

So belegen Patente auch die technischen Fortschritte mit den häufig mühsamen Wegen – und vielen Irrwegen – zu dem jeweiligen Stand der Technik, auf dem die nächsten Entwicklungsstufen mit ihren Verbesserungen wieder aufbauen.

Auf diese Weise lassen sich heute noch detailliert die Gedankengänge der Erfinder früherer Jahrhunderte nachvollziehen.

Im Jahr 1825 wurde den beiden Engländern Timothy Burstall und John Hill vom Königlich Britischen Patentamt ein Patent für eine dampfgetriebene Transportmaschine unter der Nummer A.D.1825 5090 erteilt, das für die Entwicklungsgeschichte der Allradantriebes einen Paukenschlag in der Neuzeit bedeutet: Burstall und Hill statteten ihr Fahrzeug nämlich mit einem zuschaltbaren Vorderradantrieb zusätzlich zu dem permanenten Hinterradantrieb aus. Ihrer Zeit weit voraus trieben sie die zuschaltbare Vorderachse über eine lange Kardanwelle an, während andere Konstrukteure noch Jahrzehnte auf Riemen, Ketten und sogar Seilantrieb vertrauten.1827 rollte das erste Fahrzeug der Welt mit mechanischem Antrieb auf alle vier Räder über Englands Strassen. Von „fahren" im heutigen Sinne konnte dabei noch keine Rede sein, denn das fast acht Tonnen schwere Gefährt erreichte gerade einmal Fußgängergeschwindigkeit.

Der Dampfwagen besaß eine verbesserte Drehschemellenkung. Dadurch umgingen Burstall und Hill das Problem der großen Verspannung der beiden Achsen gegeneinander beim Kurvenfahren. Die beiden Räder der Vorder- und Hinterachse waren aber starr miteinander verbunden, sodass dieses Fahrzeug beim Befahren einer engen Kurve durch die hohe innere Reibung des Antriebs-Systems stark abgebremst wurde.

Das älteste bekannte Patent für eine Differenzial-Anordnung wurde erst 1865 in Amerika gewährt. So ist es gut möglich, dass Burstall und Hill den genialen Drehzahlausgleich durch ein Differenzialgetriebe noch gar nicht kannten. Die gleiche Vermutung gilt auch für die nächste Erfindung.

Erst drei Jahrzehnte später, am 31. März 1857, gewährte das Patentamt der Vereinigten Staaten von Amerika dem Erfinder John S.

Hall ebenfalls ein Patent auf einen Dampfwagen mit Allradantrieb unter der Patentnummer 16919.

Mister Hall kombinierte für seinen vierradgetriebenen Dampfwagen einige erstaunlich moderne Elemente mit wenig Erfolg versprechenden Konstruktionsprinzipien. Ihm war offensichtlich schon bewusst, dass bei einer herkömmlichen Drehschemel-Lenkung die Vorderachse beim Kurvenfahren einen unterschiedlichen Weg gegenüber der Hinterachse zurücklegt. Deshalb schlug Hall für seinen Dampfwagen ebenfalls eine Knick-Lenkung vor. Das Konzept des Vierradantriebes war wieder aufgegriffen und von nachfolgenden Konstrukteuren dann innerhalb weniger Jahre bis zur Praxistauglichkeit weiterentwickelt worden.

Vier Elektromotoren als Umweg zum Allrad-Automobil

Praxistauglichkeit und Zuverlässigkeit waren in den stürmischen Entwicklungsjahren nicht die Stärken des noch jungen Automobils. Gerade der Verbrennungsmotor, der mit seiner Kompaktheit erst den Durchbruch für das Kraftfahrzeug ermöglichte, benötigte noch Jahrzehnte der ständigen Verbesserung, bis er zu einer verlässli-

Ferdinand Porsche auf dem Beifahrersitz des von ihm konstruierten Lohner-Porsche mit vier elektrischen Radnabenmotoren von insgesamt 10 PS.

chen Kraftmaschine entwickelt werden konnte. Im Gegensatz dazu hatten die Elektromotoren und die Batterien bereits einen höheren Reifegrad erreicht und standen – damals schon – als ernstzunehmende alternative Antriebsquelle für das Automobil durchaus im heftigen Konkurrenzkampf mit dem Verbrennungsmotor. So darf es nicht verwundern, wenn der damalige 25-jährige Cheftechniker der Hofwagen-Fabrik Jakob Lohner & Co in Wien den Elektroantrieb als Quelle für die Fortbewegung der Lohner-Fahrzeuge auswählte. Die elektrischen Radnabenmotoren mit jeweils 2,5 PS trieben in der Standardversion die Vorderräder an.

Schon damals setzten finanzstarke Enthusiasten Automobile in motorsportlichen Wettbewerben ein. Um die Forderungen des englischen Rennfahrers E.W. Hart nach mehr Leistung und damit höherer Geschwindigkeit seines Elektro-Fahrzeuges zu erfüllen, griff der junge Ingenieur bei Lohner zu einem Trick: Er montierte Radnabenmotoren an den Vorder- und den Hinterrädern und verdoppelte so die Leistung des Fahrzeuges auf immerhin 10 PS. Die Beschleunigung des Lohner-„Rennwagens" dürfte trotz der durch den Vierradantrieb verdoppelten Motorleistung wenig beeindruckend gewesen sein, denn allein die Batterien für die vier Motoren wogen 1800 Kilogramm. Immerhin reichte die Motorleistung, um das schwergewichtige Gefährt auf eine Höchstgeschwindigkeit von 60 km pro Stunde zu bringen. Für das Jahr 1900 ganz ohne Frage ein Tempo, das damals selbst ernsthafte Wissenschaftler als für den menschlichen Organismus äußerst schädlich eingestuft haben.

Bereits bei diesen beiden Konstruktionen bewies der junge Chefingenieur von Lohner & Co sein ungewöhnliches Talent, eigene Lösungsansätze für gestellte Probleme zu finden. Der Radnabenmotor und das erste dokumentierte einsatzfähige Straßenfahrzeug mit Vierradantrieb waren aber nur die ersten Beweise, die der junge Ingenieur für seine herausragende Begabung als Automobil-Konstrukteur lieferte. Die Automobilwelt sollte von ihm noch mit vielen weiteren Zeugnissen seiner Fähigkeiten über Jahrzehnte geprägt werden. Sein Name: Ferdinand Porsche.

Die Geschichte des modernen Allradantriebs beginnt in Holland

Ausgerechnet in den topfebenen Niederlanden schufen Jacobus und Hendrik-Jan Spijker 1903 das erste Automobil mit einem mechanischen Vierradantriebskonzept, wie es heute noch verwendet wird: Der vorne längs eingebaute Sechszylindermotor trieb über ein zweistufiges Verteilergetriebe mit Zentraldifferenzial und Kardanwellen die Vorder- und Hinterachse permanent an. Der gesamte Fahrzeugentwurf der beiden Konstrukteure J.-V. Laviolette und F.W. Brand war seiner Zeit um einen Quantensprung voraus, und Zeitgenossen lobten überdies die hohe Qualität der Gesamtausführung des Wagens. Die Brüder Spijker vermarkteten ihre Fahrzeuge unter dem Markennamen Spyker, um Zungenbrecher bei Nicht-Niederländern zu vermeiden.

Wie schon beim Lohner-Porsche-Vierradantriebsfahrzeug war auch beim Spyker-Vierradwagen der Motorsport die treibende Kraft für die Umsetzung einer genialen Idee. Denn dieses Fahrzeug sollte Rennsiege erringen, wie schon der Name „Grand Prix Racer" klar bestimmt. Bei der Konzeption dieses Rennwagens ging das Spijker-Team von drei auch heute noch uneingeschränkt gültigen Konstruktionsprinzipien aus:

Erstens: Hubraum ist durch nichts zu ersetzen. Diese Erkenntnis ließ es den ersten Sechszylindermotor der Welt konstruieren, der mit seinem gewaltigen Hubraum von 8,7 Litern genügend Leistung für motorsportliche Wettbewerbe entwickelte. Immerhin 60 PS standen dem Fahrer zur Verfügung.

Zweitens: Hohe Leistung lässt sich am besten über alle vier Räder auf die Straße bringen – insbesondere im Hinblick auf die damals zur Verfügung stehenden schmalen Reifen.

Drittens: Wer schnell fahren will, muss auch über gute Bremsen verfügen.

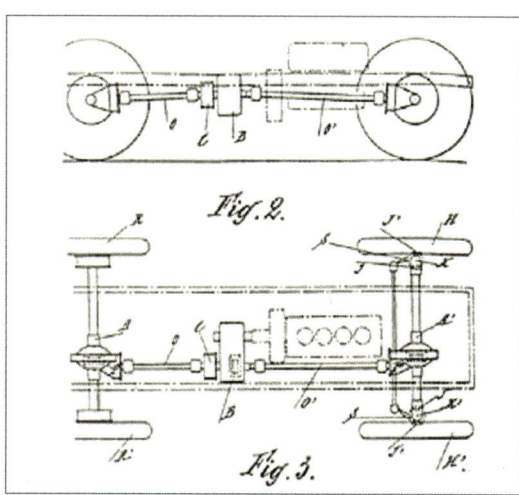

Der Spyker Grand Prix Racer bremste deshalb, wohl als erstes Fahrzeug der Welt, zusätzlich zu den Hinterrädern auch die Vorderräder.

Mit der Realisierung dieser Erkenntnisse schufen die Spyker-Konstrukteure ein Fahrzeug, das als Meilenstein in der Automobil-Historie, als erstes modernes Fahrzeug mit noch heute gültiger Konzeption angesehen werden kann. Dass Konstrukteure und Fahrzeuge dennoch nur einen geringen Bekanntheitsgrad erringen konnten, gehört zu den Ungerechtigkeiten des Lebens.

Daimler-Benz wird auf dem Vierrad-Sektor aktiv

Ebenfalls 1903 präsentierte dann – endlich – ein Unternehmen seine ersten Fahrzeuge mit Vierradantrieb, das auch heute noch auf diesem Feld erfolgreich Allrad-Fahrzeuge in mehreren Klassen in Großserie produziert. Daimler-Benz stellte die ersten Nutzfahrzeuge mit Vierradantrieb für verschiedene Einsatzzwecke vor.

Der erste Weltkrieg erforderte dann für verschiedenste militärische Operationen Fahrzeuge mit äußerster Geländegängigkeit. Der Allradantrieb bedeutete für die Erfüllung der militärischen Lastenhefte die wichtigste Option. Ferdinand Porsche griff für seine Kon-

Vor dem zweiten Weltkrieg entstanden in Deutschland mehrere Geländewagen für den militärischen Einsatz wie dieser Mercedes-Benz G5 mit Vierradlenkung.

struktion einer extra schweren Kanonen-Zugmaschine auf die schon beim Lohner-Porsche erprobten Radnabenantriebe zurück, die er mit einem Hybrid-System mit Verbrennungsmotor und Generator paarte. Mehrere andere Firmen entwickelten Fahrzeuge mit Kettenantrieb statt der Hinterräder, um die mangelnde Traktion von Reifen in unwegsamem Gelände zu umgehen.

Bei Mercedes-Benz beschritt man einen anderen Weg. Von den Kollegen aus der Lastwagensparte übernahm man 1926 das Konzept, vier statt der üblichen zwei Hinterräder unter das Chassis eines Personenwagens zu platzieren und erzielte damit ähnlich überragende Geländefahreigenschaften wie mit einem leichten Sechsrad-Lkw. Die zeitgenössischen Fotos dieses G1 getauften Geländewagens lichten Herren in Zivilkleidung ab, die der Kluft von Geheimdienstlern in Vorkriegsfilmen ähnlich sehen. Der primäre Einsatzzweck vom G1 dürfte damit klar beschrieben sein. Mehrere Entwicklungsstufen führten zum G4, der ebenfalls über ein Sechsradchassis, aber einen luxuriösen Aufbau mit großem Faltverdeck verfügte. Im Vorstellungsjahr 1933 war der Bedarf an standesgemäßer Motorisierung der oberen Parteibonzen wohl schon von weitsichtigen Verkaufsspezialisten zu ahnen.

Der zweite Weltkrieg fordert Geländewagen mit Allradantrieb

Gleichzeitig stellten Mercedes-Benz und BMW und weitere Firmen im Jahr 1937 einen kleineren Geländewagen mit Vierradantrieb, drei sperrbaren Differenzialen, Vierradlenkung und unabhängigen Radaufhängungen vor. Die Modelle Mercedes-Benz G5 und BMW 325 realisierten die Lastenheftforderungen der deutschen Wehrmacht zu einem „Einheits-Pkw mit Allradantrieb". Noch konnte niemand ahnen, dass letztendlich der Volkswagen Kübelwagen der Einheits-Personen wagen des deutschen Heeres werden sollte – allerdings nur mit Heckantrieb. 50435 Kübelwagen wurden von 1939 bis Kriegsende in Wolfsburg produziert. Der VW Schwimmwagen, Typ 166, von 1942 bis 1944 in immerhin 14283 Exemplaren gebaut, und eine Spezialversion des VW Käfers (Typ 87) besaßen dagegen einen zuschaltbaren Vorderradantrieb.

Die technischen Ausführungen der aufwendigen Allradantriebe der BMW und Mercedes-Benz-Konstruktionen belegen, dass die Konstrukteure schon lange das damals erreichbare Optimum an mechanischer Leistungsübertragung auf alle Räder bestens einzu-

setzen wussten. Wie schon beim Spyker konnten die Fahrer je nach Geländeanforderung zwei Übersetzungen im Verteilergetriebe wählen, drei Differenziale übertrugen die Kraft des bärenstarken Motors gleichmäßig auf alle vier Räder und erlaubten das Kurvenfahren ohne Erzeugung hoher Blindmomente. Da diese gleichmäßige Verteilung auf glattem Untergrund auch von Nachteil sein kann, wurden die Differenziale sperrbar ausgeführt. Einfache Klauenkupplungen übernahmen diese Aufgabe - und tun es auch heute noch ebenso zuverlässig in vielen Allradfahrzeugen auf der ganzen Welt.

Die notwendigen Antriebs-Gelenke funktionierten selbst beim – allerdings begrenzten – Volleinschlag der Vorderräder ganz passabel.

Insgesamt verfügten also schon die Vorkriegs-Allradfahrzeuge über alle mechanischen Komponenten, die auch heute noch zur Basisausstattung von Millionen Geländewagen gehören.

Die US-Army beauftragt den berühmtesten Geländewagen

1940 gab die US-Armee die Ausschreibung für einen leichten Geländewagen mit Vierradantrieb heraus, nachdem die kleine Firma American Bantam Car Company Armeevertretern die Vorzüge eines solchen Fahrzeugs anhand von Konzept-Unterlagen nahegebracht hatte. Willys Overland gewann mit seiner Konstruktion diesen Wettbewerb. Die Armee traute allerdings Willys Overland mit den begrenzten Kapazitäten nicht zu, die benötigten Stückzahlen der Geländefahrzeuge bauen zu können. So wurde Ford als zweiter Produzent des Allzweck-Fahrzeuges ausgewählt. Insgesamt bauten Willys Overland und Ford von 1941 bis 1945 mehr als 700.000 Fahrzeuge, die auf der ganzen Welt erfolgreich im Einsatz waren.

Ford belegte das neue Mehrzweckfahrzeug für die US-Armee mit dem Modell-Code „GPW". G stand für Government, P bezeichnete den Radstand von 80 Zoll, und W wies auf den von Willys übernommenen Motor hin. Im Abkürzungsjargon der Soldaten wurde daraus zunächst „GeePee" und dann durch Sprachverschleifung der Name Jeep. Eine andere Entstehungsgeschichte des Namens Jeep rührt von der ursprünglichen Bezeichnung des Fahrzeugs durch Bantam her. Dort wurde das Modell als General Purpose Vehicle entwickelt, woraus dann wiederum GeePeeVee und später Jeep wurde. Welchen Ursprung der Begriff Jeep auch hat, so sind beide Varianten der kolportierten Geschichten doch zumindest glaubhaft – oder schön erfunden.

Die technischen Daten dieses Mehrzweckfahrzeuges belegen, dass der Jeep zunächst nur die Anforderungen von „Basic Transportation" erfüllen sollte. Ein einfacher, robuster Vierzylinder-Ottomotor mit 60 PS aus 2,2 l Hubraum trieb das leer 1,1 t schwere Geländefahrzeug über ein Dreiganggetriebe mit einem nachgeschalteten zweistufigen Verteilergetriebe und einem zuschaltbaren Vierradantrieb an. Der Jeep besaß vorn und hinten an Blattfedern geführte Starrachsen und ringsum Trommelbremsen. Er wühlte sich mit Reifen der Dimension 6.00x16 auch durch das übelste Gelände.

Älteren Geländerwagenfahrern bleibt diese Reifendimension immer als Standard in Erinnerung, für die es selbst im hintersten Winkel der Welt noch Ersatzreifen gab.

Dieses robuste Fahrzeug erfüllte während des Zweiten Weltkrieges an allen Fronten der Welt zuverlässig seinen Dienst. Der Jeep repräsentierte in unzähligen Filmen die Mobilität der amerikanischen Armee und gewann einen Bekanntheitsgrad, wie kein anderes Militärfahrzeug zuvor. Ein Mythos war geboren. Der Mythos Jeep endete aber nicht mit dem Krieg, sondern er gewann in den Jahren danach noch zusätzlichen Glanz. Mit Fug und Recht kann der Jeep als Urvater aller auch heutigen Geländewagen angesehen werden, der die Faszination dieser Fahrzeuggattung begründet hat. Fast 60 Jahre nach der Vorstellung des ersten Jeep-Prototyps lebt der Grundgedanke dieser Konzeption in Millionen moderner Geländefahrzeuge fort – wenn auch mit erheblich verfeinertem Design und technischen Inhalten.

Doch nicht nur der Grundgedanke des zuverlässigen Geländewagens lebt fort, auch der Jeep hat – sogar als eigenständige Marke

– die Jahrzehnte mit einer wechselvollen Geschichte überstanden. Willys Overland ging im Unternehmen American Motors Corporation (AMC) auf, das wiederum einige Jahre später von Renault übernommen wurde. Mit Renaults Rückzug vom amerikanischen Markt wurde AMC, und damit auch Jeep, an Chrysler verkauft.

Trotz dieser wechselvollen kommerziellen Geschichte überstand die Marke Jeep alle Tiefen und überlebte. Heute ist Jeep mit mehreren Modellreihen ein prosperierender Teil des weltumspannenden Daimler-Chrysler-Konzerns und besitzt eine treue Anhängerschaft.

Das schlüssige Konzept des Jeeps hat dem Geländewagen mit Allradantrieb auch für den privaten Nutzer weltweit zum Durchbruch verholfen. Noch heute steht der Name Jeep als synonymer Gattungsbegriff für leichte Geländefahrzeuge.

Der Jeep wurde als meistgebauter und zuverlässiger Geländewagen während des zweiten Weltkriegs zum Mythos und begründete die Allradwelle.

Rover entdeckt den Allradmarkt

Der Land-Rover basierte auf dem gleichen einfachen Konzept wie der Jeep und transportierte die Geländewagen-Idee nach Europa und in unzählige Länder.

Indirekt war der Jeep auch für die Entstehung einer weiteren Geländewagen-Ikone, nämlich des Land-Rover, verantwortlich. Der englische Automobilhersteller Rover suchte nach dem Krieg ein profitables Betätigungsfeld, das man in der Produktion von geländegängigen Fahrzeugen für den Zivileinsatz sah. 1947 fuhr der erste Land-Rover Prototyp, der noch auf dem Chassis eines Jeep entstanden war. So wies der Land-Rover mit 80 Zoll auch den identischen Radstand des Jeep auf. Über dieses Chassis des Jeep hatten die Konstrukteure einen Aluminiumaufbau - jedoch mit Türen - gesetzt. Zunächst mühte sich im Land-Rover nur ein 1,6 l Vierzylinder-Motor ab, der erst 1952 durch eine Zweilitermaschine ersetzt wurde. Ab 1954 genoss der Land-Rover eine grundlegende Überarbeitung, wobei der Radstand zunächst auf 86 Zoll, später für Sondermodelle auch auf 107 Zoll anwuchs. Ab 1957 konnte der Land-Rover auch mit einem Zweiliter-Diesel-Motor geordert werden, und ab 1958 wurde die Serie 2 Land-Rover angeboten, die in den verschiedensten Ausführungen vom Band liefen.

Wegen seiner Variantenvielfalt, der langlebigen Aluminiumkarosserie, der Zuverlässigkeit und der einfachen Wartung versah der Land-Rover seine Dienste bei den Schafzüchtern auf den Faröer-Inseln genauso zuverlässig wie bei Wüsten-Expeditionen oder als militärisches Transportmittel.

Der Toyota Land Cruiser startet eine Weltkarriere

1951 stellte Toyota den Prototyp des Land Cruiser-Modell BJ vor. Die Ableitung vom Jeep-Konzept ist diesem Modell deutlich anzusehen, wenn auch Toyota in der Version für Polizei und andere Behörden einen geschlossenen Aufbau vorsah. Die Militärversion des Land Cruiser BJ sieht dagegen dem Jeep als Konzeptspender zum Verwechseln ähnlich. Und unter dem Aufbau bedient sich Toyota exakt der gleichen Allrad-Technik wie der Jeep: Dreigang-Getriebe mit nachgeschaltetem zweistufigen Verteilergetriebe und zuschaltbarem Vorderradantrieb.

1954 lässt Toyota für den Land Cruiser die Serienproduktion anlaufen, und schon 1955 wird der ursprüngliche 85 PS-Diesel-Motor durch ein 125 PS-3,8 l-Ottomotor ersetzt. Als konstruktiver Neustart auf Basis bewährter Konzepte und mit dieser großzügigen Motorisierung ist der Land Cruiser seinem Stammvater Jeep und der Konkurrenz aus England deutlich überlegen. Ab 1957 wird der Land Cruiser in Amerika verkauft und entwickelt sich dort schnell zu Toyotas Bestseller. Seine Eigenschaften tragen maßgeblich dazu bei, dass Toyota und nachfolgend auch andere japanische Automobil-Firmen ihre Position auf dem nordamerikanischen Markt mit beeindruckender Schnelligkeit ausbauen können. Und natürlich übernehmen die Toyota Land Cruiser auch in vielen asiatischen Ländern und in Afrika die Rolle eines Stoßtrupps bei der Eroberung dieser Märkte durch Toyota – und im Gefolge auch durch andere japanische Hersteller.

Toyota erweitere die Jeep-Idee zur universelleren Fahrzeugnutzung und legte mit diesem Modell ab 1954 den Grundstein für den weltweiten Erfolg der Marke.

Amerika entdeckt den privaten Allradmarkt spät, aber erfolgreich

In den USA selber benötigten die Marketingstrategen der Automobilhersteller einige Jahre länger als die Japaner, um ebenfalls Konkurrenzmodelle zum Jeep – und vielleicht sogar schon zum Toyota Land Cruiser – vorzustellen. Nach nur zweijähriger Entwicklungs- und Produktionsvorbereitungszeit präsentierte International Harvester im Januar 1961 mit dem Scout ihren Konkurrenten zum Jeep. Das erste Modell, der Scout 80, war sowohl mit Zweirad als auch mit Vierradantrieb erhältlich. Ein 90 PS starker Vierzylindermotor versuchte über ein Dreiganggetriebe, für den nötigen Vortrieb zu sorgen.

Mit dem Scout 80 von International Harvester schlug in den USA die Geburtsstunde der Sport Utility Vehicles- wenn sie auch noch nicht so genannt wurden. Leider existieren von den ersten Scout-Modellen nur noch schlecht restaurierte Exemplare.

Jeep, Land Cruiser und Scout zeigten dann auch den Großen Zwei Ford und General Motors, dass hier ein Markt der kleineren Geländewagen zusätzlich zu den schon seit Jahrzehnten produzierten größeren Nutzfahrzeugen bearbeitet werden muss. Ford startete mit dem Bronco 1966, General Motors führte den Chevrolet Blazer erst 1969 ein. Alle diese Modelle wiesen zu Beginn ihrer Karriere einen spartanischen Charakter auf, wie auch schon ihr Name Utility Vehicles klarstellt. Diese Fahrzeuge waren als Light-duty-trucks, eben leichte Lastwagen, zugelassen, was den Käufern Steuern sparen half. Auch heute noch sind die inzwischen komplett ausgestatteten, gewachsenen, erstarkten und komfortableren Nachfolger dieser Modellreihen immer noch als Trucks eingestuft. Die Automobilhersteller profitierten von dieser Klassifizierung, weil sie weniger strenge Abgasnormen als die Personenwagen und keine Verbrauchsstandards erfüllen müssen. Längst sind aber aus den ehemaligen Utility Vehicles durch die Ausrüstung mit leistungsstarken Motoren und kompletter Komfortausstattung Sports Utility Vehicles (SUVs) geworden. Lastwagen sind sie im Auge des Gesetzgebers in den USA dennoch geblieben.

Alle nordamerikanischen Utility Vehicles waren mit vorderen und hinteren Starrachsen ausgestattet. Arthur Warn, ein Jeep-Händler aus Seattle, entwickelte als Erster für die Anwendung im Jeep Freilaufnaben für die starre Vorderachse. Mit ihnen konnte der Vorderradantrieb manuell stillgelegt werden, um Geräusch-Entwicklung und Verschleiß im vorderen Antriebsstrang zu verringern. Später gab es diese Freilauf-Naben auch für fast alle amerikanischen Geländewagen. Den Europäern war die Mühe, vor einer schwierigen Geländestrecke anzuhalten, auszusteigen und die Freilauf-Naben einzuschalten, nicht zuzumuten. Die Freilauf-Naben blieben deshalb primär eine amerikanische Variante des Allradantriebes, wenn auch einige Japaner vorübergehend mit dieser Technik nach Europa tröpfelten. In der modernen Ausführung können die Freilaufnaben vom Fahrersitz per Knopfdruck bedient werden. Sie sind als Zubehör für die meisten der inzwischen großen Zahl von verschiedenen Utility Vehicles und Sports Utility Vehicles aller amerikanischen Marken und auch der meisten japanischen Geländewagen erhältlich.

Ein kleines, aber extremes Geländefahrzeug aus Österreich

Nach dem ersten Weltkrieg schrumpfte das ehemals mächtige österreichische Kaiserreich zu einem kleinen Land, in dem aber dennoch mit den Marken Austro Daimler, Puch und Steyr eine große auto-

mobile Tradition begründet wurde. Nach dem Zweiten Weltkrieg lebte das Vermächtnis im Automobilbau nur noch in der Produktion eines ganz erstaunlichen und pfiffigen Kleinwagens weiter, der auf dem Fiat 500 basierte.

Die Konstrukteure bei Steyr-Daimler-Puch in Graz wollten sich aber mit dem ruppigen Zweizylinder-Twin-Motor des Fiat 500 nicht zufrieden geben. Sie konstruierten einen luftgekühlten Boxermotor mit 500 und 650 ccm, der den leichten Puch 650 TR immerhin zur Europa-Rallyemeisterschaft und unzähligen Siegen auf Rennstrecken trieb. Und um dieses kleine, zuverlässige Motörchen bauten die Grazer Spezialisten unter Leitung ihres Chef-Konstrukteurs Erich Ledwinka einen Geländewagen, der den Smart-Slogan „reduce to the max" schon Jahrzehnte vorweg nahm. Seinem spröden Charme der profilierten Abkantbleche verfallen immer mehr Sammler, sodass gute Exemplare ständig an Wert gewinnen.

Nur ganze 600 Kilogramm brachte das minimalistische, aber extrem wendige und geländegängige Fahrzeug auf die Waage. Seinen Namen erhielt der Puch-Geländewagen nach einer zwar kleinen, aber doch extrem ausdauernden und genügsamen Pferderasse in den österreichischen Alpen: dem Haflinger.

Fauchend und pfeifend trieb der Motor im Heck den Haflinger auf Steigungen mit bis zu 65 Prozent hinauf. Zu dieser enormen Steigfähigkeit verhalfen dem Haflinger trotz der niedrigen Leistung von 22 bis 27 PS neben dem geringen Gewicht einmal der wahlweise erhältliche Kriechgang, aber vor allem der während der Fahrt zuschaltbare Vierradantrieb mit 2 Differenzialsperren. Die außen liegenden Radantriebe hoben den Haflinger trotz der kleinen 12-Zoll-Räder auf eine überraschende Bodenfreiheit an.

Der kleine Haflinger mit der großen Geländetauglichkeit stand am Anfang der Entwicklung von Steyr-Daimler-Puch zum anerkannten Allradantriebs-Spezialisten.

Das Rückgrat des Puch Haflinger bildete ein steifes Zentralrohr, das Kenner der Automobilgeschichte schon bei früheren Tatra-Modellen orten werden. Die Ähnlichkeit der Konzepte ist nicht zufällig, sondern beruht auf Vererbung: Erich Ledwinka war der Sohn von Hans Ledwinka, der als Tatra Chef-Konstrukteur über viele Jahre die technische Richtung im tschechischen Nesselsdorf, heute Koprivnice, bestimmte.

Der Haflinger konnte übrigens bis zu 500 Kilogramm Last schleppen, und mit diesem Verhältnis von Nutzlast zu Eigen- Gewicht stellt er fast alle anderen Nutzfahrzeuge und auch den vierbeinigen Haflinger in den Schatten. Diese und viele andere erstaunliche Eigenschaften machten den Puch Haflinger zu einem erfolgreichen Geländewagen, der von 1959 bis 1974 in immerhin 110 Länder verkauft worden ist. Dort bewies er bei jeder Arbeit, in jedem Gelände und in jeder Klimazone, dass es auf die Größe allein nicht immer ankommt.

Die Allradentwicklung steht sechs Jahrzehnte still

Viel wurde bisher über die Chronik der allradgetriebenen Fahrzeuge seit der Renaissance berichtet, wenig aber über den Allradantrieb selbst. Der Grund für diese anscheinend vernachlässigten Informationen liegt darin, dass mit dem Spyker Grand Prix Racer die Entwicklung des Allradantriebes für die nächsten 60 Jahre vorweg genommen wurde. Von Einzellösungen abgesehen, benutzten die in Serie produzierten Geländewagen alle das gleiche System: Der Motor gibt seine Leistung über ein Schaltgetriebe an die Leistungs-Verzweigung zur angetriebenen Vorder- und Hinterachse weiter. Die Leistungsübertragung kann einstufig oder, bei hohen Anforderungen an die Geländegängigkeit, über ein zweistufiges Verteilergetriebe erfolgen. Bei aufwendigeren Lösungen besitzt das Verteilergetriebe ein integriertes Zentraldifferenzial, das bei Kurvenfahrt einen Drehzahlausgleich zwischen der Vorder- und der Hinterachse ermöglicht. Mit robusten Klauenkupplungen können die im Antriebsstrang liegenden Differenziale gesperrt werden, um so die maximale Traktion aller Räder zu garantieren. Die verwendeten Maschinenelemente sind immer die gleichen: Zahnräder, Kegelräder, Kegelrad- oder Planeten-Differenziale, rigide Klauenkupplungen als Schalt- und Sperr-Elemente. Die Entwicklung der Allradantriebs-Systeme scheint still zu stehen, während sich insbesondere in den USA die Automatikgetriebe mit Bremsbändern, nassen Mehrscheiben-Kupplungen und hydraulischen Steuerungen zu erstaunlicher Funktionsreife entwickelt haben. Ganz offensichtlich mangelt es den Allrad-Mechani-

kern am Mut zum Blick über den Zaun zur Nachbarabteilung. So verteidigen sie weiterhin die formschlüssige, schlupffreie Drehmomentübertragung mit Zähnen und Klauen.

Eine neue Ära des Allradantriebs beginnt

Zwei Engländer hatten dann endlich die Courage, innovative

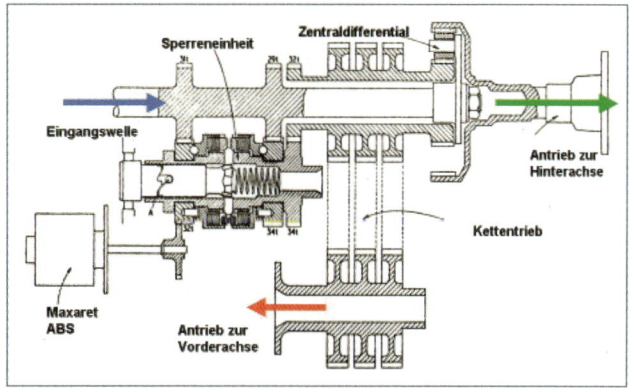

Wege auf dem Allradantriebs-Sektor zu beschreiten. Fred Dixon und Tony Rolt waren schon vor dem Zweiten Weltkrieg von der Idee fasziniert, Rennwagen durch Allradantriebe höhere Siegchancen mitzugeben. Nachdem sie in Harry Ferguson, der die gleichnamige Traktorenfirma besaß, einen wohlwollenden Geldgeber gefunden hatten, konstruierten sie den ersten wirklich neuen Allradantrieb. Ihr innovatives System, das sie FF 4WD für „Ferguson Formula 4 wheel drive" nannten, erprobten sie ab 1961 zunächst erfolgreich in verschiedenen Rennwagen.

Ihre jahrelangen Bemühungen, große Automobilhersteller für die Verwendung eines Allrad-Systems in Straßenfahrzeugen zu begeistern, schlugen dennoch immer wieder fehl. Die Industrie war nicht interessiert, die Zeit war noch nicht reif. Nur die kleine englische Firma Jensen Motors, Manufaktur-Betrieb für exklusive Sportwagen in West Bromwich, sah in der Anwendung des Vierradantriebes eine Chance, sich gegen die etablierten Sportwagenhersteller wie Ferrari und Aston Martin zu profilieren.

1966 stellte Jensen Motors den Jensen FF vor, der gleich eine ganze Reihe von innovativen Techniken aufweisen konnte: Er war der erste Straßensportwagen der Welt mit einem permanenten Vierradantriebssystem, von dem das gewaltige Drehmoment des 325 PS starken 6,3 l Chrysler V8-Motors ungleich, nämlich zu 63 Prozent auf die Hinterachse und zu 37 Prozent auf die Vorderachse, verteilt wurde. Der FF Vierradantrieb arbeitete mit zwei Mehrscheiben-Kupplungen, die, vom Schlupf der beiden Antriebsachsen angesteuert, ein Durchdrehen verhinderten. Auch hier übernahm der Jensen FF die Vorreiterrolle in der Automobilindustrie. Im Jensen FF fand auch erstmalig das zunächst für Flugzeuge von Dunlop entwickelte Maxaret Antiblockier- System seine Anwendung.

Natürlich nahm die Fachwelt dieses Auto als einen Meilenstein in der Weiterentwicklung des leistungsstarken Sportwagens und des Allradantriebes begeistert auf. Die geringen Kapazitäten bei Jensen Motors ließen allerdings nur eine kleine Produktionsstückzahl des handgefertigten Jensen FF zu, so dass dessen Preis fast doppelt so hoch ausfiel wie der des Vorgängermodells, des Jensen Interceptor. Nur ganze 330 Fahrzeuge verließen die Werkstätten in West Bromwich, danach musste Jensen Motors 1971 die Tore für immer schließen. Denn selbst die betuchte Klientel von Jensen war leider nicht bereit, für den von Vignale in Turin gezeichneten schönen, schnellen und sicheren Jensen FF einen derartig hohen Preis zu zahlen.

Jahrelang noch musste Tony Rolt, der Protagonist bei Ferguson Developments, seine Ideen vom Vierradantriebssystem für leistungsfähige Straßenfahrzeuge vergeblich in der Automobilindustrie anbieten, bis mit Subaru und Audi der Allradantrieb auch außerhalb des Motorsports und des Geländeeinsatzes endlich seinen Durchbruch erringen konnte.

Der Range Rover begründet das Marktsegment der Luxus-Geländewagen

Während der Jensen FF das Schicksal seines Herstellers besiegelte, trug ein neues Allrad-Fahrzeug bei Rover wesentlich zum jahrelangen Erfolg dieser Marke bei: 1970 stellte Rover den Range Rover vor, der eine völlig neue Fahrzeuggattung begründete. Zum ersten Mal kombinierte Rover für ein Serienauto Geländegängigkeit und Allradantrieb mit einer luxuriös ausgestatteten Karosserie mit ausreichend Platz für eine ganze Familie, hohem Fahrkomfort auf normalen Straßen und gekonntem Styling. Deutlich distanzierte sich der Range Rover vom Förster- und Expeditions-Image seines Marken-Bruders Land-Rover und aller anderen Gelände-Fahrzeuge bisher. Schnell wurde der Range Rover der Liebling der High Society, denn in diesem Fahrzeug machte sie bei der Vorfahrt zur Oper oder beim Jagdausflug eine gleich gute Figur.

Noch ist dem ersten Prototyp des Range Rover, der noch Road Rover hieß, der zukünftige Luxus-Geländewagen nicht anzusehen.

Der ausgezeichnete Fahrkomfort des Range Rover beruht auf seiner komfortablen Fahrwerksabstimmung. Lange Lenker vorne und hinten führen die beiden Starrachsen, die sich über weiche, langhubige Schraubenfedern am Chassis abstützen. Die weiche Fahrwerksabstimmung mit der dadurch möglichen großen Verschränkung im Gelände ist ein wichtiger Teil des Range Rover-Antriebskonzeptes. Bei den langen Federwegen kann man davon ausgehen, dass alle vier Räder immer Bodenkontakt haben. Deshalb weist der permanente Allradantrieb auch keine sperrbaren Achsdifferenziale auf. Das bei Bedarf mechanisch sperrbare Mittendifferenzial verteilt die Leistung des von Buick zugekauften 3,5 l V8-Motors gleichmäßig auf die Vorder- und Hinterachse. Eine Gelände-Übersetzung ermöglicht dem Range Rover, schwierige Passagen mit Kriechgeschwindigkeit zu meistern.

Dieser Range Rover mit der Chassis-Nummer 1 wird am 2.Januar 1970 zugelassen und legt den Grundstein für den anhaltenden Erfolg der europäischen Luxus-Sport Utility Vehicles.

Während alle bisherigen Geländewagen-Modelle eindeutig auf den kommerziellen oder institutionellen Einsatz zugeschnitten waren, zielte der Range Rover auf die private Nutzung und den Freizeitbereich: mit dem Range Rover war der neue Typus des SUV (Sports Utility Vehicle) bzw. SAV (Sports Activity Vehicle) erfunden, ohne dass es diese Gattungs-Bezeichnung 1970 schon gegeben hätte. Der Erfolg des Range Rovers hat auch in den USA die Evolution der Utility Vehicles hin zu den Sports Utility Vehicles vorangetrieben.

Mercedes-Benz und Steyr-Daimler-Puch ziehen mit dem G-Modell nach

Sicherlich haben die Erfolge des Land Rover und des Range Rover letztendlich auch bei Daimler-Benz die Entscheidung für den Bau eines Geländewagens nachdrücklich beeinflusst. Zusätzlich gestaltete das vom Schah von Persien angemeldete Interesse am Kauf von 30.000 Geländewagen die Wirtschaftlichkeitsrechnung in Stuttgart äußerst positiv. Man ging auf Partner-Suche und fand ihn in Steyr-

Bild rechte Seite:
Das G-Modell als
Gemeinschaftsent-
wicklung von Merce-
des-Benz und Steyr-
Daimler-Puch deckt
mit seinen vielen
Varianten die Anfor-
derungen von Militärs
genauso ab wie die
hohen Erwartungen
von Privatnutzern.

Daimler-Puch. Das österreichische Unternehmen hatte mit seinen Lastwagen mit Allrad-Antrieb, mit dem Haflinger und seinem seit 1971 produzierten großen Nachfolger Pinzgauer eindrucksvoll seine Kompetenz auf dem Gebiet der geländegängigen Fahrzeuge unter Beweis gestellt. Und: Steyr-Daimler-Puch hatte Zugang zu militärischen Organisationen, der für ein deutsches Unternehmen zu dieser Zeit noch kritisch war. 1973 wurden der Kooperationsvertrag geschlossen und die Konzept-Arbeiten gestartet. Der neue Geländewagen sollte sowohl für den institutionellen Einsatz als auch für die gehobene private Nutzung bestens geeignet sein. Da lag es nahe, die bestehende Konkurrenz gründlich zu analysieren. Die Blicke auf die beiden englischen Geländewagen- Protagonisten müssen besonders intensiv gewesen sein, denn konzeptionelle und sogar detaillierte Übereinstimmungen beim Fahrwerk sind bestimmt nicht zufällig entstanden.

Der Geländewagen von Daimler-Benz und Steyr-Daimler-Puch wurde – vielleicht in Anlehnung an das Modell von Mercedes im Jahre 1935 - kurz „G-Modell" genannt. Tragendes Element des G-Modells ist ein sehr robuster Leiterrahmen, an dem mit langen Lenkern vordere und hintere Starrachsen geführt und über Schraubenfedern abgefedert werden. Anfänglich wies das G-Modell nur einen zuschaltbaren Allradantrieb ohne Mittendifferenzial, aber schon mit einer synchronisierten Geländeübersetzung auf. Die über Zughebel betätigten mechanischen Sperren in beiden Achsen waren eine Option. In der Weiterentwicklung wurde dann dem G-Modell ein synchronisiertes Zweigang-Verteilergetriebe mit permanentem Allradantrieb und sperrbarem Mittendifferenzial spendiert. Ebenso können in schwerem Gelände beide jetzt serienmäßigen Achsdifferenziale komfortabel auf Knopfdruck gesperrt werden.

Das G-Modell gewann wegen seiner außerordentlichen Zuverlässigkeit unzählige Ausscheidungen von Institutionen gegen härteste Konkurrenz in vielen Ländern. Aber auch Privatkunden, die es sich leisten konnten, fanden Gefallen an dem spröden Charme der kantigen Karosserie und der Robustheit des Fahrzeugs. Seit dem Produktionsbeginn 1979 bei Steyr-Daimler-Puch in Graz wurden bisher über 160.000 G-Modelle verkauft. In seiner über 25-jährigen Bauzeit hat das G-Modell in der Technik und der Ausstattung tiefgreifende Veränderungen und Verfeinerungen erfahren. Am besten wird die aufwendige Modellpflege und Weiterentwicklung durch die Motoren deutlich gemacht: Startete das G-Modell 1979 noch mit dem Vierzylindermotor aus dem Mercedes 230 mit 90 PS, so wird das Spitzenmodell G 55 AMG heute von einem V 8-Motor mit 476 PS durch den Fahrtwind gepresst. In seinen vielen Modellvarianten deckt der Mercedes alle Anforderungen vom extremen Arbeitsgerät bis zum Freizeit-Mobil der luxuriösen Oberklasse ab.

Der Vierradantrieb als Außerirdischer

Im Nutzfahrzeugbereich konnte sich der Allradantrieb längst für besonders schwierige Einsatzfelder durchsetzen. So griffen die Ingenieure der Firma Boeing in Huntsville, Alabama, für die Konstruktion eines Fahrzeugs mit einer besonders heiklen Mission selbstverständlich auf den Allradantrieb zurück. Im Auftrag der NASA entwickelten sie das Lunar Roving Vehicle, mit dem die Astronauten der Apollo Missionen 15 bis 17 die Mondoberfläche erkunden sollten. Am achten Januar 1971 bewegte sich das Mondfahrzeug zum ersten Mal mit der Kraft seiner vier elektrischen Radnabenmotoren von jeweils ein Viertel PS durch den Mondstaub. Die Höchstgeschwindigkeit war auf 8 Meilen pro Stunde begrenzt, dennoch warf das Mondfahrzeug bei der Durchquerungen einer Bodensenke fast den Astronauten aus dem Sitz. Alle Räder ließen sich einzeln manuell vom Elektroantrieb und der Bremse über schaltbare Freiläufe abkoppeln. Mit diesem Mondfahrzeug feierte die Antriebs-Konzeption von Ferdinand Porsche für das erste Vierradauto sieben Jahrzehnte später eine extraterrestrische, erfolgreiche Wiedergeburt.

Auch für die Erkundung der Mondlandschaft verlässt sich die NASA 1971 auf den Vierradantrieb. Vier elektrische Radnabenmotoren treiben das Lunar Roving Vehicle an.

Subaru produziert 1972 für ein japanisches Elektrizitäts-Versorgungsunternehmen den Leone Station Wagon AWD mit einem zuschaltbaren Allradantrieb. Daraus entsteht das weltweit erfolgreichste Modellprogramm mit allradgetriebenen Fahrzeugen.

Endlich: Subaru produziert den ersten erfolgreichen Personenwagen mit Allradantrieb

Während weltweit eine immer größere Zahl von Geländefahrzeugen mit Allradantrieb produziert wurde, blieb diese Antriebs-Variante bei Personenwagen und Sportwagen die Ausnahme. Wieder musste eine kleine Firma, in diesem Fall der japanische Automobilhersteller Subaru, die Vorreiterrolle übernehmen, um mittelfristig eine Revolution anzustoßen. 1972 lancierte Subaru das Modell Leone Station Wagon AWD. Es war kein Zufall, dass der Subaru Leone Station Wagon AWD zuerst als praktischer, aber wenig eleganter Kombiwagen auf den Markt kam. Denn die japanische Elektrizitäts-Gesellschaft Tohoku Electric Su Company, die im schneereichen Teil der japanischen Hauptinsel Honshu für die Stromversorgung verantwortlich war, hatte diese Allrad-Version für ihre Servicetechniker bei Subaru angeregt.

Der vor der Vorderachse platzierte Boxermotor trieb permanent nur die Vorderräder an, der Hinterachsantrieb war zuschaltbar. Das Konzept dieses Antriebsstranges bietet sich für eine Variante mit Allradantrieb förmlich an: Der kurze Vierzylinder-Boxermotor ragt nur wenig über die Vorderachse hinaus, und das von ihm erzeugte Drehmoment kann geradlinig höchst effizient zum Vorderachs- und Hinterachs-Hypoid – Antrieb weitergeleitet werden. Bei späteren Modellen ersetzt Subaru dann den zuschaltbaren Hinterradantrieb durch einen permanenten Allradantrieb mit einem Zentraldifferenzial mit Visco-Sperre oder elektronisch gesteuerten Kupplungen, um eine variable Antriebsverteilung zu erzeugen. Die weltweiten

Erfolge ihrer breiten Palette von Modellvarianten mit Vierradantrieb haben die japanische Marke zum größten Produzenten von Personenwagen mit Allradantrieb gemacht.

Mit dem Alleinstellungsmerkmal des permanenten Allradantriebs hat Subaru in Japan und den USA einen großen Erfolg erringen können. In Europa dagegen zählten der Subaru Leone und seine verschiedenen Schwestermodelle lange zu den Nischenfahrzeugen, auch wenn sie in manchen hochalpinen Seitentälern den Käfer ablösen konnte.

Der große Durchbruch des Allradantriebes für straßengängige Personenwagen für gehobene Ansprüche gelang dann erst durch die Visionen einiger Audi-Ingenieure, auch wenn American Motors Corporation mit ihrem Modell Eagle schon 1979 eine innovative Modellreihe aus Coupé, Sedan und Wagon mit permanentem Allradantrieb in Produktion brachten.

American Motors führt den Allradantrieb in amerikanische Personenwagen ein

Während der heißen Phase der Entwicklung zweier völlig verschiedener Allrad-Fahrzeuge war weder den Audi-Ingenieuren noch dem Entwicklungsteam bei American Motors Corporation bewusst, dass sie sich in einem transatlantischen Wettlauf befanden. Im Herbst 1979, mit der Modelljahres-Bezeichnung 1980, präsentierte AMC ihre

AMC stellt die Modellreihe Eagle, bestehend aus einer Limousine, einem Coupé und einem Stationwagon, mit schlupfgeregeltem 4x4-Antrieb von Ferguson vor und erfindet damit die Crossover-Fahrzeuge.

Modellreihe Eagle, die aus zwei Personenwagen und einem Kombiwagen bestand. Der 4,2 l Sechszylindermotor lieferte seine Leistung über ein Dreigangautomatikgetriebe an ein Verteilergetriebe, das von Ferguson in England entwickelt worden war. Dieses Verteilergetriebe arbeitete mit einem Mittendifferenzial, dem eine Visco-Bremse parallel geschaltet war. Wenn eine Achse Bodenhaftung verlor, so leitete diese Visco-Sperre die zur Verfügung stehende Motorleistung auf die Achse mit der höheren Traktion.

Die Eagle-Modelle kamen hochbeinig daher, und hätten mit ihrer Bodenfreiheit leicht als Geländewagen eingestuft werden können. Die fehlende Gelände-Übersetzung zeigt aber, dass die Eagle hauptsächlich für den Betrieb auf Straßen, wenn auch unter ungünstigen Umständen, ausgelegt waren.

Als der legitime Nachfolger des Jeep trat der Hummer seinen Dienst bei der US-Armee an. Große Räder, hohe Bodenfreiheit, lange Federwege und ein Motor mit ungeheurem Drehmoment machen den Hummer zu einem Allesüberwinder.

Der Eagle war und ist aus heutiger Sicht kaum einzuordnen. Die Anforderungen an einen echten Geländewagen konnte er nicht erfüllen, ein reines Straßenfahrzeug mit Allradantrieb sollte er auch nicht sein. So fällt die Einstufung nach wie vor schwer. Am ehesten wird man dem Eagle wohl gerecht, wenn man ihn als einen Vorläufer der dann folgenden Crossover-Generationen bezeichnet.

Am 22. März 1983 setzt die US-Armee nach dem Jeep mit dem ersten Produktionsauftrag von 70 000 HMMWV (High Mobility Multipurpose Wheeled Vehicle) einen weiteren Meilenstein in der Geschichte der militärisch genutzten Geländewagen mit Vorbildfunktion. Schnell wird aus der unaussprechlichen Abkürzung erst Humvee, danach der Hummer. Die Räder des Hummer treibt ein gewaltiger 6,2-, später 6,5-Liter Dieselmotor über ein Verteilergetriebe mit mechanischer Sperre an. In den beiden Achsen verhindern Torsen-Sperren zu großen Schlupf eines Rades. In den gegeneinander austauschbaren Radaufhängungen vorn und hinten befinden sich Radantriebe, die die Antriebswellen höher aus dem Gefahrenbereich im Gelände heben. Der Hummer zeichnet sich mit den langen Federwegen und den großen Verschränkungen als eines der geländegängigsten Radfahrzeuge aus. Inzwischen wurden über 150000 Fahrzeuge an verschiedenste Organisationen ausgeliefert.

Als Hummer-Modelle sind derzeit der große H1, der H2 auf Basis des GM Pickup und der neue H3 erhältlich. Wer das gleiche Auto wie Arnold Schwarzenegger fahren möchte, muss den Hummer H1 bestellen.

Ein Versuchsingenieur bei Audi hat die Königsidee

Audi hatte für die deutsche Bundeswehr den Nachfolger des noch mit einem Zweitaktmotor ausgestatteten Geländewagens DKW Munga, den Iltis, entwickelt. Der kompakte, hochbeinige Iltis trug zwar das VW-Emblem, war aber ein hundertprozentiges Produkt von Audi aus Ingolstadt. Aus diesem Grund lief der „VW"-Iltis auch bei allen Erprobungsfahrten von Audi zur Überprüfung seiner Eigenschaften mit. Bei der Winterfahrt im hohen Norden fiel dem Fahrwerks- und Vorentwicklungs-Chef von Audi, Jörg Bensinger, die

hohe Stabilität des Iltis bei schlechten Straßenverhältnissen trotz seines hohen Schwerpunktes und des kurzen Radstands auf. Seine Analyse traf ins Schwarze: für das überraschende Handling des Iltis auf Eis, Schnee und Sand konnte nur der Vierradantrieb verantwortlich sein, der beim Iltis starr mit der Vorderachse zugeschaltet werden konnte. „Wie gut", so fragte Jörg Bensinger sich und andere, „muss dann erst ein Sportwagen mit tiefem Schwerpunkt und längerem Radstand zu beherrschen sein?". Die Antwort war klar: phänomenal.

Schnell hatte Bensinger in Walter Treser, dem damaligen Chef der Audi Vorentwicklung, einen begeisterten Partner für den Aufbau eines Prototyps mit Vierradantrieb auf Basis eines straßengängigen Audi-Modells gefunden. Auch Ferdinand Piech, der Entwicklungs-Vorstand jener Jahre, sah schnell die Vorzüge des Allrad-Konzeptes und auch die Chancen, die sich daraus langfristig für Audi entwickeln ließen.

Auf der Grundlage des gerade in Entwicklung befindlichen Audi 80 Coupés baute die Vorentwicklung eine leistungsstarke Allrad-Version mit einem Turbo-geladenen 5-Zylinder-Motor auf. Die Eigenschaften dieses Prototyps überzeugten sämtliche Entscheidungsträger im Volkswagen-Konzern, zu dem Audi als 100-prozentige Tochter gehörte und noch gehört. Auf dem Genfer Salon 1980 wurde der Audi Quattro der Öffentlichkeit präsentiert. Schon äußerlich signalisierte der Audi Quattro mit den kantigen Kotflügelverbreiterungen und einem Heckflügel seine Potenz.

Wichtiger für das Fahrverhalten und auch die Zukunft des Allradantriebes war aber zweifellos ein Genie-Blitz des Getriebe-Konstrukteurs Franz Tengler bei Audi. Das Antriebskonzept des Iltis mit dem starr zuschaltbaren Vorderradantrieb hatte bei mehreren Probefahrten den Ansprüchen an ein komfortables Straßenfahrzeug

Der Ur-Quattro von Audi setzt 1980 den Werbeslogan „Vorsprung durch Technik" glaubhaft um. Sein Quattro-Antrieb stellt die Basis für unzählige Sporterfolge und eine tiefgreifende Neupositionierung von Audi dar.

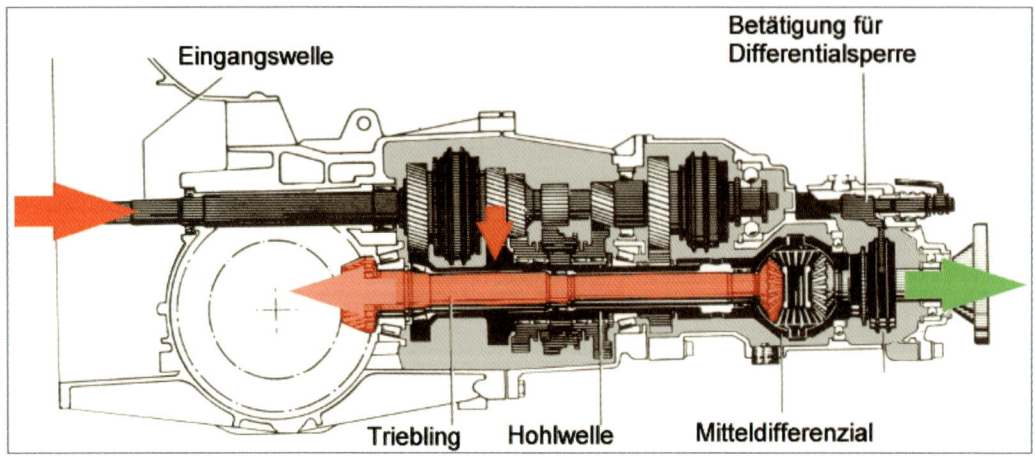

Eingangswelle

Betätigung für
Differentialsperre

Triebling   Hohlwelle   Mitteldifferenzial

wegen der deutlichen Verspannung zwischen Vorder- und Hinterrädern beim Kurvenfahren nicht genügt. So führte Tengler eine Hohlwelle ein. Die Motorleistung von 200 PS wurde zunächst über das
Schaltgetriebe zu einem zentralen Kegelrad-Differenzial im hinteren
Getriebeanbau geleitet. Von diesem aus ging der Kraftfluss permanent durch die hohle Getriebewelle zur Vorderachse und aus dem
hinteren Getriebeausgang zur Hinterachse. Das Kegelrad-Differenzial war mit einer einfachen Klauenkupplung zu sperren, ebenso das
Hinterachs-Differenzial. Dieser „schnell laufende" Allradantrieb gab
dem Audi Quattro so hervorragende Eigenschaften unter allen Fahr-
bahnbedingungen mit, dass die automobile Neuzeit des Allradantriebes fraglos mit diesem Modell beginnt – wenn auch hier immer
noch die altbekannte formschlüssige Mechanik ihren Dienst tat.

Einer der wichtigen Gründe, warum der Audi Quattro mit seinem allgemein gelobten Fahrverhalten beeindruckte, lag in der ge-
lungenen Synthese zwischen permanentem Vierradantrieb und der
Abstimmung der Vorderachse. Audi hatte mit den Modellen Audi
80 und Audi 100 bereits bewiesen, dass sie den Vorderradantrieb in
allen komplexen Zusammenhängen verstehen. Andere Hersteller,
die vom Heckantrieb kamen und sich ebenfalls am Vierradantrieb
versuchten, konnten auf Anhieb deshalb nicht die gleichen fahrdynamischen Ergebnisse erzielen wie der Audi Quattro.

Der Allradantrieb prägt das Markenimage von Audi

Konsequent wurde bei Audi in den folgenden Jahren die Allradtechnik
in allen Modellreihen eingeführt und bedeutete für die Marke ein wichtiges Differenzierungs-Merkmal gegenüber den Konkurrenten - wenn

auch der Anteil der mit Vierradantrieb ausgestatteten Audi-Modelle anfangs bescheiden blieb. Die unzähligen Erfolge im Motorsport mit dem Audi Quattro und seine extremere Weiterentwicklung Sport Quattro generierten für die Marke Audi einen sehr hohen Bekanntheitsgrad, der sich innerhalb weniger Jahre in manchen Ländern messbar um das Mehrfache gesteigert hatte. Wenn sich auch die Vorhersage von Ferdinand Piech „In einigen Jahren wird der Vierradantrieb nur noch so viel kosten wie ein Satz Winterreifen" nie realisieren ließ, gehört der Vierradantrieb mit der einprägsamen Bezeichnung Quattro schon seit Jahren untrennbar zum ganz spezifischen Markenbild von Audi.

Mit dem Aufstieg der Marke Audi wuchsen auch die Ansprüche der Kunden. Audi kam diesem höheren Erwartungsniveau seiner Klientel an den Bedienungskomfort mit der Einführung des Torsen-Differenzials als automatisch arbeitendes Mittendifferenzial der Quattro Antriebe entgegen.

Die Premiere der Visco-Kupplung im Volkswagen-Transporter

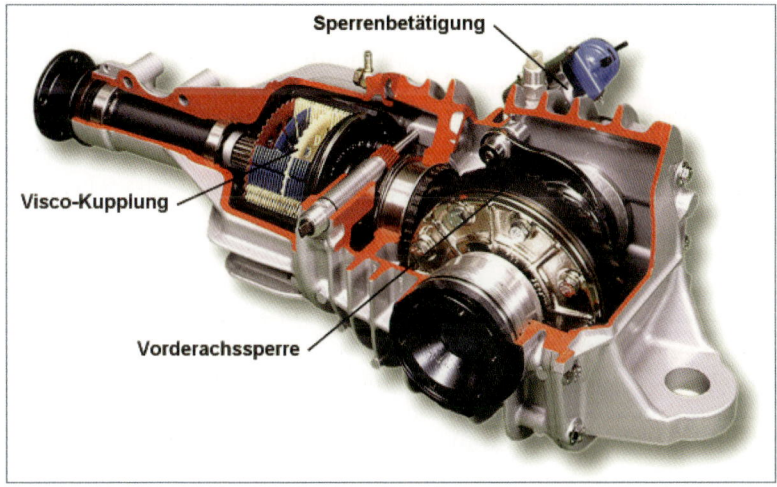

Sperrenbetätigung

Visco-Kupplung

Vorderachssperre

Im Volkswagen Transporter T3 arbeitete zum ersten Mal in Großserie eine Visco-Kupplung zur kraftschlüssigen Drehmomentübertragung, hier zur Vorderachse. Als Sonderwunsch konnte der Transporter syncro mit mechanischen Sperren in beiden Achsen ausgerüstet werden.

Schon jahrelang hatte der Entwicklungschef der Volkswagen Transporter-Gruppe Gustav Mayer, branchenweit unter dem Namen „Transporter-Mayer" bekannt, mit einem kleinen Häuflein weiterer Enthusiasten um einen Vierradantrieb für den Volkswagen Transporter gekämpft. Der Erfolg der Audi Quattro-Modelle hat sicherlich zu der positiven Entscheidung im Volkswagen-Konzern beigetragen, sowohl den VW Transporter als auch den VW Golf ebenfalls mit Vierradantrieb auszurüsten.

Aus mehreren Gründen wurde für die Entwicklung und die Produktion des Volkswagen Transporters Typ 3 mit Allradantrieb Steyr-Daimler-Puch in Graz beauftragt. Die Wolfsburger und die Grazer Ingenieure beschlossen gemeinsam, dem Allrad-Transporter einen völlig neuen Antrieb mit auf dem Weg zu geben: den permanenten Allradantrieb mit einer Visco-Kupplung zur Vorderachse.

Dazu wurde an das serienmäßige Getriebe eine Kraftabnahme für eine Kardanwelle zum Vorderachs-Differenzial angeflanscht. Im Gehäuse des Vorderachsantriebes wurde neben dem Hypoid-Antrieb und dem Vorderachs-Differenzial eine Visco-Kupplung geschützt untergebracht.

Den Einsatz im Gelände erleichterte ein hochübersetzter Geländegang, Achssperren waren optional lieferbar. Für eine noch geländegängigere Version des Allrad-Transporters kamen 16-Zoll-Räder zur Anwendung. Sie erlaubten in Verbindung mit dem Kriechgang und den Achssperren eine Geländegängigkeit, wie sie auch von reinrassigen Geländewagen kaum übertroffen wurde.

Die Wahl der Visco-Kupplung als neuartiges Antriebselement für die Vorderachse des „syncro" getauften Allrad-Transporters bewies Mut bei Volkswagen und bei Steyr-Daimler-Puch. Innerhalb einer kurzen Entwicklungszeit mussten alle Dauerläufe mit der bis dahin als Bauelement in Großserie unbekannten Visco-Kupplung gerafft durchgeführt werden, um zuverlässige Versuchsergebnisse zu erhalten. Der Volkswagen T3 syncro war das erste Fahrzeug der Welt, das diese Technologie mit dem Produktionsstart in Graz 1984 einsetzte. Übrigens nicht ganz zur Freude der Volkswagen Pkw-Entwickler, die sich ebenfalls für den Einsatz der Visco-Kupplung im neuen Allradantriebs-System für den Golf entschieden hatten. Sie konnten ihr Produkt erst ein halbes Jahr nach dem T3 syncro der Öffentlichkeit präsentieren. Natürlich trieb der Golf die Hinterachse über die Visco-Kupplung an. Zusätzlich war im Antriebsstrang nach hinten noch ein Freilauf eingebaut, der beim Bremsen mit dem Motor und den Radbremsen bei glattem Untergrund ein Blockieren und damit den Verlust der Seitenführung an der Hinterachse verhinderte.

Die europäische Crossover-Version des VW Golf

Mit einer Spezialversion des Golf syncro wollte Volkswagen dann die Brücke vom Straßenfahrzeug Golf zum Allzweck-Golf schlagen. Das Golf Country getaufte Modell erhielt zusätzliche Anlenkungen für die Radführungen, die mit einem separaten Hilfsrahmen unter die selbsttragende Karosserie geschraubt wurden und dadurch in Verbindung mit dem Schlechtwegfahrwerk und größeren Rädern

das Fahrzeug 105 Millimeter höher setzten. Ein kräftiger Auffahrschutz vorn, martialisch anmutende Bullbars und ein auf der Heckklappe befestigtes Reserverad signalisierten seinen Einsatzzweck deutlich. Manche Betrachter meinten allerdings, zu deutlich. Mit der Fertigentwicklung und Erprobung des Golf Country wurden ebenfalls die Allradspezialisten von Steyr-Daimler-Puch in Graz beauftragt, wo das Fahrzeug dann auch, wie geplant, in 8000 Exemplaren gebaut wurde.

Dem Golf Country fehlten zum erfolgreichen Durchbruch nur größere Räder für ein gelungenes Erscheinungsbild und ein Geländegang. Voluminösere Reifendimensionen ließen sich allerdings in der serienmäßigen Karosserie nicht mehr unterbringen.

Der Golf Country war das erste europäische Fahrzeug einer Synthese zwischen Geländewagen und Straßenfahrzeug, die sich heute im Produktprogramm vieler Automobilhersteller finden lässt. Die vielen Nachfahren des Golf Country werden heute modern als Crossover-Fahrzeuge bezeichnet und beweisen die grundsätzliche Richtigkeit des damaligen Konzeptes – wenn es nur attraktiv und konsequent realisiert wird.

Der erste Vierradantrieb mit Quermotor

Ausnahmen bestätigen aber auch hier die Regel. Selbst eingefleischte Fiat Panda-Fans werden sicherlich nicht behaupten, dass das Blechkleid des Kleinwagens besonders attraktiv ausgefallen ist. Sein zuschaltbarer Vierradantrieb ist aber in seiner Konsequenz der Einfachheit nicht zu übertreffen. Über ein Winkelgetriebe gibt der vorne quer eingebaute Motor des Fiat Panda beim Einschalten des Allradantriebes einen Teil der Leistung über eine Kardanwelle zur starren, an Blattfedern aufgehängten Hinterachse weiter. Das Winkelgetriebe wurde aus Platzgründen in das Kupplungs-Getriebe-Gehäuse integriert und ermöglichte die weltweit erste Serienversion eines Allradantriebs bei einem Quermotor. Erst später setzte sich für eine solche Kraftabnahme des Allradantriebs die englische Bezeichnung Power-take-off durch.

Die robuste Einfachheit ließ den Fiat Panda insbesondere im Alpenraum und in ganz Italien unzählige verschiedene Einsatzzwecke erobern. Er hat sich beim Ausfahren der Post in Bergdörfern genau so bewährt wie bei landwirtschaftlichen Arbeiten in schwierigem Gelände. Seine kurzen Achsübersetzungen erweisen sich dabei beim Anfahren am Berg und der Überwindung großer Steigungen als sehr hilfreich. Seit 1982 wird der Fiat Panda 4x4 produziert, und bis zum Produktionsende 2003 haben sich über 320000 Käufer für diese vielseitigste motorisierte Kiste entschieden.

20 Jahre lang lief der Fiat Panda mit einem zuschaltbaren Allradantrieb als Option vom Band. Sein Nachfolger erhält ebenso ein 4x4-System.

Europa und Amerika gehen verschiedene Wege

Die Vorreiterrolle von Subaru, Audi und Volkswagen mit ihren verschiedenen allradgetriebenen Straßenfahrzeugen führte auch bei anderen europäischen Herstellern zur Entwicklung von Personenwagen mit Vierradantrieb. Hier sind besonders BMW mit dem 325 iX (ab 1985 auf dem Markt) und Ford (ebenfalls ab 1985) mit einer Allrad-Version des Sierra, der bis 1993 produziert wurde, zu nennen. Mercedes folgte mit dem W 124 in der 4MATIC-Ausführung (seit 1986) nur wenig später. Die preiswerten Pickups oder SUVs, die in Amerika immer beliebter wurden, konnten es in Europa nicht einmal zu Showcars mit Produktionsabsichten bringen.

BMW differenzierte die Allrad-Variante mit einer höheren Bodenfreiheit, kantigeren Kotflügeln und einem Heckspoiler. Mercedes und Ford gingen mit ihren Vierradantriebs-Modellen dezenter vor, bei ihnen dokumentierte nur die Chromschrift auf dem Heck den enthaltenen Antriebs-Mehrwert bei näherem Hinsehen.

Porsche entdeckt den Allradantrieb für seine Modelle

1986 stellte Porsche den Typ 959 vor, der als Technologieträger die Fähigkeiten des Stuttgarter Unternehmens erneut unter Beweis stellen soll. Und die Leistungen des 959 konnten diesen Anspruch auch uneingeschränkt rechtfertigen.

Während der ersten
Allradwelle für Per-
sonenwagen bieten
BMW den 325 iX,
Mercedes den W 124
4MATIC und Ford den
Sierra 4x4 an.

Der Porsche 959
demonstrierte die
technologischen
Fähigkeiten des Stutt-
garter Unternehmens.
Der elektrohydraulisch
gesteuerte Antrieb
zur Vorderachse kann
sechs verschiedene
Programme umsetzen

Für das bisher leistungsstärkste Straßenauto von Porsche sahen die Entwickler einen Allradantrieb vor. Der Typ 959 basierte auf dem bewährten 911, zeichnete sich aber durch umfangreiche Karosse-riemodifikationen und noch größere technische Fortschritte aus. Sein Sechszylindermotor mit 2,849 Liter Hubraum verfügte über vier Ventile pro Zylinder, und zwei Turbolader in Registeranord-nung brachten den luft/wassergekühlten Motor auf 450 PS. Damit beschleunigte der 959 in 3,7 Sekunden auf 100 km/h und erreichte eine Höchstgeschwindigkeit von 317 km/h. Für die Beschleuni-gung und die ausgezeichnete Beherrschbarkeit auch bei hohen Geschwindigkeiten war unter anderem der elektrohydraulisch ge-regelte Antrieb zur Vorderachse verantwortlich. Sechs verschiedene, vorprogrammierte Übertragungscharakteristiken verteilten jeweils den richtigen Leistungsanteil auf die Vorderachse. Die auf 292 Exemplare limitierte Produktion machte den 959 später zu einem raren Sammlerstück.

Visco-Kupplung

Mit dem Carrera 4 beginnt für Porsche das Allradzeitalter im Serien-Sportwagen. Der hier gezeigte Typ 993 arbeitet mit einem vereinfachten Allradsystem mit Viscokupplung zur Vorderachse.

Pünktlich zum 25-jährigen Jubiläum des Porsche 911 präsentierte die Stuttgarter Sportwagenfirma 1988 den neuen Typ 964 auch mit einer Allradversion. Die Konfiguration des Antriebsstrangs mit dem hinter der Hinterachse liegenden Motor und vor der Achse platzierten Getriebe entspricht dem umgedrehten Audi-Layout. Porsche übernimmt die Idee der Hohlwelle, teilt das Drehmoment im Mitteldifferential aber ungleich zu 69 Prozent auf die Hinterachse und nur zu 31 Prozent nach vorn auf. Damit erhält der Carrera 4 ein den heckgetriebenen Porsches ähnliches Fahrverhalten. Zwei elektro-hydraulisch geregelte Lamellensperren überbrücken das Mitteldifferential und das Hinterachsdifferential schlupf-gesteuert. Der Fahrer kann zusätzlich mit einem Taster beide Sperren schließen, aber nur bis 30 km/h.

Trotz des geringen Momentenanteils auf die Vorderachse ist seine Wirkung auf das Fahrverhalten in kritischen Situationen positiv stabilisierend spürbar. Leider bringt der komplette Allradantrieb für den Porsche 100 Kilogramm mehr auf die Waage. Die Fahrleistungen des 250 PS-Sportwagens gleichen deshalb trotz Allradantriebs denen des Hecktrieblers. Seit 1988 führt Porsche für den 911 immer eine Allradversion im Programm.

Mit der Einführung der Carrera Baureihe 993 vereinfacht Porsche 1995 das Allradantriebssystem radikal und reduziert damit den Bauaufwand und das Zusatzgewicht des 4x4-Antriebsstranges. Das Mitteldifferential entfällt und eine Visco-Kupplung treibt nun die Vorderachse an. Auch der im gleichen Jahr vorgestellte Porsche 993 Turbo bändigt seine 408 PS mit diesem Allradantrieb sehr wirkungsvoll.

Ein Mammut aus der Sportwagenschmiede

1986 können die Besucher des Genfer Automobilsalons einen Geländewagen mit wahrhaft ungewöhnlichen technischen Daten bestaunen: V-12-Motor mit 5,2 Liter Hubraum, 450 PS, drei Sperrdifferenziale, das Mitteldifferenzial 100 Prozent sperrbar, 2,7 Tonnen Leergewicht und 30 Liter Kraftstoffverbrauch auf 100 km. Was sich von den reinen Daten als früher Vorgänger von Cayenne/Touareg liest, unterscheidet sich von seinen Nachfahren durch sein martialisches Brutaldesign, obwohl die Schöpfer sonst geschätztes italienisches Design einsetzen: der Lamborghini LM002 passt in keine der herkömmlichen Kategorien und hat als Zielmarkt den vorderen Orient im Lastenheft vermerkt. Doch dieses Fahrzeug erscheint selbst den Wüstenscheichs zu extrem, und so wird seine Produktion nach 301 Exemplaren 1992 wieder eingestellt.

Alles am Lamborghini LM 002 war extrem: das Styling, die Leistung, das Gewicht und der Verbrauch. Das Modell trug mit seinem Misserfolg entscheidend zu den finanziellen Problemen von Lamborghini bei.

Zwei Deutsche in Amerika: Mercedes-Benz und BMW

Während sich die europäischen Automobilproduzenten zunächst auf die Allrad-Versionen von Personenwagen konzentrierten, gingen die nordamerikanischen Automobilmarken einen anderen Weg. Sie stellten Allrad-Versionen der in großen Stückzahlen produzierten Pickups und SUVs vor, die in vielen Fällen über die schon beschriebenen zuschaltbaren Freilauf-Naben in den Vorderrädern verfügten. Dodge Ram, Ford Explorer, Chevrolet Blazer oder Jeep Grand Cherokee führten zu einer weiten Verbreitung der Allradantriebe auf amerikanischen Strassen. Die amerikanischen Fahrzeugmodelle mit Allradantrieb verfügen alle über ein Verteilergetriebe, bei dem über eine Zahnkette eine kurze Kardanwelle die Vorderachse antreibt. Nur in wenigen Modellen kann die Vorderachse permanent

Die Mercedes-Benz M-Klasse soll den Kundenerwartungen an SUV in Amerika und Europa gerecht werden. In Deutschland führt die M-Klasse die Verkaufshitliste an.

mit einem Mitteldifferenzial betrieben werden, die Norm stellt der zuschaltbare Allradantrieb dar. In den geländegängigen Versionen verfügen die Verteilergetriebe auch über eine Gelände-Übersetzung. Die beiden wichtigsten Produzenten dieser Verteilergetriebe sind Borg Warner und New Venture Gear.

Um das große Marktpotenzial von SUVs in Nordamerika zu nutzen, beschloss Daimler-Chrysler, einen zunächst speziell für die Bedürfnisse des amerikanischen Marktes zugeschnittenen SUV zu entwickeln. Ein Produktionsstandort in Nordamerika bot sich zur Umsetzung dieser Strategie natürlich an, wobei gleichzeitig eine gewisse Absicherung gegen Schwankungen des Währungskurses des US-Dollar zum Euro erreicht werden konnte. Als Produktionsstandort wurde Tuscaloosa in Alabama ausgewählt, wo im Februar 1997 die ersten Kunden-Fahrzeuge der M-Klasse vom Band rollten.

Bei einem Leergewicht der M-Klasse von fast 2,2 Tonnen war für den US-Markt der zum Produktionsstart verfügbare Sechszylindermotor nicht beeindruckend genug. Ein V8-Aggregat wurde bald nachgeschoben. Inzwischen stehen fünf Motorvarianten zur Verfügung, wobei der Turbo-geladene 2,7 Liter Diesel-Motor die untere Motorisierung darstellt.

Mercedes-Benz stuft die M-Klasse selbst als Offroadfahrzeug ein. Das Verteilergetriebe mit offenem Zentraldifferenzial (Drehmomentaufteilung 48 : 52) mit schaltbarer Gelände-Übersetzung kann diesen Anspruch auch erfüllen. Für einen Hardcore-Geländewagen fehlen aber die sperrbaren Differenziale. Bei der M-Klasse werden sie durch Bremseneingriff an allen vier Rädern bei Traktionsverlust der Reifen ersetzt. Das elektronisch gesteuerte System – von Mercedes-Benz 4ETS genannt – wirkt bis zu einer Geschwindigkeit von 80 km/h. Darüber hinaus wird die Fahrstabilität in kritischen Situationen von der elektronischen Bremskraftverteilung (EBV) gewährleistet.

BMW differenziert sich auf den ersten Blick vom Konzept der Mercedes-Benz M-Klasse mit seinen 1999 vorgestellten BMW X5 wenig. Dieses Fahrzeug wird auch in Nordamerika, in Spartanburg, produziert und hatte schon zum Start mit seinem V8-Motor einen starken Auftritt.

BMW hat mit diesem Fahrzeug eine andere Zielgruppe im Auge als andere Geländewagen. Das zeigt schon die neue Wortschöpfung von BMW: Sports Activity Vehicle. Mit dem neu geschaffenen Typus des SAV will BMW den sportlich orientierten Käufer ansprechen, der mit seinem Auto kaum ins wilde Gelände fahren wird. Zwar taucht in den BMW-Unterlagen auch noch die Bezeichnung Offroad auf,

Nach den Marketingvorstellungen von BMW bilden der X5 und sein kleinerer Bruder X3 eine neue Fahrzeug-Klasse: die Sports Activity Vehicles. X5 und X3 verfügen über keine Geländeübersetzung.

doch allein schon das Fehlen einer Gelände-Übersetzung im offenen Verteilergetriebe zeigt, dass der Einsatz des X 5 im wirklich harten Gelände im Lastenheft nicht festgeschrieben wurde.

Das Durchdrehen einzelner Räder bei geringer Bodenhaftung wird durch die Automatic Differential Brake (ADB-X) wirkungsvoll verhindert. Überdies greift die DSC-Automatik bei höheren Geschwindigkeiten zur Steigerung der Fahrstabilität ein. Ein Hill Descent Control-System manövriert den X5 auch an Steilhängen langsam und sicher bergab.

Auch der BMW bringt – selbst mit den Sechszylindermotoren- leer über 2 Tonnen auf die Waage. Die leistungsstarken Motoren – deren Palette heute vom 3-Liter-Sechszylinder bis zum 4,6-Liter-Achtzylinder reicht – ermöglichen dennoch sportliche Fahrleistungen.

Mit dem gemeinsam entwickelten Duo Porsche Cayenne und Volkswagen Touareg runden die beiden Unternehmen das SUV-Angebot preislich und technisch nach oben ab.

Eine globale Modelloffensive belebt den Allrad- Markt

Mercedes-Benz M-Klasse und BMW X 5 haben den vom Land Rover initiierten Trend zum komfortablen Geländefahrzeug und SUV mit ihren weltweit anerkannten Namen fortgesetzt.

Mit Porsche und Volkswagen bereichern zwei weitere große Namen die Automobilwelt mit zwei Geländewagen der absoluten Top-Klasse. Ihre Modelle Cayenne und Touareg basieren auf der gleichen Plattform, unterscheiden sich aber in der Motorisierung, der Leistungsverzweigung, dem Styling und einigen weiteren Details. Der Porsche Cayenne beeindruckt mit 450 PS in der Turbo-Ausführung, der VW Touareg bietet den stärksten Dieselmotor mit zehn Zylindern und 313 PS. Höhenverstellung

Die amerikanischen SUV-Giganten wie der Dodge Ram werden als Lastwagen zugelassen – die Größe für diese Einstufung besitzen sie auf jeden Fall.

per Knopfdrehung mit Luftfederbeinen und viele andere Optionen heben die beiden Modelle in atemberaubende Preisregionen. So gilt trotz einer umfangreichen Ausstattungsliste für Geländefahrten in Anbetracht des Fahrzeugswertes: Zum Kippen zu schade.

Die Entwicklung neuer Fahrzeuge mit Allradantrieb in der gehobenen oder höchsten Klasse war keineswegs auf Europa begrenzt. Die großen amerikanischen Hersteller bieten Fahrzeuge mit Allradantrieb als Pickups und SUVs an, wobei diese Fahrzeuge nach wie vor als Trucks, also Lastwagen, eingestuft werden. Dodge Ram, Ford Excursion und General Motors Suburban haben inzwischen gigantische Ausmaße erreicht, die in den USA eine sehr intensiv geführte Diskussion über die Sinnhaftigkeit dieser Monster-Fahrzeuge ausgelöst haben.

Auch die japanischen Hersteller wie Honda, Lexus, Mazda, Mitsubishi, Nissan, Subaru, Suzuki und Toyota sowie die Koreaner mit Daewoo, Hyundai, Kia und Ssanyong haben selbstverständlich ihre Produktpaletten um eine ganze Armada von SUV-Modellen erweitert, um die weltweite große Nachfrage nach dieser Fahrzeugspezies in verschiedenen Größen und Preiskategorien befriedigend zu können.

Auf dem Gebiet der Crossover-Fahrzeuge haben Audi mit dem Allroad und Volvo mit den XC 70 erfolgreiche Modelle geschaffen, die ihre Nutzer erst beim zweiten Blick über die Passagiere im normalen Pkw erheben. Audi sieht für den Allroad ein erweitertes Einsatzfeld, denn für diesen Typ ist sogar eine Reduktionsstufe als Geländeübersetzung erhältlich. Sie kann schon nützlich sein, um einen Pferdetransporter eine steile Rampe hoch zu schleppen. Die maximale Anhängelast von 2100 kg ist allerdings für höhere Zugaufgaben knapp bemessen.

Der Audi allroad repräsentiert eine Gruppe der Crossover-Fahrzeuge, hier als Mischung von Kombiwagen und Geländefahrzeug, in klarer Form. Sinnvollerweise bietet Audi den allroad nur als quattro-Version an.

Die außerordentliche Variantenvielfalt im Angebot der allradgetriebenen Hardcore-Geländewagen, SUVs und SAVs sowie der Crossover-Fahrzeuge belegt einen deutlichen Wandel im Käuferverhalten, dem Freizeitangebot und gleichzeitig den weiter angestiegenen Wohlstand. Nie zuvor war der Anteil allradgetriebener Fahrzeuge bei den Neuwagen so hoch wie heute. Längst repräsentieren die Vierradantriebsvarianten keine Nischenprodukte für Militärs, Förster und Baumeister, sondern sie haben sich zu komfortablen und allgemein beliebten Fahrzeugen entwickelt, die auch im täglichen Gebrauch auf ganz normalen Straßen weltweit millionenfach eingesetzt werden.

2.
Allradmärkte heute und morgen

Der Allradboom bringt ständig
neue Modelle für Autokäufer,
und vielfältige Chancen
für die Industrie

Von dieser Freiheit im offenen Ge-
lände träumen viele Käufer bei der
Entscheidung für ein Fahrzeug mit
Allradantrieb.

Fahrzeug-Kategorien mit Allradantrieb

D er Allradantrieb hat sich in den letzten zwei Jahrzehnten auf breiter Front in fast allen Segmenten und Nischen des Automobilmarktes zu einer vielseitigen Alternative zu den herkömmlichen Zweiradantrieben entwickelt. Allein schon die primär privat genutzten Fahrzeuge, die die Hauptrolle in diesem Buch spielen, teilen sich in mehrere Kategorien auf. Vor der weiteren Beschäftigung mit Märkten und Technologien muß deshalb zunächst eine klare Definition der vielen möglichen Fahrzeug-Varianten erfolgen.

Kleinwagen

Kleinwagen in einer Allradversion finden seit Jahrzehnten ihre Kunden. Das wichtigste europäische Beispiel war der ewig junge Fiat Panda, der ab 1982 in einer Allradversion angeboten wurde. 2004 löste ihn das Nachfolgemodell ab, das es auch wieder mit Allradantrieb gibt. Auch viele japanische Autohersteller führen von ihren Kleinwagen jeweils eine Allradversion im Programm, allerdings werden diese vielen Varianten nicht in alle Märkte exportiert. Ausgangsbasis für die 4x4-Version ist immer ein Frontantriebsfahrzeug mit quer eingebautem Motor und "angehängtem" Hinterradantrieb.

Der Preisrahmen für Kleinwagen begrenzt den technischen Aufwand. Deshalb traten diese Modelle fast ausschließlich mit preiswerten zuschaltbaren Allradsystemen an, die der Fahrer über Hebel oder auch per Knopfdruck betätigen mußte. Die meisten der derzeit angebotenen Modelle besitzen dagegen eine Visco- oder eine ungeregelte hydraulische Kupplung, also permanenten Allradantrieb, der ohne Fahrereingriff automatisch arbeitet. Bei jüngeren Entwicklungen wird die Viscokupplung immer öfter durch simple Varianten einer elektrisch betätigten Lamellenkupplung ersetzt. Diese Kupplungen lassen sich sehr gut mit der Fahrzeugelektronik verknüpfen, schließlich rücken ABS und sogar ESP in immer preisgünstigere Fahrzeugklassen vor.

Der Fiat Panda konkurriert als eines der kleinsten Allradfahrzeuge mit Modellen aus Japan und Korea.

Kompaktwagen

In der Kompaktklasse wurde der schlichte zuschaltbare mechanische Allradantrieb, wie ihn in den achtziger Jahren Subaru, Toyota oder Alfa Romeo in dieser Klasse einsetzten, sehr bald durch die Viskokupplung abgelöst. Nicht zuletzt wegen des Erfolges des VW Golf syncro mit Allradantrieb, der von Anfang an diese Lösung bot. Auch in der Kompaktklasse gilt die gleiche konstruktive Ausgangsposition wie bei den Kleinwagen als Standard: Motor vorn quer, Frontantrieb, Hinterradantrieb als Hang-On-Lösung.

Da bei einer herkömmlichen Viscokupplung von außen nicht in die Charakteristik eingegriffen werden kann, eignet sie sich nicht für die Kombination mit Fahrdynamiksystemen wie etwa ESP. Deshalb wird sie immer öfter durch elektronisch geregelte Lamellenkupplungen ersetzt.

In der Kompaktklasse zählen die Brüder Golf 4MOTION und Audi A3 quattro zu den Marktführern in Deutschland.

Limousinen und Kombis

Die Pioniere auf diesem Sektor heißen Subaru und Audi. Sie haben den Allradantrieb für herkömmliche Personenwagen erst salonfähig gemacht. Mit der erheblichen Zunahme der Motorleistung wird der Allradantrieb gerade für Oberklasse-Limousinen immer attraktiver. Besonders die enormen Antriebsmomente der drehmomentstarken Dieselmotoren mit Turboladern können damit wesentlich leichter ohne leistungsmindernden Elektronik-Eingriff übertragen werden. Auch der Bentley Continental GT kann mit seinem permanenten Allradantrieb die Motorleistung von 560 PS optimal einsetzen.

Ausgangsbasis ist hier überwiegend ein längs eingebauter Motor, der in der Basisversion entweder die Vorder- oder die Hinterräder treibt. Zur Verteilung der Antriebsmomente beim 4x4-System wird üblicherweise ein Zentraldifferenzial verwendet. Es sperrt entweder rein mechanisch selbst (Torsen), oder eine Elektronik steuert

Audi A8, Mercedes S-Klasse und VW Phaeton bilden die Spitzengruppe der großen Limousinen mit Allradantrieb. Der Allradantrieb 4MATIC sorgt auch unter schwierigen Straßenbedingungen für ein stabiles Fahrverhalten.

die Sperrwirkung einer Lamellensperre. Kompatibilität mit Fahr-dynamiksystemen muss hier unbedingt gegeben sein. Häufig wird auch die Sperrwirkung durch Bremseneingriff erzielt.

Minivans

Da Minivans genau so wie Kom-paktwagen als Ausgangsbasis praktisch immer einen quer eingebauten Frontmotor und Frontantrieb besitzen, sehen die Lösungen im Detail hier auch sehr ähnlich aus:Hang-on-Lösung für den Antrieb zur Hinterachse.

Nachdem vor einigen Jahren noch fast jeder Minivan und Kleintransporter auch in einer Allradversion zu haben war, schrumpfte das Angebot mittlerweile stark zusammen. Dabei wären gerade diese Fahrzeuge durch ihre Kombination aus Trans-portvolumen, Variabilität und Schlechtwegetauglichkeit die wahren Alleskönner.

Der Volkswagen Sharan in der Syncro-Variante vertritt die kleine Gruppe der Minivans, die auch mit Allradantrieb angebo-ten werden. Die neue 4motion-Version ar-beitet mit der Haldex-Kupplung.

Leichte Sport Utility Vehicles

Sie besitzen eine geländewagenhafte Statur, sind aber nach den jüngsten Erkenntnissen der Personenwagen-technik konstruiert. Selbsttragende Karosserie, quer eingebauter Front-motor und Einzelradaufhängungen sind eine Selbstverständlichkeit. Es handelt sich um durchwegs tapfere Allrounder, meist aus Japan, wie etwa Honda CR-V, Nissan X-Trail oder Toyota RAV4. Aber auch der Hyundai Santa Fe (Korea) oder Landrover Freelander (GB) zählen zu dieser Gruppe.

Bei fast allen diesen Modellen wird der zusätzliche Hinter-radantrieb wie bei einem Kompaktwagen über eine elektrische oder hydraulische Kupplung gesteuert (ausgenommen RAV4 und Santa Fe mit Zentraldifferenzial). Die überwiegend schlanke Bauwei-se bedingt, dass die Antriebskomponenten für harten Dauereinsatz im Gelände oft nicht ausreichend dimensioniert sind. Deshalb besit-zen diese Fahrzeuge auch keine Geländeübersetzung.

Kleine SUVs wie der Toyota RAV 4 werden ausschließlich aus England, Japan und Korea auf den Konti-nent importiert.

Schwere Sport Utility Vehicles

Hier sind die Grenzen zu den Geländewagen fließend und von außen nicht immer sofort zu erkennen. Zur Unterscheidung seien hier zwei Merkmale für die europäische Definition dieser Gattung angeführt: ein Sport Utility Vehicle unterscheidet sich von einem Hardcore-Geländewagen zumindest durch seine selbsttragende Karosserie und die Einzelradaufhängungen. Dies sind Voraussetzungen für gute Fahrdynamik und Crash-verhalten. Als einzige Ausnahmen besitzen die Mer-

Schwere SUVs werden mit Leergewichten bis über 2,5 Tonnen ihrem Namen durchaus gerecht.

cedes M-Klasse als einer der ersten modernen SUVs und der Toyota Land Cruiser 300 noch einen Kastenrahmen, schneiden aber beide trotzdem beim Crash-Test sehr gut ab.

Darüber hinaus ist die Spanne an Fähigkeiten, die ein Sport Utility Vehicle mitbringen kann, enorm. Mit entsprechend hohem konstruktivem Aufwand ist es tatsächlich möglich, einerseits exzellente Dynamik auf der Straße zu erzielen und gleichzeitig auch ernsthaft mit den Geländewagen mitzuhalten. Diesen Spagat schaffen zum Beispiel der Porsche Cayenne oder der VW Touareg mit ihrem aufwändigen Allradantrieb und der Luftfederung ausgezeichnet.

Völlig unzeitgemäß wiegen diese Alleskönner leer bis zu 2,5 Tonnen und eskalieren damit die Gewichtsspirale in die falsche Richtung.

Die großen amerikanischen SUVs können meistens auch heute noch nicht ihre Abstammung vom leichten Lastwagen verhehlen. Hintere Starrachsen, Leiterrahmen und beeindruckende Dimensionen machen sie zu Fahrzeugen, die in Europa nur wenig Freunde haben. In Nordamerika finden sie aber die Gunst der Käufer mit hohen Zuwachsraten.

BMW hat mit den Modellen X5 und X3 eine Untergruppe der SUVs geschaffen: die Sports Activity Vehicles, die SAVs. Mit dieser leicht veränderten Namensgebung möchte sich BMW von der großen Zahl der bereits existierenden SUVs absetzen und gleichzeitig den Schwerpunkt dieser Modelle von der Nutzanwendung (Utility) auf die vielen mit diesen Modellen möglichen Aktivitäten legen. Immerhin ein erfolgreicher Marketing-Einfall.

Geländewagen

Hierzu zählen alle Allradfahrzeuge, die für den Gelände-Einsatz optimiert sind, zum Teil erheblich auf Kosten anderer Talente. Ein wichtiges Merkmal ist die große Bodenfreiheit, die zugleich eine hohe Fahrzeugstatur mit entsprechend hohem Schwer-punkt bedingt. Eine Geländeuntersetzung sorgt für ausreichend hohe Zugkraft an den Rädern. Gleichzeitig ist es dadurch auch möglich, sich im Kriechgang durch schwieriges Gelände zu bewegen.

Die echten Geländewagen, auch Hardcore-Geländewagen genannt, zeichnen sich mit ihrer besonders robusten Bauweise und der Geländeübersetzung für den Einsatz abseits der Straße aus.

Die Hardcore-Geländewagen wie Jeep Wrangler oder Mercedes-Benz G-Modell bauen auf stabile Leiterrahmen auf, die ihnen eine extreme Widerstandsfähigkeit verleihen. Darüber hinaus bietet solch ein robustes rolling chassis auch die Flexibilität, verschiedene Aufbauten bis hin zum Cabriolet einfach aufzusetzen. Starrachsen vorn und hinten zählen zu den weiteren Merkmalen der harten Geländewagen.

Pickups

Bei den großen Pickups, wie sie in Amerika zuhause sind, handelt es sich meist um Abkömmlinge älterer Geländewagenkonzepte mit

Pickups erfreuen sich in Amerika besonderer Beliebtheit, in Europa fristen sie – noch – ein Außenseiterdasein.

Der Audi TT setzt als Design-Ikone die Sportwagentradition von Audi fort. Trotz der Bezeichnung „quattro" der allradgetriebenen Modelle arbeitet im TT der 4MOTION-Allradantrieb des Golf.

Kastenrahmen, Starrachsen und Blattfedern, zumindest hinten. Obwohl sie auch mit Doppelkabine universell einsetzbar sind, ist ihre Bedeutung in Europa auch auf Grund des eingeschränkten Fahrkomforts durch die hinteren Starrachsen eingeschränkt. Die Amerikaner schätzen die Pickups aber, weil sie viel Auto zu günstigen Preisen bieten.

Sportwagen

Für eine saubere Kategorisierung von Sportwagen existieren mannigfaltige Definitionsversuche. Im Kontext der Marktanalyse sollte die traditionelle Einordnung nach Eignung für echte Sporteinsätze, überdurchschnittliches Leistungsangebot und Zweisitzigkeit mit höchsten zwei Notsitzen ausreichend genau sein.

Selbst beim Anlegen großzügiger Maßstäbe fallen nur wenige Modellreihen als legitime Nachfolger des Spyker Grand Prix Racer, des Jensen FF und des Audi (Sport)Quattro in diese Kategorie. An erster Stelle muß hier Porsche genannt werden, die seit dem Carrera 4, Typ 964, mit verlässlicher Kontinuität allradgetriebene Modelle anbieten, die unzweifelhaft alle Anforderungen an einen echten Sportwagen erfüllen.

Als automobiles
Non-plus-Ultra
wurde der neue
Bugatti Veyron 16.4
mit 1001 PS und
Allradantrieb
konzipiert.

Die Tradition des vierradgetriebenen Sportwagens setzt Audi mit dem TT fort. Auch die Modelle der Quattro GmbH wie der RS 6 mit 450 PS zählen sicher noch, trotz der Avant-Karosserie, zu den Sportwagen.

Schon vor der Übernahme durch Audi stattete Lamborghini den Diablo VT mit einem Allradantrieb aus. Eine Visco-Kupplung überträgt einen Leistungsanteil auf die Vorderachse. Selbstverständlich treiben der neuere Murciélago und der kleinere Gallardo ebenfalls alle vier Räder an.

Die neue gegründete Firma Bugatti knüpfte mit dem am 15. September 1991, dem 110. Geburtstag Ettore Bugattis, präsentierten EB 110 an den Mythos der Marke und die Allrad-Tradition des Typ 53 an. Auch der jetzt unter der Ägide von Volkswagen entstandene Bugatti Veyron 16.4 überträgt seine 1001 PS des 16-Zylinder-Motors über eine automatische Kupplung, ein Siebenganggetriebe und natürlich einen permanenten Allradantrieb auf die Strasse.

Diese Zahl von Sportwagen wird noch durch die wildeste Sport-Limousine von allen, den Mitsubishi Lancer Evolution VIII, mit 265 PS aus einem 2-Liter-Turbomotor und aufwändigstem Allradantrieb ergänzt.

Die anderen Supersportwagen verlassen sich auf den Heckantrieb und müssen bei nicht optimalem Reibwertangebot die hohe installierte Motorleistung herunterregeln, um auch bei Regen noch fahrbar zu bleiben.

Crossover-Fahrzeuge

Crossover-Fahrzeuge überschreiten die Grenzen zwischen verschiedenen Fahrzeugkategorien und kombinieren deren Eigenschaften zu einem neuen Fahrzeugtyp. Die Vermischung zweier Fahrzeugkategorien kann zwischen einer Limousine und einen Geländewagen, wie zum Beispiel beim Audi Allroad, oder zwischen einem Sport-Coupé und einem SUV, wie bei der Volkswagenstudie Concept T, stattfinden. Die Kombinationsmöglichkeiten bei der Schaffung neuer Crossover-Fahrzeuge sind unbegrenzt und werden in Zukunft noch zu besonders attraktiven Modellvarianten führen. Neben den SUVs scheinen die Crossover-Fahrzeuge die Lieblinge der Stylisten, Ingenieure und Marketing-Vertreter zu sein, denn regelmäßig stellen die Automobilhersteller neue Modelle in dieser Kategorie vor.

Der Alfa Romeo Crosswagon trägt seine Klassenzugehörigkeit schon im Namen. Er repräsentiert eine besonders ansprechende Kreuzung aus sportlicher Limousine, Stationwagon und SUV.

Die Allradmärkte

D er Allradantrieb ist fast so alt ist wie das Automobil selbst. Aber erst mit den rasant steigenden Bedürfnissen, dem zunehmenden Wohlstand und der vermehrten Freizeit einer immer mobiler werdenden Gesellschaft konnte er Breitenwirkung erlangen. Die Bemühungen der Autohersteller, ständig neue Marktnischen zu entdecken, zu erschließen und aufzufüllen, haben nunmehr zu einer Vielzahl an Fahrzeug-Varianten geführt. Vom schweren Geländewagen bis zum schlanken Kleinwagen bilden sich immer wieder neue Allrad-Fahrzeugtypen und –Gruppen heraus. Prognosen gehen sogar davon aus, dass der weltweite Allradboom gerade erst beginnt.

VW 181: Der erste Geländewagen von VW für private Zwecke, aber nur mit Heckantrieb auf Basis des VW Käfer. In den siebziger Jahren gab es auch von anderen Herstellern entsprechende Angebote von einachsgetriebenen Offroadern.

Die zarten Anfänge mit einer Mogelpackung

Der Allradantrieb hatte noch vor 30 Jahren kaum eine Bedeutung. So waren die Urmuster unserer heutigen Freizeitautos wie VW 181 auf Käfer-Basis, Citroen Mehari und zahlreiche in Kleinserien hergestellte Buggys auf der Käfer-Bodenplatte zwar fürs Fahren abseits der befestigten Straßen gedacht, doch kein Modell verfügte über einen Allradantrieb. Die raffinierteste Mogelpackung war schließlich der Matra Simca Rancho Ende der siebziger Jahre. Er ginge mit seiner cowboymäßig verwegenen Kombi-Karosserie heute noch als veritab-

les Sport Utility Vehicle durch, war aber abseits der Straße als Fronttriebler mit seinen relativ kleinen Rädern und geringer Bodenfreiheit blitzschnell am Ende seiner Fähigkeiten. Immerhin skizzierte er mit seiner Karosserieform einen Trend, der erst viele Jahre später folgen sollte, und bei dem es auch um viel mehr geht als nur um Traktion: Emotion als Schlüsselfaktor eines Phänomens.

Jahrzehntelang spielten Jeep, Land Rover, G-Modell und Fahrzeuge, die nach deren Vorbild gebaut wurden (Toyota Land Cruiser, Nissan Patrol), eine prozentual unbedeutende Nebenrolle auf dem Personenwagen-Markt. Selbst der Range Rover, das seriöse Urmuster der Sport Utility Vehicles, fand ein Jahrzehnt lang nicht einmal einen Nachahmer. So lange beim Allradantrieb fast ausschließlich die Nützlichkeit gesehen wurde, hielt sich die Nachfrage in Grenzen. So ist heute eines klar: Der streng rationale Zugang mit der Frage, wozu benötige ich den Allradantrieb, gibt alleine keine Antwort auf die seit Jahren steigende Beliebtheit von Allradfahrzeugen. Ganz entscheidend ist der emotionale Zugang der Käufer zum Thema Allradantrieb.

Mit dem Toyota Land Cruiser bekamen Geländewagen neben Jeep und Land Rover erstmals eine signifikante Bedeutung auch für das breitere Publikum.

Preise, Produkte, Absatzzahlen, Stärken und Schwächen der Hersteller auf verschiedenen Märkten

Während vor zwanzig Jahren die Vorläufer heutiger Sport Utility Vehicles, etwa Jeep Cherokee und Range Rover, in Europa rund dreimal soviel kosteten wie ein VW Golf, sind SUVs heute im Vergleich deutlich billiger zu haben. Oder differenzierter: Zwar kostet die SUV-Oberklasse nach wie vor rund dreimal so viel wie ein Golf. Durch die massive Verbreiterung des Angebots gibt es aber auch Modelle, die in die Preisregion des Golfs hinunter reichen, wie beispielsweise der Hyundai Santa Fe. Dieser SUV besitzt zwar keine besonderen Image-Werte, unterscheidet sich in der Nutzbarkeit aber kaum von manchem doppelt so teuren SUV.

Auch die Aufpreise für Allradmodelle gaben erfreulicherweise nach. Verlangte Mercedes-Benz für den Allradantrieb im W 124

Die Märkte der Allradfahrzeuge in Europa und Amerika unterscheiden sich sowohl in den bevorzugten Fahrzeugtypen als auch in der Antriebskonfiguration.

		USA	Europa	Asien
Typische Produkte		① **SUV** 3,4 Mio (davon 70% AWD)	② **SUV 573.000** (davon 99% AWD)	**SUV**
		② **Pick up** 3.3 Mio (davon 43% AWD)	③ **Pick up** praktisch nicht vorh.	**Pick up**
		③ **PKW** 7,2 Mio. (davon 2% AWD)	① **PKW** 14,7 Mio. (davon 4% AWD)	**PKW** (500.000 Subaru!)
Mototorientierung (nur 4x4 Modelle!) **Allradsysteme**		**SUV:** 2,1 Mio Längsmotor 300.000 Quermotor **Pick up** 1,4 Mio Längsmotor 0 Quermotor	**SUV:** 180.000 Längsmotor 100.000 Quermotor ----	
		PKW 0 Längsmotor 129.000 Quermotor	**PKW** 280.000 Längsmotor 324.000 Quermotor	

Überraschenderweise führt Großbritannien die europäischen Allradzulassungen an. Die bevölkerungsstarken Länder Deutschland, Italien und Frankreich folgen nur auf den nächsten Rängen.

1968 noch einen Aufpreis von 8000 DM, so ist die 4MATIC in der heutigen E-Klasse für die Hälfte erhältlich.

Während sich die jährliche weltweite Produktion von Personenwagen seit den siebziger Jahren etwa verdoppelt hat, werden heute mehr als zehn Mal so viele Geländewagen verkauft wie damals. Die konkreten Zahlen für Deutschland: Der Absatz an Geländewagen und SUVs steigerte sich von 10.000 Fahrzeugen im Jahr 1979 auf 130.000 Einheiten 2002.

Das Verhältnis zwischen zwei- und vierradgetriebenen Fahrzeugen klafft trotz dieser Steigerung in Europa, Japan und USA aber imm e r noch deutlich auseinander.

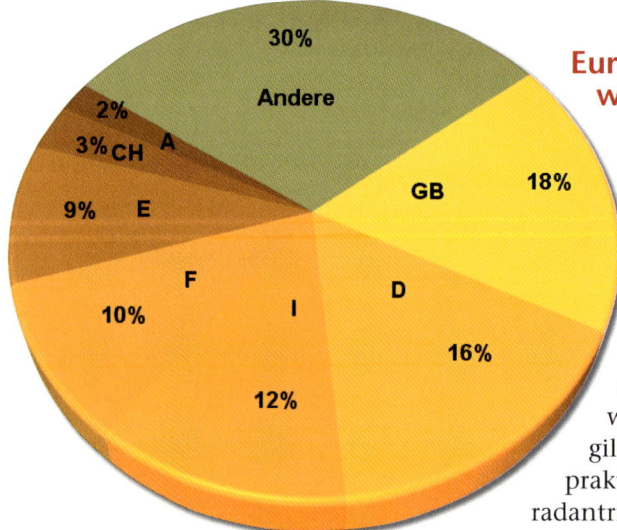

Europa: Mehr Personenwagen, weniger SUVs, kaum Pickups

In Europa werden jährlich 800.000 Allradautos produziert. Sie stellen lediglich 5,2 Prozent der Gesamt-Fahrzeugproduktion von 16,2 Millionen Fahrzeugen dar. Mehr als die Hälfte der Allradantriebe in europäischen Autos arbeiten in Limousinen und Kombis, etwas weniger als die Hälfte in SUVs. Es gilt auch festzuhalten, dass in Europa praktisch alle SUVs tatsächlich mit Allradantrieb ausgestattet sind.

Europas stärkster SUV-Markt ist mittlerweile wieder Großbritannien mit 18 Prozent des Gesamtabsatzes, gefolgt von Deutschland, Italien, Frankreich und Spanien. Selbst die kleinen Alpenstaaten Schweiz und Österreich bringen es noch auf vier bzw. drei Prozent. Hier rührt der Markterfolg vom hohen Nutzwert im alpinen Klima und der Topologie her. Großbritanniens überraschende 4x4-Dominanz führt man dagegen auf die lange Offroad-Tradition zurück, Stichwort Land Rover und Jagdgesellschaften.

Eine Schlüsselrolle in Bezug auf Allradantrieb im Personenwagen spielt in Europa die VW-Gruppe, insbesondere Audi: Allein der Anteil der Quattros in der Palette von Audi steigerte sich von acht Prozent im Jahr 1985 kontinuierlich bis auf 30 Prozent heute. Das sind über die gesamte Produktionszeit mittlerweile weit über eine Million Allrad-Audi. In Summe ergibt sich auch bei den übrigen Marken der VW-Gruppe eine beachtenswerte Zahl an Allradfahrzeugen. Die Größenordnung von Skoda, Seat und VW beläuft sich auf etwa 80.000 Stück jährlich.

Subaru, der Volkswagenkonzern und Mercedes-Benz bieten heute als einzige große Automobilhersteller ein (fast) durchgängiges Programm von Allrad-Limousinen und Kombis an.

In Europa üben die schlanken Sport Utility Vehicles, wie Honda CR-V, Toyota RAV4 und Landrover Freelander die stärkste Anziehungskraft auf Käufer aus, die vorher noch nie einen SUV besessen hatten. Geländewagen-Klassiker wie Toyota Land Cruiser, Mitsubishi Pajero, Nissan Patrol und Landrover Discovery werden hingegen überwiegend an Kunden verkauft, die bereits jahrelange Allrad-Erfahrung mitbringen.

Audi ist der erfolgreichste europäische Hersteller von Personenwagen mit Allradantrieb. Seit Einführung der Quattro-Reihe steigerte man den Allradanteil kontinuierlich auf 30 Prozent.

US-Markt: Führend bei Allrad-Fahrzeugen

In den USA werden jährlich 16,4 Millionen Pkw im weiteren Sinn produziert, weil man dort die sogenannten Light Trucks oder gar manche Pickup-ähnlichen Trucks auch zu den Personenwagen zählt. Von diesen 16,4 Millionen besitzen rund 4,2 Millionen Allradantrieb. Das ergibt also ein Viertel des gesamten Personenwagen-Marktes in den USA. Etwas mehr als die Hälfte aller Allradfahrzeuge gelten als Sport Utility Vehicles, rund ein Drittel als Pickups. Der

Sie werden in den USA als Trucks zugelassen und trotzdem zu den Personenwagen gezählt: Luxus-Pickups im Magnum-Format wie der Chevrolet Silverado mit Allradantrieb und optionaler Vierradlenkung.

Allradantrieb führt bei Personenwagen nach europäischer Definition in Nordamerika mit zwei Prozent aller produzierten Exemplare jedoch ein Schattendasein.

Achtung vor möglichem statistischem Verwirrspiel: Während in Europa der Begriff Sport Utility Vehicle mit Allradantrieb praktisch gleichgesetzt werden kann, besitzen in den USA nur 70 Prozent der SUVs auch tatsächlich Allradantrieb. Bei den Pickups ist das Verhältnis noch niedriger: Hier fährt nur knapp die Hälfte mit Allradantrieb, exakt 43 Prozent.

Bei den Verkaufszahlen erscheint der Ford Explorer als beliebtestes Sport Utility Vehicle Nordamerikas, von dem rund 400.000 Stück im Jahr 2003 verkauft wurden. Drei weitere Modelle liegen in der Publikumsgunst sehr nahe beisammen und folgen jeweils mit über 200.000 Exemplaren, nämlich GM Trail Blazer (275.000), Jeep Grand Cherokee (218.000) und GM Tahoe (202.000). Zu den beliebtesten drei Pickups gehören Ford F (knapp 800.000 Stück jährlich), Chevrolet Silverado (gut 600.000) und Dodge Ram (400.000 mit allen Varianten).

Der Ford Explorer war 2003 mit 400.000 verkauften Stück das beliebteste Sport Utility Vehicle Nordamerikas. Nur 70 Prozent der SUVs und 43 Prozent der Pickups in den USA besitzen Allradantrieb.

Bekanntlich beeinflusst die Motoranordnung ganz wesentlich auch die technische Ausführung des Allradsystems. Die in Nordamerika produzierten Allrad-Pkw (vorwiegend Vans) besitzen ausschließlich Quermotor, die Pickups ausschließlich Längsmotor und die SUVs zu einem überwiegenden Teil Längsmotor. Eine Besonderheit des nordamerikanischen Marktes stellt die Tatsache dar, dass quasi-permanente Allradsysteme sehr gefragt sind, bei denen der Vorderachsantrieb stillgelegt werden kann, um auf langen Überlandtouren Kraftstoff zu sparen.

Subaru ist Spitzenreiter mit rund 500.000 Allrad-Personenwagen jährlich. Beachtlich auch der Jaguar mit rund 86.000 Stück des X-Type.

Europa-USA-Japan und der Rest der Welt: Signifikante Unterschiede im direkten Vergleich

Die weltweit bedeutendsten Hersteller von allradgetriebenen herkömmlichen Personenwagen sind Subaru mit etwa 500.000 Stück jährlich, abgeschlagen gefolgt von Audi (knapp 200.000). Immerhin konnte Audi aber schon am 27.2.2001 die Produktion von insgesamt einer Million Quattros melden. Darüber hinaus fallen nur noch Volkswagen und Jaguar mit dem X-Type mit einer beachtlichen Stückzahl auf (rund 65.000). Die Hitliste der in Europa verkauften SUVs führt der Toyota RAV4 an (Größenordnung 100.000 Stück), dicht gefolgt von Nissan Xtrail und Land Rover Freelander. Die wichtigsten Pickups in Europa stammen von japanischen Marken: Mitsubishi L200, Nissan und Toyota Hilux schaffen in Europa zusammen knapp nur 70.000 Stück jährlich.

In Deutschland führt der Toyota RAV 4 die SUV-Zulassungen an, und auch in der Europa-Statistik liegt er mit rund 50.000 Stück pro Jahr an der Spitze. Die Zahlen sind gerundet, da sie ständigen Marktveränderungen unterliegen.

In Deutschland führt der RAV 4 die SUV-Zulassungen an.

Eine der schwierigsten Aufgaben für einen global operierenden Autohersteller ist sicher, die sehr unterschiedlichen Marktsituationen und Kundenbedürfnisse unter einen Hut zu bringen. Das heißt, mit einem Konzept

Der bisherige Markt-
führer in Deutschland
will hoch hinaus. Mit
der M-Klasse startete
Mercedes-Benz zuerst
in USA, bevor das
Modell auch in Europa
mit Erfolg eingeführt
wurde.

auf allen Märkten erfolgreich zu sein. Daimler Chrysler hat die unterschiedlichen Kaufgründe für Allradautos in USA versus Europa erhoben. An oberster Stelle in den USA steht die Sicherheit, gefolgt von den guten Erfahrungen mit dem Hersteller, Image, Zuverlässigkeit und Preis/ Leistungsverhältnis. In Europa liegen die Prioritäten deutlich anders: Styling ist das verbreitetste Argument für die Kaufentscheidung. Dahinter folgen Allradantrieb, Robustheit, Sicherheit und Innenraumangebot.

Auch die Kundenerwartungen an ein Sport Utility Vehicle differieren sehr. Während in Europa möglichst gute Fahreigenschaften und hochwertige Technik erwartet werden, steht in USA der Innenraum im Vordergrund. Die Ansprüche an Komfort und Bedienung sind so essenziell, dass dort selbst die oft zitierten fehlende Cupholder zu einem schlechten Verkaufsergebnis führen können. Der Anteil an Sport Utility Vehicles klettert in den USA jährlich um einen Prozent. In Europa gibt es auch laufend Zuwächse, aber nicht in diesem extremen Ausmaß. Hier steigen die Anteile am Gesamtmarkt zwischen 0,1 und 0,5 Prozent.

Ähnlich der amerikanischen Marktsituation verhält sich die japanische, allerdings mit dem Unterschied, dass dort analog zu Europa mehr SUVs und weniger Pickups abgesetzt werden.

Keinesfalls sollte die Entwicklung des Allradmarkts außerhalb von Europa und Nordamerika übersehen werden. So werden in Australien jährlich mehr als 100.000 Sport Utility Vehicles verkauft, die auch zu einem erheblichen Teil in den Transplants großer japanischer und amerikanischer Hersteller produziert werden, wie etwa von Toyota, Nissan und GM (unter dem dortigen Markennamen Holden).

Im Mercosure-Wirtschaftsraum, dem gemeinsamen südamerikanischen Markt, werden von niedrigem Ausgangsniveau starke Steigerungsraten prognostiziert. Dort dominieren General Motors, Daimler Chrysler, Ford und einige japanische Hersteller.

Das Marktpotenzial in Osteuropa ist derzeit noch gering (120.000 SUV inklusive Russland im Jahr 2002), verspricht aber mit dem EU-Beitritt der osteuropäischen Staaten eine deutliche Steigerung der Absatzzahlen. Nicht zu vergessen Südkorea, wo derzeit drei Millionen Pkw gebaut wurden, davon rund 600.000 Sport Utility Vehicles.

Trotz beachtlicher Stückzahlen insgesamt und ständiger Absatzsteigerungen bei Allradfahrzeugen darf man die Relationen

Der Porsche Cayenne und der parallel entwickelte Volkswagen Touareg zeigten sich von der Markteinführung an als Erfolgstypen.

nicht übersehen. Bis auf wenige Ausnahmen werden Allradfahrzeuge wegen der Vielfalt an unterschiedlichen Modellen auch künftig in vergleichsweise geringeren Stückzahlen gebaut werden.

Die Dimensionen des Auto-Business erscheinen gewaltig: Weltweit werden jährlich über 57 Millionen Autos gebaut, Tendenz weiter steigend. Sechs Millionen Fahrzeuge pro Jahr produziert alleine Toyota, BMW kommt auf rund eine Million Einheiten und gehört damit zu den kleinsten eigenständigen Automobilmarken. Porsche gilt durch seine Extrempositionierung am Markt als Hersteller luxuriöser Sportwagen mit etwas über 70.000 Autos pro Jahr schon als Sonderfall. Nach der Einführung des Porsche Cayenne laufen bereits mehr als die Hälfte aller Porsches mit Allradantrieb von den Bändern. Audi mit den quattro-Versionen des TT und Lamborghini mit den Typen Murcielago und Gallordo heißen die zwei weiteren Sportwagenhersteller mit Allradmodellen.

Der große Markt und sein sensibler Rand: Allradvans als gegenläufiges Phänomen

Im Allradboom der letzten Jahre steht nur eine Käuferschicht den Vorzügen eines Vierradantriebes immer noch skeptisch gegenüber: die Minivan-Fahrer. Chrysler hatte für den standardmäßig frontgetriebenen Voyager eine Allradvariante mit einer Visco-Kupplung zum Hinterachsantrieb im Programm, die nach einigen Produktionsjahren still wieder aus den Verkaufsunterlagen in Nordamerika verschwand. Dasselbe Schicksal ereilte den Ford Aerostar, der den Vierradantrieb mit einem Zentraldifferential mit elektromagnetisch betätigter Sperre realisierte. Auch das Pendant von General Motors, der Chevrolet Astro mit Zentraldifferential und Visco-Sperre, war nur einige Jahre zu kaufen.

Renault startete im Mai 2000 ebenfalls einen Versuch, bei seinem Mini-Minivan mit einem Allradantrieb dem Anspruch auf Freiheit und Mobilität gerecht zu werden. Der Renault Scenic RX4 trieb seine Hinterachse zusätzlich zur mechanisch angekoppelten Vorderachse über eine Visco-Kupplung an. Nachdem die prognostizierten Stückzahlen für dieses Modell weit verfehlt wurden, stellte Renault nach der Produktion von nur 45000 Einheiten im April 2003 den Scenic RX4 wieder ein. Lediglich der Kleintransporter Renault Kangoo kann als Option noch mit Allradantrieb geordert werden. Er folgt nämlich einem ganz anderen Trend. Sehr einfach aufgebaute Systeme mit geringem Aufpreis haben bei Kleinwagen durchaus Marktchancen, jedenfalls gibt es fast jeden japanischen Kleinwagentyp irgendwo auf der Welt auch in einer 4WD-Version.

Mitsubishi bot für einige Zeit seinen Kleinbus L 300 mit der Pajero-Technik sogar mit einem Reduktionsgetriebe für besonders abgelegene Berggasthöfe an. Dieses Angebot sucht man derzeit vergeblich in den Katalogen von Mitsubishi.

Minivan-Fahrer, die alle fahrdynamischen Vorzüge eines Allradantriebes auch in ihrem Fahrzeug nutzen wollen, können derzeit in Europa nur zwischen Volkswagen Sharan und dem praktisch baugleichen Seat Alhambra in der Allrad-Version wählen.

Mit dem neuen Van-Modell Relay versucht Saturn, den Allradantrieb in dieser Klasse auch in Amerika wieder interessant zu machen.

Allradantrieb und Automobilindustrie: Neue Dynamik, viele Chancen, einige Risiken

Die Autohersteller sehen Allradmodelle und –varianten in vielen Fällen als geeignete Möglichkeit zur Verbreiterung ihres Kundenstammes und damit ihrer wirtschaftlichen Erfolge. Ein wichtiges

positives Argument stellt das Potenzial für den Absatz zusätzlicher Stückzahlen dar. Auch der Imagegewinn wird von Autoherstellern häufig als positiver Effekt genannt, da Allradantriebssysteme einen zusätzlichen Aufwand benötigen, der technologische Kompetenz erfordert und auch symbolisiert. So lässt sich der Allradantrieb sehr gut in Marketingstrategien zur gezielten Höherpositionierung von Modellen einsetzen.

Allerdings birgt der Allradantrieb auch Herausforderungen und Risiken für die Automobilhersteller. So wird neben dem Stückzahlrisiko auch der höhere Aufwand für Logistik als negativer Punkt angeführt. Außerdem ist eine größere Flexibilität zur Bewältigung der kostentreibenden Variantenvielfalt notwendig. Diese Faktoren beeinflussen ebenfalls die Entscheidung, eine Allradversion eines Modells anzubieten. Das gilt auch für eine eventuelle Kannibalisierung, wenn das Allrad-Angebot schlussendlich doch zu keinen nennenswerten Stückzahl-Zuwächsen führt, weil viele Kunden lediglich von einer zweiradgetriebenen auf eine vierradgetriebene Modellvariante der gleichen Marke umsteigen. Vor allem für die Profitabilität erscheint dies als kritisches Moment.

Mit modernster Dieseltechnologie versucht Volkswagen beim Phaeton V10 TDI den Verbrauch trotz des hohen Gewichts der komfortablen Allradlimousine in Grenzen zu halten. Der Allradantrieb 4MOTION erleichtert die Übertragung des gewaltigen Motordrehmomentes von 750 Nm.

Technologie-Trends bei Allradfahrzeugen

Besonders ins Treffen geführt wird auch das Argument der Erhöhung des Flottenverbrauchs. Den Autoherstellern ist die Einhaltung der freiwilligen Vereinbarungen bezüglich des Durchschnittsverbrauchs ihrer

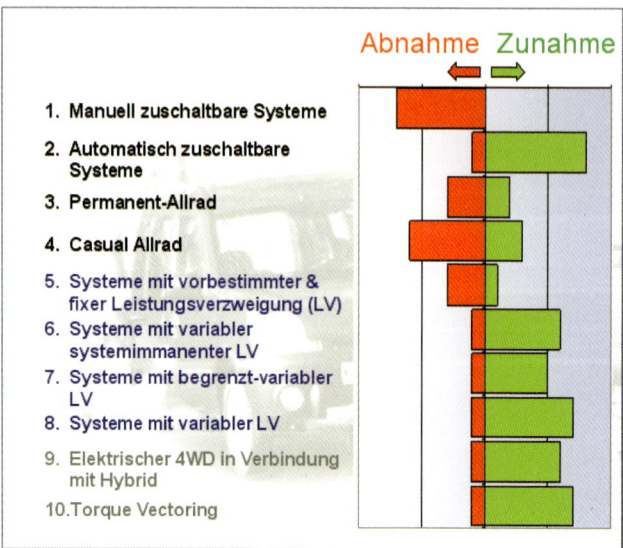

Abnahme **Zunahme**

1. Manuell zuschaltbare Systeme
2. Automatisch zuschaltbare Systeme
3. Permanent-Allrad
4. Casual Allrad
5. Systeme mit vorbestimmter & fixer Leistungsverzweigung (LV)
6. Systeme mit variabler systemimmanenter LV
7. Systeme mit begrenzt-variabler LV
8. Systeme mit variabler LV
9. Elektrischer 4WD in Verbindung mit Hybrid
10. Torque Vectoring

Eine Umfrage von MagnaSteyr unter Vertretern von Automobilherstellern ergab diese Prognose über die zukünftig vermehrt und auch weniger in Allradfahrzeugen eingesetzten Technologien.

tatsächlich verkauften Fahrzeuge ein – vordergründig – wichtiges Anliegen. 140 Gramm CO_2 je Kilometer sollen in Europa ab dem Jahr 2008 erreicht werden. Das entspricht etwa 5,2 Liter Diesel oder 5,8 Liter Benzin auf 100 km beim Gesamt-Normverbrauchswert. Werden diese Limits von den neu zugelassenen Fahrzeugflotten verfehlt, könnten noch strengere gesetzliche Vorgaben folgen, was einen nachhaltig negativen Einfluss auf den Automarkt nach sich ziehen würde. Diese Sorge erklärt unter anderem das Engagement der Autohersteller auf dem Dieselsektor auch in der Luxusklasse, weil besonders die schwereren Autos damit ihren Verbrauch deutlich senken können.

Apropos Dieselanteil: Dieser steigt in Westeuropa ständig und beträgt durchschnittlich mittlerweile bereits rund 40 Prozent aller verkauften Personenwagen, in manchen Ländern werden sogar mehr als zwei Drittel Dieselfahrzeuge verkauft (Österreich vor Belgien und Frankreich). Bei den SUVs ist das Verhältnis noch extremer: In einigen europäischen Ländern werden von manchen Herstellern fast ausschließlich SUVs mit Dieselmotor verkauft. In Nordamerika hingegen sind beinah ausnahmslos benzingetriebene SUVs gefragt.

Ein wichtiger Punkt für den Erfolg ist auf jeden Fall die richtige Positionierung eines Allradfahrzeugs. Emotionale Argumente wie Freiheit und Spaß, Image, Fahrerlebnis und Exklusivität erscheinen dabei mindestens so wichtig wie rationale Gründe, etwa Sicherheit, Nutzen und Funktionalität. Dazu kommen auch Technologie-Trends, die einem ständigen Wandel unterliegen. So ist aus Komfort- und Sicherheitsgründen mit einem starken Rückgang der Nachfrage nach manuell zuschaltbaren Allradsystemen zu rechnen. Auch Systeme mit vorbestimmter und fixer Leistungsverzweigung werden künftig an Bedeutung verlieren, weil die Ansprüche an ein sicheres und vorhersehbares Fahrverhalten ständig gestiegen sind. Deshalb sind deutliche Steigerungen bei Systemen mit variabler systemimmanenter, begrenzt variabler und voll variabler Leistungsverzweigung zu erwarten. Schlüsseltechnologie für diesen Trend ist die Elektronik, die immer wieder neue, bisher nicht dagewesene Möglichkeiten eröffnet. Ebensolche Zuwächse sieht man längerfristig für den elektrischen Allradantrieb in Verbindung mit Hybrid-technik und bei der sehr komplexen Torque-Vectoring-Architektur. Die größten Zuwächse sehen die Marktforscher mittelfristig bei automatisch zuschaltbaren und geregelten Systemen.

Allradantrieb als Wachstumsmarkt: Die Rolle der Zulieferindustrie

Flexibilität in Entwicklung und Produktion sind für den Allrad-sektor wegen der divergierenden Kundenwünsche ganz besonders wichtig. Was bereits vor Jahrzehnten als Outsourcing-Strategie erfolgreich gestartet wurde, gilt auch als zielführender Ansatz bei der Entwicklung und Produktion von hochwertigen Komponenten für Allradfahrzeuge: Auslagerung an Spezialisten. Dies ist der Hinter-grund für die wichtige Position der Zulieferindustrie, die ja schon während des ersten Allradbooms gefordert war, da die rasche und kompetente Umsetzung von Ideen für Nischenprodukte im großen Rahmen der laufenden Automobilentwicklung und –produktion bei den Fahrzeugherstellern schwierig zu realisieren ist.

Die heutige Vielfalt an Systemen erklärt sich durch die sehr unterschiedlichen Erwartungen der verschiedenen Zielgruppen am Markt, aber auch aus unterschiedlichen technischen Vorgaben (Motor vorne oder hinten, quer oder längs, Antrieb des Basisfahr-zeugs vorne oder hinten). Wie auch aus der Übersicht realisierter Systeme hervorgeht, gibt es sogar innerhalb der Modellpalette ein-zelner Autohersteller noch eine große Variantenvielfalt. Obwohl ein Wachstum des Allradmarktes vorprogrammiert zu sein scheint, wer-den Allradfahrzeuge im Vergleich zu einachsgetriebenen Modellen weiterhin in relativ kleinen Serien gefertigt werden. Darin liegen die Chancen für entsprechend kompetente Zuliefer-Unternehmen, die den großen Autoherstellern sowohl in der Entwicklung als auch bei der Produktion ihrer Allradvarianten zur Seite stehen können. Da-mit ist es möglich, dass sich die großen Hersteller einerseits auf ihr Kerngeschäft konzentrieren, andererseits aber die Anforderungen des Allradmarktes erfüllen können.

Um allerdings eine deutliche Entlastung beim Auftraggeber zu erzielen, ist auch ein entsprechend umfangreiches Leistungsspek-trum vom Zulieferer gefordert. Dazu gehören Gesamtfahrzeug-kompetenz in Entwicklung und Produktion, spezifische Allradent-wicklungskompetenz, komplettes Programm-Management inklu-sive Beschaffung und Logistik, Innovationsfähigkeit, Fähigkeit der Systemintegration, Elektronik-Kompetenz und nicht zuletzt durch einschlägige Referenzen dokumentierte Erfahrung.

Was der Endkunde erwartet – interessante und überraschende Ergebnisse einer Umfrage zum Allradantrieb

Um einen klaren Überblick über den Status Quo, über Chancen und Risiken im Allradgeschäft zu erlangen, und Prognosen für die Zukunft zu entwickeln, ließ der Allradspezialist MagnaSteyr in Graz/Österreich (Entwicklung und Produktion von Komponenten und Fahrzeugen) eine internationale Studie erstellen und kam zu teils sehr überraschenden und von Markt zu Markt, von Kontinent zu Kontinent stark divergierenden Ergebnissen.

Das Wichtigste in einem Satz: Durchschnittlich 17 Prozent der Europäer und Amerikaner zusammengenommen besitzen ein Auto mit Allradantrieb, aber 38 Prozent hätten gerne eines. Dabei

Bei den Ausstattungswünschen liegt der Allradantrieb nur im Mittelfeld. Markant ist der hohe Frauenanteil, der sich Allradantrieb wünscht, in Europa überwiegen hier sogar die Frauen. Amerikaner bevorzugen den Allradantrieb mit 38 Prozent der Nennungen weit mehr als die Europäer mit nur 17 Prozent.

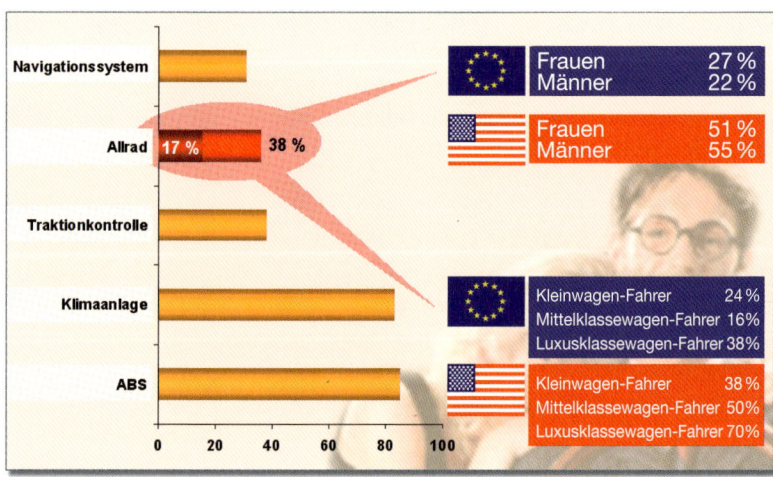

Emotionale und rationale Kaufgründe sind auf das Engste miteinander verflochten. Letztlich entscheidet eine Mischung aus Emotion und Vernunft über den Kauf der meisten Allradfahrzeuge.

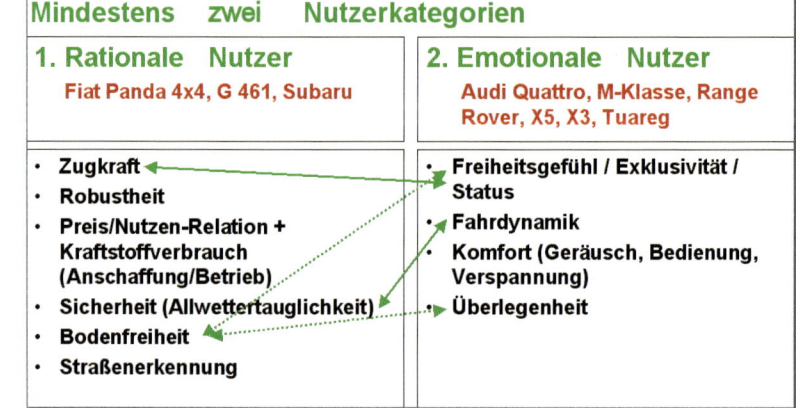

reagierten die befragten Männer und Frauen recht unterschiedlich. So wünschen sich in Europa mehr Frauen (27 Prozent) als Männer (22 Prozent) einen Allradantrieb. Das heißt, auf dem alten Kontinent möchte rund ein Viertel der Autofahrerinnen und Autofahrer Allradantrieb. In den USA ist das Begehren rund doppelt so groß, dort hätten 55 Prozent der Männer und 52 Prozent der Frauen am liebsten vier angetriebene Räder.

Auch die Aufsplitterung in Fahrertypen ergibt ein interessantes und marktabhängig unterschiedliches Bild. Am wenigsten interessieren sich europäische Mittelklassefahrer für einen Allradantrieb, nämlich nur 16 Prozent. Mit 70 Prozent ist hingegen das Interesse am Allradantrieb bei amerikanischen Luxusklassewagen-Besitzern extrem hoch, aber auch Mittelklassefahrer in den USA begehren den Allradantrieb mit 50 Prozent stärker als alle Europäer. In Europa liegen Kleinwagenfahrer bei 24 Prozent Allradbedürfnis, von den Luxusklassefahrern hätten 38 Prozent gerne Allradantrieb. In den USA gilt dieser Wert für Kleinwagenfahrer.

Ein Indiz für die höhere Zuneigung zum Allradantrieb in den USA ist, dass dort bereits zum Zeitpunkt der Untersuchung mehr Autobesitzer persönliche Erfahrung mit dem Allradantrieb gemacht hatten. In den USA fuhren durchschnittlich 68 Prozent der Autofahrerinnen und Autofahrer bereits mit Allradantrieb, und zwar 56 Prozent Frauen und 73 Prozent Männer. In Europa können dagegen deutlich weniger Menschen schon auf Allraderfahrung zurückblicken, nämlich insgesamt nur 43 Prozent, also 30 Prozent der Frauen und 55 Prozent der Männer.

Spontane Assoziationen bringen ein überraschendes Ergebnis, wie der Reifenhersteller Continental feststellte: Image, Fahrspaß, Technik und Luxus werden – auf die Schnelle gefragt – als gar nicht besonders wichtig in Zusammenhang mit Allradantriebsfahrzeugen gesehen. Dagegen liegt Sicherheit in der relativen Bedeutung mit weitem Abstand vorne. Gefolgt von Traktion/Leistung, Freiheit und Dynamik. Naheliegende Schlussfolgerung: Der Kauf eines Allrad-

Eine rationale Kaufentscheidung für einen Geländewagen kann die Nutzung als Zugfahrzeug sein. Mit ihrer hohen Anhängelast und der ausgezeichneten Traktion auch auf nassen Wiesen oder verschneiten Abstellplätzen empfehlen sich Geländewagen als ideale Zugfahrzeuge.

Eine Befragung unter Autokäufern über die Einflüsse auf die Kaufentscheidung zeigt die Stärken und Schwächen von Allradfahrzeugen in der Bewertung durch die Nutzer klar auf.

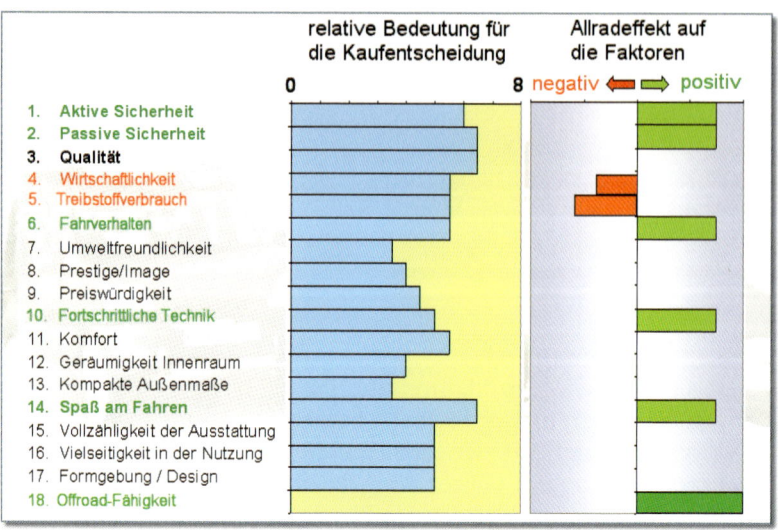

relative Bedeutung für die Kaufentscheidung

Allradeffekt auf die Faktoren

0   8   negativ ⬅ ➡ positiv

1. Aktive Sicherheit
2. Passive Sicherheit
3. Qualität
4. Wirtschaftlichkeit
5. Treibstoffverbrauch
6. Fahrverhalten
7. Umweltfreundlichkeit
8. Prestige/Image
9. Preiswürdigkeit
10. Fortschrittliche Technik
11. Komfort
12. Geräumigkeit Innenraum
13. Kompakte Außenmaße
14. Spaß am Fahren
15. Vollzähligkeit der Ausstattung
16. Vielseitigkeit in der Nutzung
17. Formgebung / Design
18. Offroad-Fähigkeit

fahrzeugs wird gerne über die Vernunft argumentiert, aber letztlich doch emotional entschieden. Dieser Drift zwischen einer gewissen Abenteuer-Projektion und der Wirklichkeit spiegelt sich schließlich auch im Nutzungsverhalten wider: 92 Prozent der SUVs werden ausschließlich auf der Straße gefahren, und nur jeweils vier Prozent wagen sich in leichtes oder gar schweres Gelände.

Als signifikante Nachteile aus Kundensicht werden die höheren Anschaffungskosten von Allradfahrzeugen sowie der höhere Treibstoffverbrauch und die damit verbundene geringere Reichweite genannt. Einen weiteren negativen Punkt liefert der ganz subjektive Standpunkt: Ich brauche kein Allradauto. Die meistgenannten Alternativen zum Allradantrieb, speziell zur Verbesserung der Traktion, umfassen elektronische Regelsysteme, Zweiradantrieb mit Traktionskontrolle oder Differenzialsperren sowie Schneeketten und Spikesreifen - wo sie erlaubt sind.

Bei näherer Betrachtung erweisen sich die am häufigsten genannten Nachteile als subjektiv interpretierbar. Der höhere Preis von Allradfahrzeugen resultiert aus dem höheren technischen Aufwand. Er stellt einen tatsächlichen Mehrwert mit vielen klaren Vorzügen dar, was aber nichts daran ändert, dass der Mehrpreis bezahlt werden muss. Allerdings sind Allrad-Systeme trotz erheblicher Verbesserungen durch den technischen Fortschritt heute vielfach billiger als in früheren Jahren. Auch der höhere Treibstoffverbrauch ist zu relativieren. Vergleichsmessungen haben gezeigt, dass etwa die in den meisten Pkw bereits zur Serienausstattung gehörende Klimaanlage einen höheren Mehrverbrauch verursacht als ein Allradantrieb. Unabhängig vom Ergebnis dieser Studie ist zu erwähnen, dass das

Der bei MagnaSteyr produzierte X3 soll das Volumenmodell der SAVs bei BMW werden. Die Prognose liegt bei einer jährlichen Stückzahl von 100 000 Fahrzeugen.

Mehrgewicht eines Allradsystems von heute zwischen 100 und 50 Kilogramm in absehbarer Zeit auf rund 30 bis 40 kg reduzierbar erscheint und der Mehrverbrauch nur noch knapp 0,2 Liter Kraftstoff auf 100 km betragen wird.

Die Zukunft der Allradfahrzeuge: Weiter beachtliche Zuwächse, Produktionsvakuum in Europa

Der Markt für die klassischen Offroader wie Toyota Land Cruiser, Mitsubishi Pajero oder Jeep Cherokee stagniert, während im Segment der Sports Activity und Utility Vehicles Absatzsteigerungen erwartet werden. BMW beispielsweise spricht in diesem Zusammenhang von einer "hohen Dynamik in der Marktentwicklung" und rechnet mit einem fünfzigprozentigen Zuwachs des Gesamtmarktes

Der stärkste Zuwachs im Allradsektor kommt von den SUVs. Tatsächlich wuchs ihr Marktanteil bereits in den letzten Jahren um jeweils über 20 Prozent.

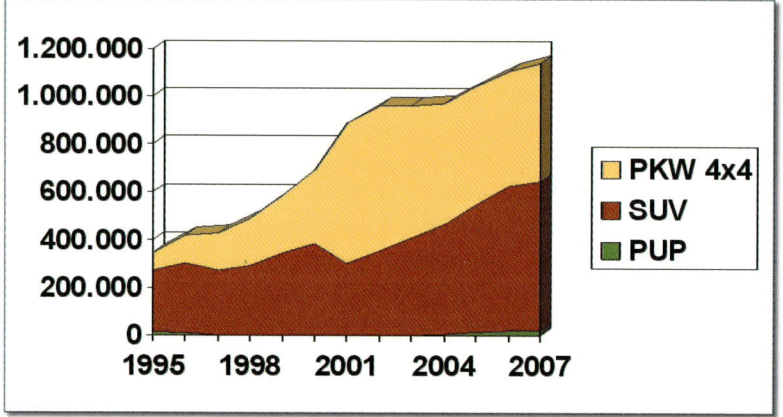

bei den SUVs und SAVs in den nächsten zehn Jahren, wobei man sich durch die Einführung des kompakten X3 die größten Steigerungen in Europa erwartet.

Ähnlich schätzt auch der Reifenhersteller Continental die Steigerungsraten bei SUVs in Westeuropa ein: Die Zehn-Jahres-Wachstumsprognose (1997 bis 2007) spricht von einer Absatz-Steigerung um 169 Prozent. Das deckt sich doch recht genau mit der BMW-Prognose, schließlich hat sich alleine zwischen 1997 und 2000 der SUV-Markt bereits verdoppelt. Für Deutschland wird ein ähnliches Wachstum vorher gesagt.

Diese Prognose wird mit dem entscheidend erweiterten Produktangebot während der letzten 15 Jahre begründet, insbesondere mit der Verbreitung der neuen kompakten SUVs mit Pkw-ähnlichen Fahrleistungen. Jedenfalls streben Fahrzeughersteller weltweit in dieses Segment, egal, ob kleine SUVs mit Life-Style-Bonus oder große mit viel Laderaum oder höchstem Komfort und Imagewerten.

Im Gegensatz zu der sonst hohen Exportquote besonders der deutschen Automobilindustrie werden in Europa mehr SUVs verkauft (Größenordnung 600 000 Stück jährlich) als produziert (300 000 Stück). Hier besteht also ein Vakuum, das noch aus europäischen Produktionsstätten gefüllt werden kann.

3.

Konzepte des Allradantriebs

Stammbaum der Allrad-Konfigurationen

Viele Fahrzeuge mit Allradantrieb stammen von zweiradgetriebenen Modellen ab oder sind sogar mit Zweirad- und
Allradantrieb gleichzeitig erhältlich. Die Konfiguration des
Antriebsstranges, also Motorlage und Art des Antriebs in der Basis-
ausführung, beeinflussen die technische Ausführung des Allradantriebes hochgradig. Die folgende Systematik erlaubt die Zuordnung
verschiedener Allrad-Konzepte zu einem Antriebslayout - und umgekehrt.

Basis Standardantrieb, Motor vorne längs, Antrieb hinten

Das ist die älteste und nach wie vor am meisten verbreitete Anord-
nung, die deshalb immer noch Standardantrieb heißt. Hinter dem
längs eingebauten Motor sitzt das Hauptgetriebe, gleich dahinter,
meist direkt angeflanscht, das Verteilergetriebe. Selten rotiert, wie
etwa beim Mercedes G-Modell, zwischen Haupt- und Verteilergetriebe ein kurzes Stück Kardanwelle.

Je nach Fahrzeugtyp ist das Vorderachs-
differenzial unterschiedlich ausgeführt.
Eine Starrachse etwa erfordert viel
Freiraum für große Federwege.
Damit unmittelbar ver-
bunden ist eine hohe
Motorlage.

Bei einer unab-
hängigen Auf-
hängung der
Vorder-
räder

Bei
der
Stan-
dard-Konfigura-
tion mit Allradan-
trieb verzweigt das
Verteilergetriebe die
Leistung zur Hinter-
und Vorderachse. Eine
kurze Kardanwelle
stellt die Verbindung
zum Vorderachsdiffe-
renzial her.

MERCEDES-BENZ GRAFIK

kann das Differenzial auf mehrere Arten untergebracht werden.
Einmal auf dem Fahrschemel.
Das ist sehr häufig der Fall,
etwa bei der M-Klasse, Cayenne/
Touareg und vielen amerikanischen und japanischen Geländewagen. Eine weitere Möglichkeit
stellt das direkt an den Motor
angeflanschte Vorderachsgetriebe dar, bei dem eine Welle gekapselt
quer durch die Ölwanne läuft. Dies ermöglicht eine niedrige Motorlage und wird deshalb vorzugsweise bei Allrad-Pkw angewendet, deren
Ausgangsbasis Standardgetriebene Modelle sind (BMW, Mercedes).

Mit einer Ausnahme platzieren alle Geländewagen, SUVs und
SAVs die Motoren ebenfalls über der Vorderachse und treiben vom
Verteilergetriebe-Ausgang mit einer kurzen Kardanwelle die Vorderachse an. Die überraschende Ausnahme von dieser Standardkon-
figuration der Geländewagen bildet der Hummer H1, der seinen
schweren Motor hinter die Vorderachse setzt.

**Beim G-Modell sitzt
das Verteilergetriebe
in Fahrzeugmitte.
Drei Kardanwellen
vom Motor, zur Hin-
terachse und zur Vor-
derachse sind daran
angeflanscht.**

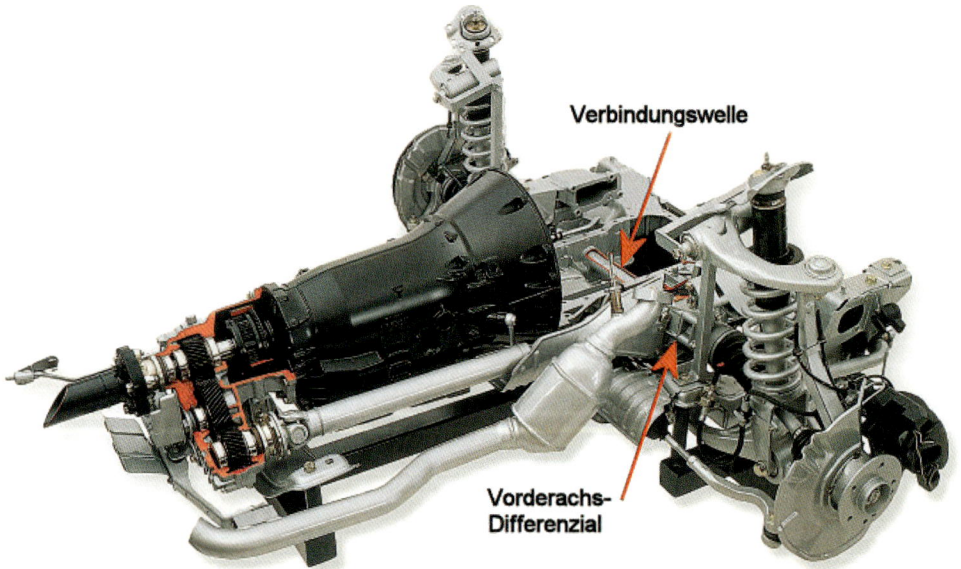

Viele Geländewagen mit unabhängigen Radaufhängungen setzen das Vorderachsdifferenzial auf den vorderen Fahrschemel, wie Cayenne/Touareg.

Verbindungswelle

**Vorderachs-
Differenzial**

Wegen der beengten Platzverhältnisse integrieren vom Standardantrieb abge-
leitete Allradmodelle mit unabhängiger Vorderradaufhängung das Vorderachs-
differenzial in die Motorölwanne. Eine Seitenwelle läuft abgedichtet in einem
Rohr durch die Ölwanne.

Basis Heckantrieb, Motor hinten

Der Porsche als letztes Heckmotor-Modell treibt die Vorderachse mit einer direkt aus dem Hauptgetriebe heraustretenden Kardanwelle an.

Mit dieser Konzeption gab es einige interessante Beispiele in der Geschichte, etwa den VW Käfer und den Schwimmwagen mit Allradantrieb während des Zweiten Weltkriegs. In den achtziger Jahren folgten der VW Transporter Syncro (VW-Bus) und bald darauf Porsche Carrera 4 und Porsche Turbo. Die beiden Porsches werden zwar mit wesentlich modifizierter Technik, aber immer noch mit dem gleichen Antriebslayout angeboten.

Ein wichtiger Vorteil liegt im einfachen Aufbau des Antriebsstrangs, dessen Welle zur Vorderachse direkt aus dem Getriebe heraus angetrieben wird. Der Allradantrieb mit einer Kupplung (Klauen- oder Visco-Kupplung) erfordert nur geringfügige Modifikationen am Hauptgetriebe.

Basis Frontantrieb, Motor vorne längs

Die Grundvoraussetzungen zur Umstellung auf Allradantrieb sind sehr ähnlich wie beim Heckmotor. Vierradantrieb lässt sich auch hier mit moderatem Aufwand erreichen. Vorbilder in der Geschichte waren DKW Munga, VW Iltis, als Pioniere in dieser Liga sind Subaru und Audi mit dem Quattro zu nennen.

Genauso geradlinig wie beim Porsche verläuft der Kraftfluss für den Allradantrieb des Subaru mit längsliegendem Frontmotor vor der Vorderachse. Die Audi quattro-Modelle fahren mit der gleichen Konfiguration.

Die Subarus waren anfangs mit zuschaltbarem Hinterradantrieb ausgestattet. Mit steigenden Anforderungen an die Fahrdynamik auf der Straße wurde die Klauenkupplung zum Zuschalten des Allradantriebs durch ein Zentraldifferenzial mit Lamellensperre ersetzt, auch Varianten mit hydraulisch betätigter Lamellenkupplung gab und gibt es.

Bei diesem Antriebskonzept muss die Variante mit Automatikgetriebe anders aufgebaut sein als die Ausführung mit Schaltgetriebe. Beispiel Audi Quattro: Die Autos mit Schaltgetriebe sind durch den Trick mit der hohlen Getriebewelle, in der das Drehmoment vom Zentraldifferenzial zum vorderen Achsdifferenzial geführt wird, relativ einfach aufgebaut. Dagegen muss beim Automatikgetriebe die Welle nach vorne außerhalb des Automaten geführt werden. Die Konstruktion sieht dann ähnlich aus wie bei einem Allrad-Pkw auf Basis Standardantrieb. Doch ein Unterschied bleibt. Bei Fronttrieblern liegt der Längsmotor üblicherweise vor der Vorderachse, während er bei Fahrzeugen mit Standardantrieb über oder zwischen der Vorderradaufhängung angeordnet ist. So wird das Vorderachsdifferenzial bei Fronttrieblern in das Hauptgetriebe integriert, während es bei Allradfahrzeugen auf Basis Standardantrieb mit der Ölwanne oder der vorderen Starrachse eine Einheit bildet.

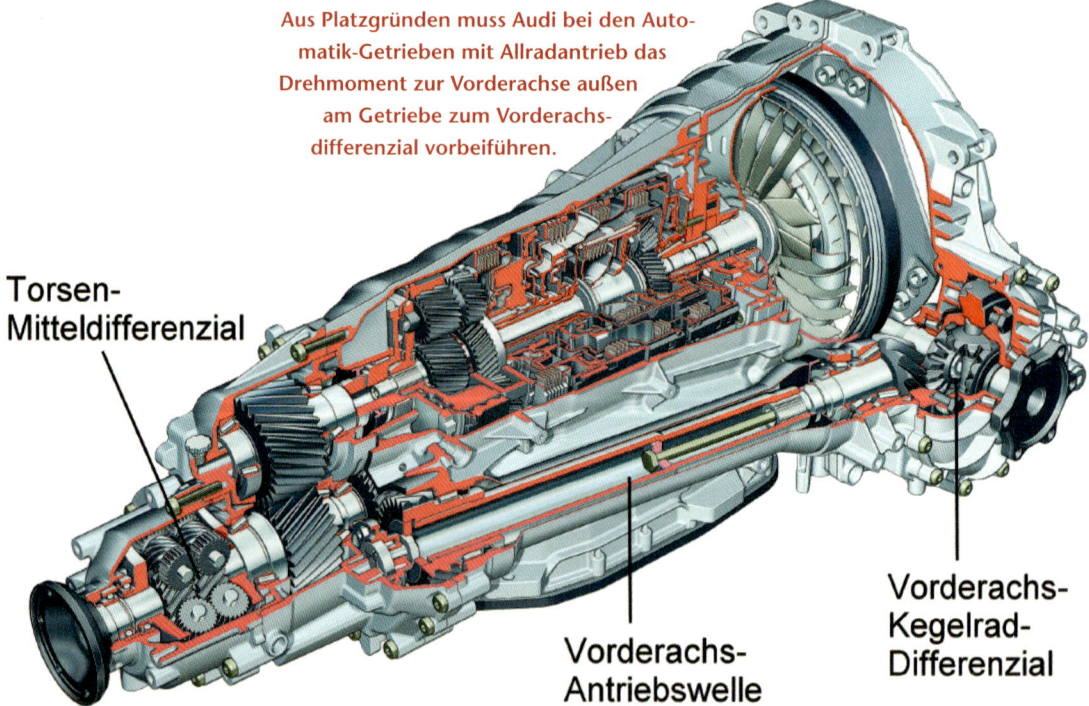

Aus Platzgründen muss Audi bei den Automatik-Getrieben mit Allradantrieb das Drehmoment zur Vorderachse außen am Getriebe zum Vorderachsdifferenzial vorbeiführen.

Torsen-Mitteldifferenzial

Vorderachs-Antriebswelle

Vorderachs-Kegelrad-Differenzial

Basis Frontantrieb, Motor vorne quer

Dies ist die typische Konfiguration heutiger Mittelklasse-Personenwagen. Hier ist auf jeden Fall eine selbsttragende

PTO-Antrieb vom Getriebe

Abtrieb zur Hinterachse

Bei querliegenden Frontmotoren setzt ein Winkelgetriebe die Achsrichtung um 90 Grad zur Kardanwelle nach hinten um, wie hier beim Chrysler Voyager.

Wegen der beengten Raumverhältnisse zeigen einige Kraftabnahmen eine komplizierte Bauweise. Hier der Power-Take-Off vom Renault Scenic 4x4.

Karosserie Voraussetzung, da ein Kastenrahmen zu viel Raum im Vorderwagen beansprucht. Im Bereich der Vorderachse ist ein Winkelgetriebe zum Antrieb der Kardanwelle notwendig, das teilweise sehr schwierig unterzubringen ist. Aus den vielen Engstellen zwischen Motor, Zahnstangenlenkung, Abgasanlage, Hilfsrahmen und anderen Aufbau-Querträgern ergeben sich viele Zwänge. So wird in dieser Konstellation häufig eine Kupplung (Visco, Haldex etc...) für den Allradantrieb vorgesehen, die platzsparend am Eingang des Hinterachsdifferenzials untergebracht werden kann.

Ein Zentraldifferenzial wird hingegen meistens nur dann verwendet, wenn das Fahrzeug als eigenständiges Modell mit Allradantrieb konzipiert ist, wie etwa beim Toyota RAV4 oder Lexus RX 300.

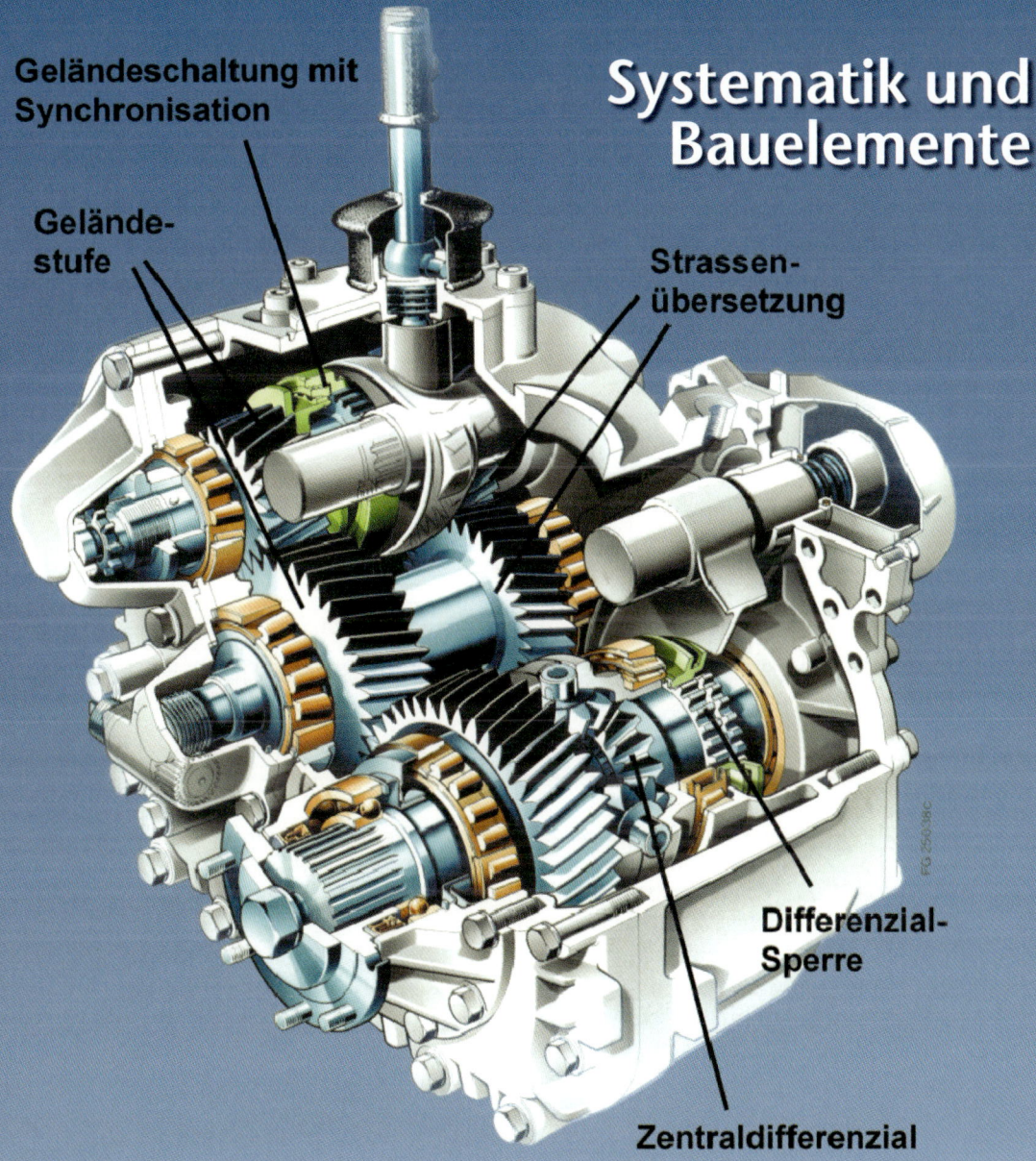

4.

Systematik und Bauelemente

Geländeschaltung mit
Synchronisation

Gelände-
stufe

Strassen-
übersetzung

Differenzial-
Sperre

Zentraldifferenzial

Alle Systeme in vier Gruppen

Die inzwischen fast unüberschaubare Vielfalt der Allradlösungen verlangt zum Verständnis und zum Vergleich eine sinnvolle Einteilung nach Funktionsweise und Art der Ausführung. Schon früh hat deshalb der Autor eine Systematik der Allradantriebe entworfen, die Heribert Lanzer auf den jeweiligen Stand der Technik weiterentwickelt hat. Diese Systematik erlaubt, ein allgemein gültiges Raster über das weitgefächerte Angebot an Allradfahrzeugen zu legen.

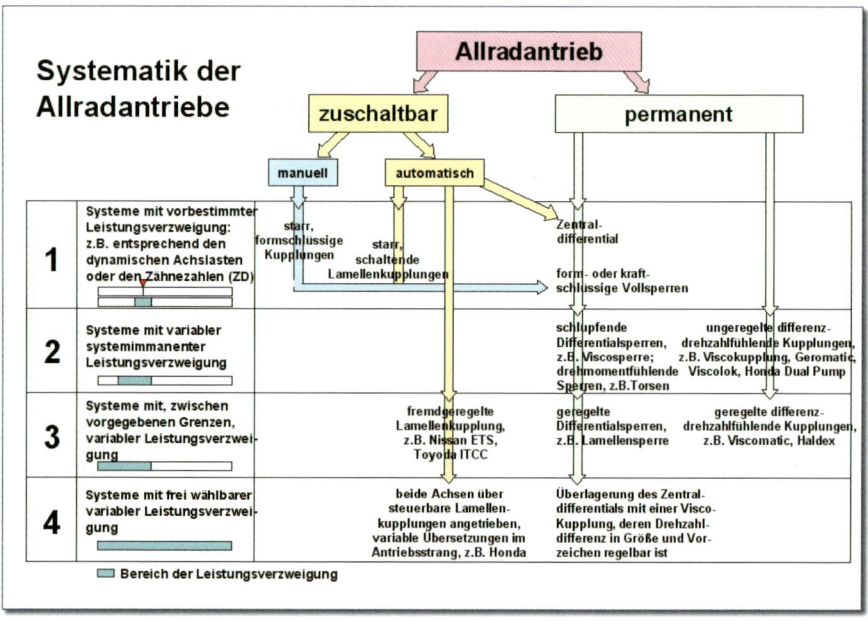

Die Ausgangslage: Allradantrieb hat grundsätzlich die Aufgabe, die Traktion zu verbessern. Diese übergeordnete Zielsetzung kann in zwei Richtungen verfolgt werden, nämlich einerseits Geländegängigkeit überhaupt zu ermöglichen, andererseits darüber hinaus die Fahreigenschaften auf der Straße zu verfeinern. Bei reinen Geländewagen gilt es, an jedem Rad die Haftung auf dem Untergrund optimal auszunützen, um damit guten Vortrieb auch auf rutschigem und welligem Gelände zu bewirken. Dies lässt sich am effizientesten durch eine starre Koppelung der Achsen erzielen. Die detaillierte Erläuterung dazu findet sich im Kapitel Fahrdynamik.

Bei Fahrzeugen hingegen, die überwiegend und schnell auf der Straße bewegt werden, scheidet die starre Verbindung beider Achsen aus mehreren Gründen aus. Vorrangig sprechen die Verspannung beim Kurvenfahren, die eingeschränkte Kompatibilität mit Fahrdynamikregelsystemen und das kaum beherrschbare Kurvenverhalten gegen den starren Allradantrieb. Hochmotorisierte Limousinen und Sportwagen sollen mit dem Allradantrieb überlegene Längs- und Querbeschleunigungswerte mit einem bestens beherrschbaren Handling erreichen.

Die beiden Eckpunkte unter den vielen Möglichkeiten sind also klar definiert: höchste Traktion im Gelände und bei geringen Reibwerten - beste Fahrdynamik auf der Straße. Mit zunehmender Beliebtheit der Sports Utility Vehicles, Sports Activity Vehicles und

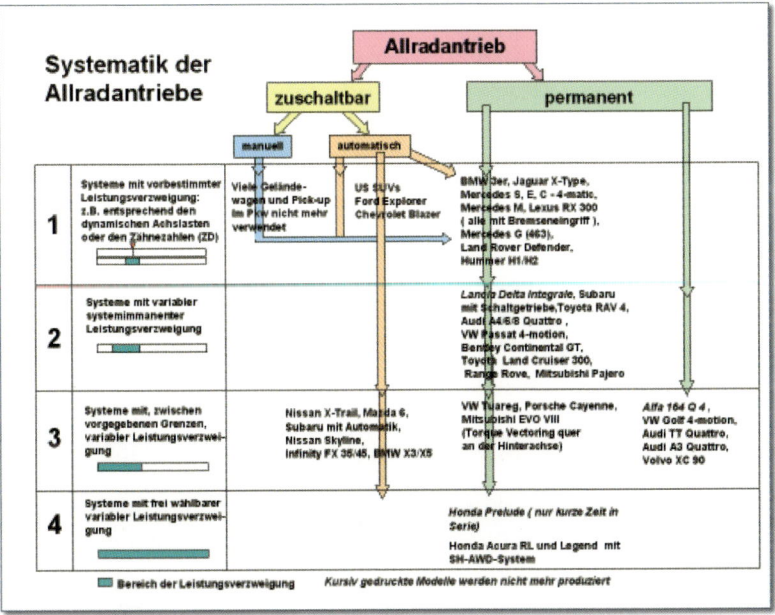

Crossover-Fahrzeugen lassen sich die beiden Ziele aber nicht mehr unabhängig voneinander verfolgen. Gerade der Spagat, dass die meisten Fahrzeuge beides können wollen, hat mit Hilfe neuer Techniken zu dieser großen Vielfalt an Systemen geführt.

Eine Einteilung dieser Varianten rein nach dem mechanischen Aufbau wird schnell unübersichtlich. Die Funktion des Antriebes, genauer die Bandbreite der Drehmomentverteilung bei verschiedenen Betriebszuständen des Fahrzeuges, ist ein wesentlich besseres Merkmal zur Klassifizierung und lässt sich in nur vier Gruppen einordnen. Über die Zugehörigkeit zu einer Systemgruppe und einer Ausführungsart lässt sich jedes Allrad-Fahrzeug, vom Hardcore-Geländewagen bis zum Hochleistungssportwagen mit Allradantrieb, in seiner technischen Wesensart erfassen, und seien Motoren, Getriebe, Antriebswellen, Differenziale und Differenzialsperren noch so kompliziert miteinander gekoppelt und geregelt.

Vier Gruppen: Die Funktion im Prinzip

Die einzelnen Gruppen stellen ganz eindeutig keine Bewertung im Sinne von besser oder schlechter dar. Die Auswahl eines Systems für ein individuelles Fahrzeug ist immer maßgeschneidert und der beste Kompromiss zwischen Aufwand und vorgesehenem Einsatzprofil. Die grafische Darstellung der Systematik aller denkbaren Allradsysteme auf Seite 82 wird durch eine Überleitung in ausgeführte Fahrzeugmodelle in der identischen Systematik auf Seite 83 ergänzt.

Zum leichteren Verständnis sollen hier einige Begriffe der Systematik erläutert werden: Permanent ist ein Allradantrieb dann, wenn immer eine formschlüssige oder kraftschlüssige Verbindung zwischen den Achsen besteht. Über die Höhe des auf jede Achse übertragenen Momentes sagt diese Kategorisierung nichts aus. Deshalb zählt auch ein Allradantrieb mit einer Visco-Kupplung zu einer Achse zu den permanenten Antrieben, obwohl der über eine Visco-Kupplung geleitete Momentenanteil in vielen Fahrsituationen sehr gering ausfällt.

Die Visco-Kupplung zählt wie die Lamellenkupplung zu den kraftschlüssigen Übertragungselementen. Scherkräfte in der Silikonflüssigkeit oder Reibkräfte zwischen den Lamellenoberflächen sorgen für die Momentübertragung. Sie gestatten in den meisten Betriebszuständen eine Differenzdrehzahl zwischen Eingangs- und Ausgangswelle. Bei den formschlüssigen Übertragungen, zu denen Zahnräder und Klauenkupplungen gehören, greifen mechanische Elemente ineinander und übertragen Drehmomente schlupffrei.

Übertragungselemente mit systemimmanenter Charakteristik weisen, je nach Drehzahldifferenz und Momentenhöhe, ein Übertragungs- oder Verteilungskennfeld auf, das die Komponente ohne externe Regelung selber eingestellt. Dabei reagieren Komponenten wie die Visco-Kupplung auf die Differenzdrehzahl, sie sind drehzahlfühlend. Andere, wie das TORSEN-Differenzial, stellen ihre Übertragungscharakteristik nach den anliegenden Momenten ein, sie sind momentenfühlend.

Die wichtigsten Bauelemente des Allradantriebs

Unabhängig davon, welcher Systemgruppe oder Ausführungsform ein Allradantrieb zuzuordnen ist, werden immer wieder bekannte Konstruktionsformen und Maschinenelemente herangezogen, um bestimmte Wirkungen und Ziele zu erreichen. Die Erfindung der meisten Bauelemente reicht bis in die Pionierzeit des Automobils und sogar davor zurück. Viele richtungsweisende Patente stammen aus der Zeit des Ersten Weltkriegs, allerdings konnten einige der genialen Entwürfe damals noch nicht in befriedigender Weise in die Praxis umgesetzt werden. Erst mit Fortschritten bei Material und Produktionsmethoden wurden sie wirklich interessant und für eine breitere Anwendung brauchbar.

Den jüngsten großen Entwicklungsschub brachte der Einzug der Elektronik in die Antriebssteuerung. Markante Beispiele dafür lieferten BMW und Mercedes, die in den 80er-Jahren für ihre Allradantriebe einen hohen Aufwand in der Mechanik als auch in der Aktuatorik trieben, damit Traktion und Fahrdynamik ihren Premium-Klasse-Ansprüchen genügten. Eine eigene Elektronikeinheit mit zugehörigen Sensoren und einem vieladrigen Kabelbaum steuerte die Betätigungselemente des Allradantriebs an. Es bedurfte vieler Anstrengungen, bis die Allradvariante in allen Fahrsituationen mindestens so gut – und besser – funktionierte wie die zweiradgetriebene Ausgangsversion.

Mit der weiteren Übernahme vielfältiger Aufgaben durch elektronische Regelungen und ihre Vernetzung über Datenbusse können die Allrad-Regelungen in die Fahrdynamikregler integriert werden und auf die auch für andere Systeme wie ABS und ESP genutzte Sensorik zugreifen. Damit beginnt schon wieder ein Abrüsten der aufwändigen Mechanik. Differenzialsperren werden durch Bremseingriff ersetzt, jedenfalls bei jenen Modellen, die vorwiegend für die Straße gedacht waren. Damit folgt der nächste Sprung: Relativ simple regelbare Kupplungen ersetzen immer öfter aufwändige Differenziale und Sperren. Ausgeklügelte Regelalgorithmen der Elektronik sorgen für tadellose Funktion und eine Vielfalt an automatischen oder auch manuellen Funktionsmodi.

Differenziale

Beim Befahren von Kurven laufen nicht nur die Räder einer Achse auf unterschiedlich großen Spurkreisen mit verschiedenen Geschwindigkeiten. Auch Vorder- und Hinterachse beschreiben mit der herkömmlichen Achsschenkellenkung unterschiedliche Spurkreise. Als Folge drehen jedes Rad und jede Achse (als Mittel der beiden Raddrehzahlen der jeweiligen Achse) verschieden

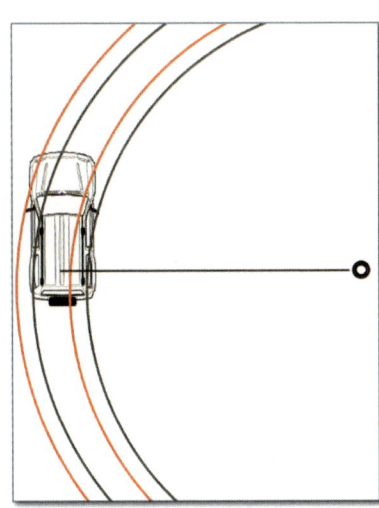

Beim Kurvenfahren laufen sowohl die Räder einer Achse als auch die beiden Achsen auf verschieden großen Spurkreisen und rotieren deshalb mit unterschiedlichen Drehzahlen. Die Vorderräder rollen schneller auf den größeren roten Spurkreisen, die Hinterräder langsamer auf den kleineren schwarzen.

Das Kegelraddifferenzial ist die weitverbreitetste Bauform. Standardmäßig wird das Gehäuse angetrieben, die Ausgleichskegelräder laufen um und verteilen wie ein Waagebalken die Drehmomente in gleicher Höhe auf die beiden Abtriebskegelräder. Sie gleichen auch Drehzahldifferenzen zwischen den beiden Abtriebswellen zum Beispiel beim Kurvenfahren aus.

schnell. Die Drehzahldifferenzen beim Kurvenfahren und bei erhöhtem Schlupf eines Rades oder eine Achse müssen bei formschlüssiger mechanischer Kopplung der Antriebselemente Differenziale ausgleichen. Beim idealen Allradantrieb arbeiten zwei Differenziale in den beiden Achsen und ein Mitteldifferenzial zum Drehzahlausgleich zwischen Vorder- und Hinterachse.

Zuschaltbare Allradantriebe ohne Mitteldifferential verspannen deshalb beim Kurvenfahren. Dieser Effekt kann bei einem permanenten Vierradantrieb nicht toleriert werden, so dass bei diesen Konzepten immer ein Mitteldifferenzial oder eine kraftschlüssige Kupplung für den nötigen Drehzahlausgleich sorgt.

Alle folgenden Ausführungen über Achsdifferenziale gelten natürlich sinngemäß auch für Mitteldifferenziale. Sie verteilen die Drehmomente nicht zwischen rechter und linker Antriebsseite, sondern zwischen Vorder- und Hinterachse.

Planetendifferenziale verteilen das Eingangs-Drehmoment mit ihren fast unbegrenzten Kombinationsmöglichkeiten zu ungleichen Teilen auf die Vorder- und die Hinterachse. Der Lancia Delta überträgt 56 Prozent auf die Vorder- und 44 Prozent auf die Hinterachse. Die Visco-Kupplung auf der rechten Seite arbeitet als Sperre für das Zentraldifferenzial.

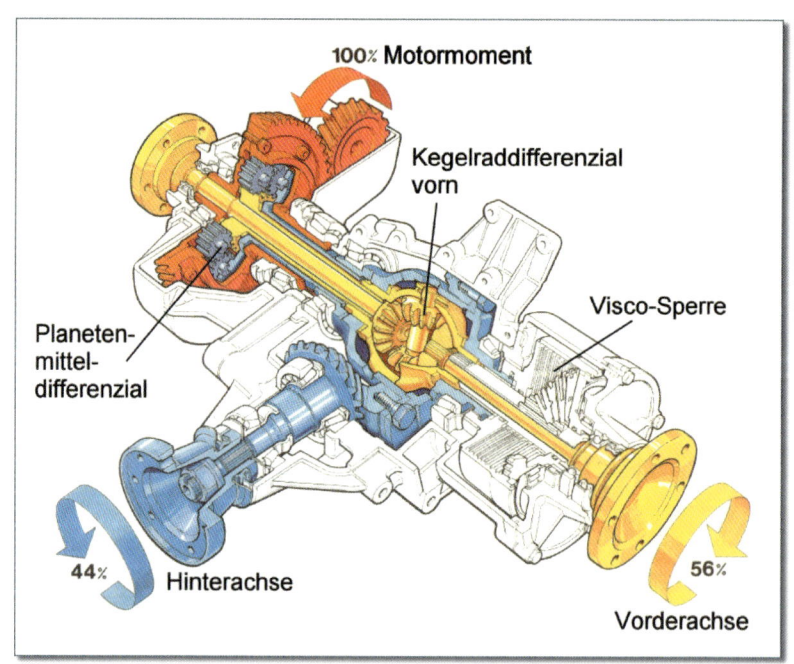

100% Motormoment

Kegelraddifferenzial vorn

Visco-Sperre

Planeten-mittel-differenzial

44% Hinterachse

56% Vorderachse

Das bekannte Kegelraddifferenzial ist älter als das Automobil. Bereits bei mit Dampf betrieben Erntemaschinen wurde die Notwendigkeit des Drehzahlausgleiches zwischen linken und rechten Rädern bei Kurvenfahrt erkannt (US Patente aus 1865). Neben dem Drehzahlausgleich erfüllt das Kegelraddifferential eine zweite wichtige Aufgabe: es verteilt die Zugkraft zu gleichen Teilen auf beide Seiten des Antriebs. Jeder andere Wert würde unweigerlich zum Schiefziehen des Fahrzeuges führen, besonders natürlich beim Vorderradantrieb.

Alle Differentiale gehören zur Gruppe der sogenannten Umlaufräder- oder auch Planetengetriebe. Wie aus einem Baukasten kann der Ingenieur für Sonderfälle andere Bauarten als das Kegelraddifferenzial auswählen, um z.B. für die Anwendung als Zentraldifferential eine andere als die gleiche Drehmomentverteilung zu erhalten.

Bei den Kegelraddifferenzialen wird das Gehäuse (auch Differenzialkorb genannt) angetrieben, mit dem eine oder mehrere Bolzen im Inneren fest verbunden sind. Auf diesen Bolzen rotieren die Antriebskegelräder, die das Drehmoment wie Waagebalken gleichmäßig auf die beiden Abtriebskegelräder verteilen. Diese Abtriebskegelräder treiben entweder die Räder einer Achse oder, bei Verwendung als Zentraldifferenzial, die Vorder- und Hinterachse an.

Beim Kurvenfahren dreht im Normalfall das Abtriebskegelrad des kurveninneren Rades oder der Hinterachse langsamer als das Antriebsgehäuse, das Abtriebskegelrad des kurvenäußeren Rades oder der Vorderachse mit der gleichen Relativdrehzahl schneller. Wegen der formschlüssigen Verbindung des gesamten Verbandes gilt eine einfache Formel:

$$An = \frac{Ab_1 + Ab_2}{2}$$

Dabei ist An die Antriebsdrehzahl des Gehäuses, Ab1 die Abtriebsdrehzahl des kurvenäußeren Rades bzw. der Vorderachse und Ab2 die Abtriebsdrehzahl des kurveninneren Rades bzw. der Hinterachse.

Planetendifferenziale haben sich für die ungleiche Drehmomentverteilung zwischen den beiden Achsen durchgesetzt. Die Wahl des Antriebs und Abtriebs von Außenrad, Planetenrädern oder Sonnenrad lässt zusammen mit der Geometrie des Planetendifferenzials fast jede sinnvolle Aufteilung der abgegebenen Drehmomente zu. Bei einfachen Planetendifferenzialenwerden immer die Planetenräder angetrieben, Sonnenrad und Außenrad treiben je nach gewünschter Drehmomentaufteilung die Achsen an. Bei Planetendifferenzialen wird die Drehzahlformel deutlich komplexer.

Doppelplaneten-Differenziale lassen auch andere An/Abtriebskonfigurationen zu.

Differenzialsperren

Beim Torsen-Differenzial erzeugen hohe Axialkräfte der Schraubräder Reibungskräfte, die eine ungleiche Drehmomentaufteilung ermöglichen und die Differenzialwirkung sperren können.

Die gleiche Drehmomentverteilung eines herkömmlichen Differenzials stellt gleichzeitig in Extremsituationen auch seinen gravierendsten Nachteil dar: Ein Rad auf niedrigem Fahrbahnreibwert bedeutet den Zusammenbruch des Vortriebes, da auch auf die anderen Seite wegen der Drehmomentgleichheit ebenfalls nur ein entsprechend niedriges Moment übertragen werden kann.

Als wirksame Gegenmaßnahme zum Aufbau von Traktion selbst unter diesen Umständen muss dem Differenzial seine ansonsten wichtige Ausgleichsfunktion durch eine parallel arbeitende Sperre genommen werden.

Das Differential zu sperren oder zu hemmen bedeutet, die beschriebene Drehmomentgleichheit links-rechts oder vorn-hinten aufzuheben, bis ein größerer Anteil oder das gesamte Drehmoment nur auf ein Rad oder eine Achse geleitet wird.

Zur Beschreibung des Sperrvermögens der unterschiedlichen Systeme wird allgemein der so genannte Sperrwert S, angegeben in Prozent, verwendet

$$S = \frac{\text{Moment}_{\text{hoch}} - \text{Moment}_{\text{niedrig}}}{\text{Moment}_{\text{hoch}} + \text{Moment}_{\text{niedrig}}} \times 100 \ (\%)$$

Ein Sperrwert von 100 Prozent bedeutet, dass das gesamte Moment auf eine Seite oder Achse geleitet werden kann.

Viele mechanische Differenzial-Sperren arbeiten mit den gleichen Maschinenelementen wie Allradkupplungen, die das Differenzial überbrücken oder in seiner Wirkung hemmen. Das Ausgleichsgetriebe selbst mit seinen Zahnrädern bleibt dabei weitgehend unverändert. In der mechanischen Ära verhinderten Gleitsteinsperren oder Lamellensperren mit hoher Vorspannung das Durchdrehen eines Rades besonders bei leistungsstarken Sportwagen.

Ein anderer Ansatz steigert die inneren Kräfte an den Differenzial-Zahnrädern durch gezielte Formgebung so weit, dass die mit den Kräften einhergehende innere Verspannung und resultierende Reibung gezielt das Durchdrehen einer Antriebsseite reduziert.

Das TORSEN-Differenzial

Der Markenname TORSEN leitet sich vom englischen TORque SENsing (= Drehmoment fühlend) ab. Das Torsen-Differenzial findet sich heute in vielen Fahrzeugen als Zentraldifferenzial oder Achsdifferenzial. Die Schraubräder mit gekreuzten Achsen im Inneren des Torsen-Differenzials (heute Typ A genannt) erzeugen unter Last große Axialkräfte, die über Reibelemente die gewünschte Sperrwirkung erzeugen. Durch gezielte Veränderung der Reibpaarungen kann der Sperrwert abgestimmt werden, ohne die Verzahnungsgeometrie verändern zu müssen.

Audi nennt für sein Torsen-Zentraldifferential mögliche Grenzverteilungen von 72 : 28 Prozent (und umgekehrt), als Sperrwert ausgedrückt sind das 44 %.

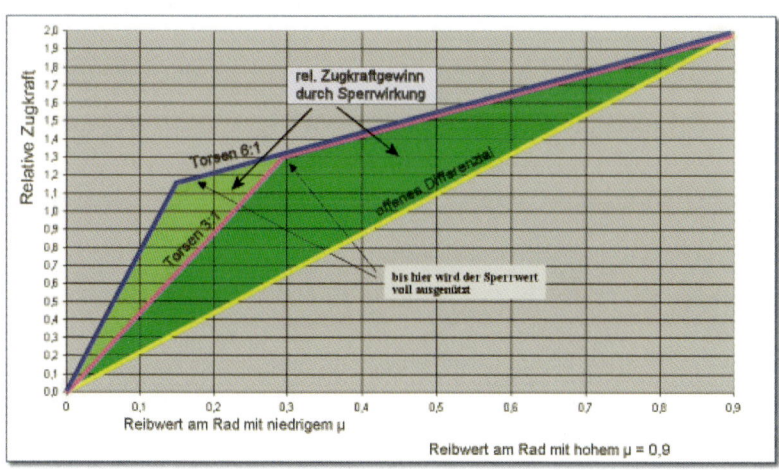

Die Drehmomentübertragungskurven des Torsen-Differenzials zeigen seine Sperrwirkung gegenüber einem offenen Differenzial. Kann eine Seite des Torsen-Differenzials kein Moment übertragen, kann sich auch kein Sperrmoment durch die innere Reibung aufbauen.

Der neue Range Rover arbeitet mit einem Torsen-Mitteldifferenzial. In dieser Situation mit einem Rad ohne Bodenkontakt kann nur der Bremseingriff die Wirkung des Torsen-Differenzials initiieren.

Alle Typen des Torsen-Differenzials benötigen ein Grundmoment, um die inneren Reibungskräfte und damit die Sperrwirkung erzeugen zu können. Steht ein Rad aber auf nassem Glatteis oder hat es sogar keinen Bodenkontakt, kann das erforderliche Minimalmoment nicht aufgebaut werden und das freie Rad dreht trotz des Torsen-Differenzials antriebslos durch. Ein Bremseneingriff kann dieses Problem lösen, indem das durchdrehende Rad abgebremst wird. Schon ein geringes Bremsmoment genügt, um die Wirkung des Torsen-Differenzials zu initiieren.

Das Torsen-Differenzial Typ B des neuen Range Rover ordnet die Schraubräder auf parallelen Achsen an, das Torsen C, eingesetzt bei Toyota, basiert auf einem Planetendifferenzial. In beiden Fällen sind die Planetenräder nicht auf Achsen, sondern in Taschen des Grundgehäuses gelagert, wo sie gezielt einen höheren inneren Widerstand erzeugen.

Klauenkupplung, Zahnkupplung

Eine Zahnkupplung stellt die älteste, einfachste und robusteste formschlüssige Verbindung zweier miteinander fluchtenden Wellen oder anderer rotierender Elemente wie Zahnräder dar.

In der bekannten Bauart sind die beiden Wellenenden an ihrem Umfang ähnlich einem Zahnrad ausgebildet und eine diese Enden umgreifende, innen verzahnte Muffe ist verschieblich angeordnet. Im ausgerückten Zustand der Schiebemuffe können beiden Wellenenden ohne Berührung frei gegeneinander rotieren, eingerückt entsteht eine drehfeste, formschlüssige Verbindung.

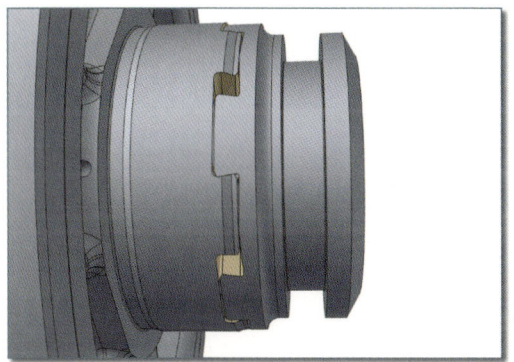

Die Klauenkupplungen des Automatic Drivetrain Management (ADM) werden pneumatisch ein- und über Federkraft ausgerückt. Dazu wird die Schiebemuffe axial verschoben. Die speziellen Zahnformen erlauben eine Betätigung auch bei höheren Drehzahldifferenzen.

Alternativ können die Schaltzähne oder Klauen auch auf der Stirnseite der Wellenenden angeordnet sein, die Funktionalität ist aber die gleiche.

Die Klauenkupplungen lassen sich nur bei geringen Drehzahlunterschieden der beiden miteinander zu kuppelnden Wellen einrücken, als Grenzwert gelten etwa 60 Umdrehungen pro Minute. Sie dürfen daher nicht bei bereits heftig durchdrehenden Rädern betätigt werden.

Sehr kleine Differenzdrehzahlen begünstigen die Schaltwilligkeit, da der Zahn leichter in die Lücke des Gegenstückes findet. Solange Last auf der eingerückten Kupplung liegt, ist ein Ausrücken meist nicht möglich, das würde auch zu einem entsprechenden Schlag im Antrieb führen.

Die Bewegung der Schaltmuffe kann durch alle im Fahrzeug bekannten Aktuatoren erfolgen, von der reinen Handkraft bis zu Elektromechanik oder Hydraulik.

Automatische, d.h. elektronisch kontrollierte Klauenkupplungen, stellen eine Besonderheit dar: Die Logik reagiert auf eine einsetzende Differenzdrehzahl und schaltet in diese hinein. Das erfordert eine besondere Ausbildung der Stirnklaue mit sehr weiten Lücken zwischen den Zähnen. Unter dem Namen ADM (Automatic Drivetrain Management) wurde ein solches System von Magna Steyr für den Nutzfahrzeugbereich entwickelt. Diese speziellen Ausführungen sind bis zu einer Differenzdrehzahl von 400 U/min schaltbar.

Klauenkupplungen können zur direkten schaltbaren Drehmomentübertragung (z.B. als Schaltelement für einen zuschaltbaren Achsantrieb) oder als schaltbare Sperre parallel zu einem Differenzial eingesetzt werden. Diese formschlüssigen Sperren lassen keine Differenzdrehzahl zu und besitzen natürlich einen Sperrwert von 100 Prozent. Der englische Sprachgebrauch bezeichnet sie als „positive lock".

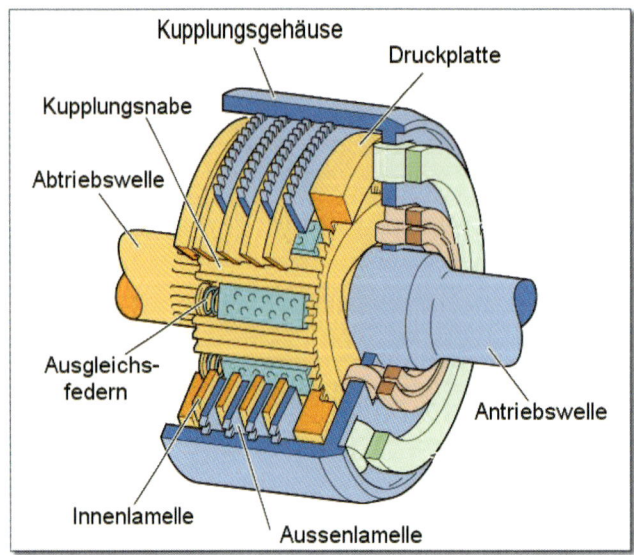

Kupplungsgehäuse
Druckplatte
Kupplungsnabe
Abtriebswelle
Ausgleichs-
federn
Antriebswelle
Innenlamelle
Aussenlamelle

Lamellenkupplungen übertragen Drehmomente durch die Reibkräfte, die beim Gegeneinanderpressen der Lamellen entstehen. Bei der Haldex-Kupplung werden die Anpresskräfte des Lamellenpaketes hydraulisch erzeugt.

Lamellenkupplung

Im Unterschied zur bekannten Anfahrkupplung, die nur mit einer Scheibe und ohne Schmierung, also trocken, arbeitet, werden im Antriebsstrang aufgrund der gegenüber dem Motormoment wesentlich höheren Belastungen im Ölbad laufende Mehrscheibenkupplungen verwendet.

Die Scheiben sind abwechselnd mit dem Antrieb und dem Abtrieb verbunden. Dazu tragen die einen Lamellen Außenverzahnungen und sind in einer Trommel mit Innenverzahnung verschiebbar gelagert. Die Gegenlamellen laufen mit ihrer Innenverzahnung auf der Außenverzahnung einer Welle, auf der sie ebenfalls axial verschoben werden können. Über einen stabilen Ring, die Druckplatte, werden die Lamellen nun gegeneinander geschoben und zusammengedrückt, so dass ihre jeweiligen Oberflächen miteinander reiben und mit den erzeugten Reibmomenten Drehmoment übertragen.

Die Anpresskraft selbst wird unterschiedlich erzeugt, wofür aber prinzipielle Unterschiede bestehen:

1. der Aktuator arbeitet mit Fremdenergie
   (z.B. elektrisch oder hydraulisch)
2. der Aktuator reagiert auf und braucht die
   Differenzdrehzahl (z.B. zum Antrieb innerer Pumpen),

Die erste Kupplungsgruppe kann vollkommen schließen, also ohne Differenzdrehzahl Moment übertragen. Diese Bauart hat keine „innere Intelligenz", sie muss daher vom Fahrer oder elektronisch kontrolliert werden.

Kupplungen nach der zweiten Bauart können nur mit Differenzdrehzahl betrieben werden. Sie sind mit und ohne elektronische Regelung im Einsatz.

Aus Gründen der Fahrdynamik wird in den meisten Fahrzuständen ein rutschender Kupplungsbetrieb verlangt. Auch hier spricht man vom Schlupf der Kupplung. Schlupf bedeutet immer einen Leistungsverlust in der Kupplung, der diese erwärmt, daher auch die notwendige Kühlung durch das Schmieröl.

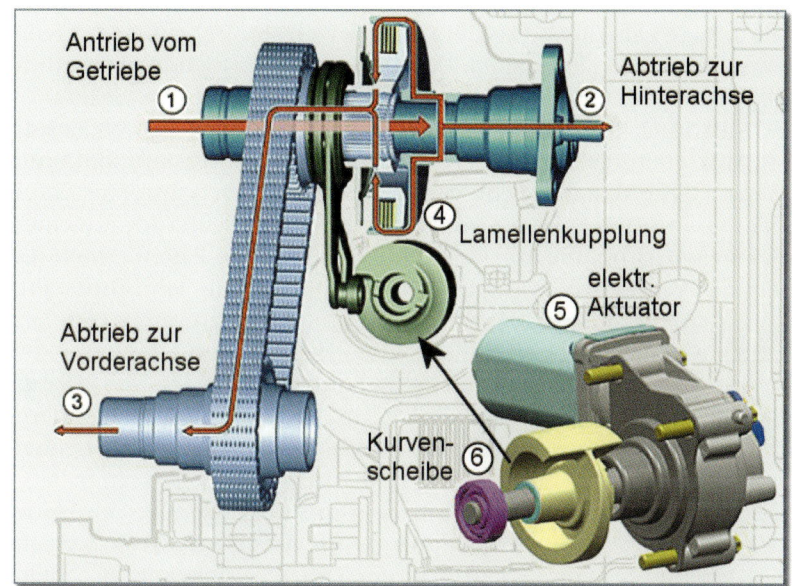

Antrieb vom Getriebe ①

Abtrieb zur Hinterachse ②

④ Lamellenkupplung

⑤ elektr. Aktuator

Abtrieb zur Vorderachse ③

Kurven-scheibe ⑥

BMW setzt beim xDrive-System eine Lamellenkupplung für die Kraftübertragung zur Vorderachse ein. Ein Elektromotor regelt über eine Kurvenscheibe und Spannarme die Anpresskraft des Lamellenpaketes und damit den Drehmomentanteil zur Vorderachse. Die Hinterachse ist starr angetrieben.

Schlupf bewirkt aber auch Verschleiß, zusätzlich erfordert die Geräuschunterdrückung besondere Beachtung und Maßnahmen. Der Betrieb der Kupplung unter Last mit sehr geringer Differenzdrehzahl kann sehr leicht zu Reibschwingungen führen, die sich akustisch unangenehm bemerkbar machen können.

Für alle diese Widrigkeiten muss das tribologische System – die Lamellenoberflächen mit ihren Belägen, das Schmieröl mit seinen Additiven, die Schmierölführung durch die Kupplung u.s.w. – sehr sorgfältig abgestimmt werden.

Keine dieser Kupplungen kommt ohne eine Schutzeinrichtung gegen Überhitzung aus. Temperatursensoren und/oder Rechenmodelle in der elektronischen Steuerung schalten die Kupplung im kritischen Zustand ab.

Lamellenkupplungen werden zur geregelten Drehmomentübertragung an eine Achse oder als regelbare Sperre parallel zu Differenzialen verwendet. Die jüngste Anwendung finden Lamellenkupplungen im neuen BMW-Allradsystem xDrive.

Visco-Kupplung

Eine Visco-Kupplung ist ähnlich aufgebaut wie eine Lamellenkupplung. Auch hier sind An- und Abtriebs-Lamellen abwechselnd hintereinander geschichtet, wobei eine Lamellenart mit einer Außenverzahnung in der Innenverzahnung des Gehäuses gelagert ist, die andere Lamellenart mit einer Innenverzahnung auf einer Welle verschiebbar angeordnet ist. Das mit speziellen Hochdruckdichtungen abgedichtete Gehäuse ist mit Silikon-Öl gefüllt.

Silikon-Öl mit seinen in weiten Bereichen einstellbaren Eigenschaften fand erst spät den Weg in die Großserienproduktion. Genau diese damals nicht verfügbare Flüssigkeit schwebte schon dem Amerikaner P. Severy vor, als er ab 1910 an seiner Idee zu einer Flüssigkeitskupplung arbeitete, für die er 1917 ein Patent erhielt. Es war das Verdienst von Ferguson Developments, die Jahrzehnte alte Grundidee in den 70er Jahren wieder aufzugreifen, mit moderner Chemie zu kombinieren und die Visco-Kupplung zu schaffen.

Im Gegensatz zur Lamellenkupplung überträgt die Visco-Kupplung das Drehmoment nicht durch mechanische, sondern durch Flüssigkeitsreibung. In den schmalen Spalten zwischen den An- und Abtriebs-Lamellen wird die Flüssigkeit Scherkräften ausgesetzt, die die Drehmomentübertragung übernehmen. Die Höhe des übertragenen Drehmomentes ist im normalen Arbeitsbereich der Visco-Kupplung primär von der Differenzdrehzahl, also dem Schlupf in der Kupplung, abhängig. Durch die Reibung besonders der Dichtungen überträgt die Visco-Kupplung immer, auch ohne Differenzdrehzahl, ein geringes Moment. Zur Übertragung höherer Momente reichen schon relativ geringe Drehzahldifferenzen ab fünf Umdrehungen pro Minute aus.

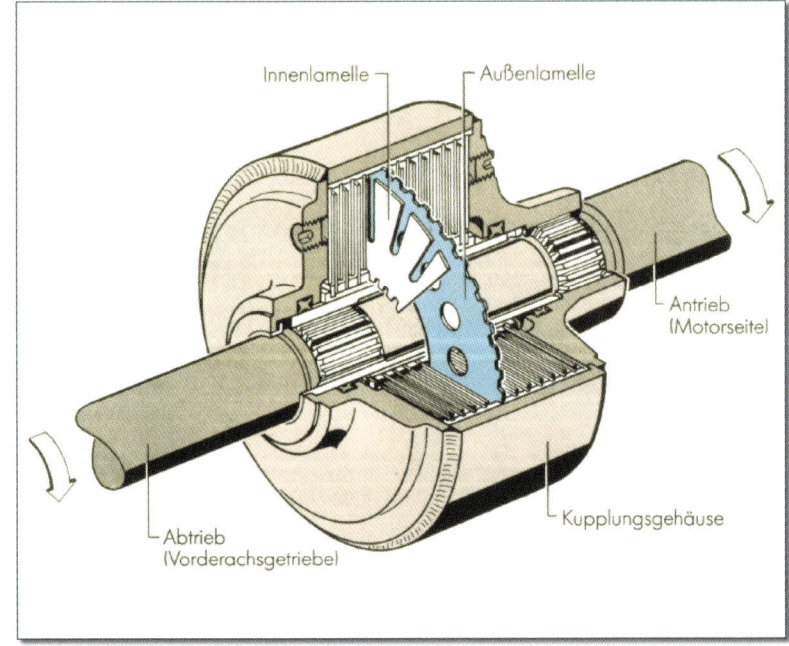

In der Visco-Kupplung sorgen Scherkräfte in der Silikonflüssigkeit zwischen den Lamellen für die Drehmomentübertragung. Im Normalbetrieb berühren sich die Lamellen nicht.

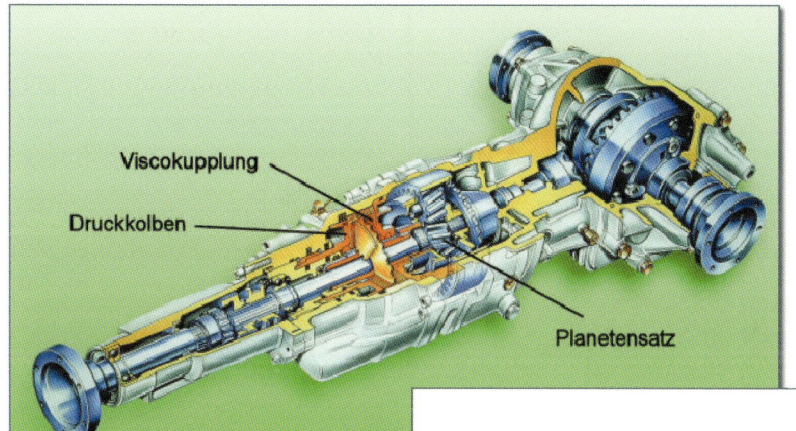

Viscokupplung

Druckkolben

Planetensatz

Die Viscomatic im Alfa 166 Q 4 stellt die einzige in Serie angewendete regelbare Visco-Kupplung dar. Sie erlaubt die Drehmomentverteilung zwischen den beiden Achsen in einem weiten Bereich zu regeln.

Bei höherer Belastung durch Differenzdrehzahlen erwärmt die anfallende Verlustleistung die Visco-Kupplung, wobei der Innendruck in der Kupplung steigt. Durch einen speziellen Effekt, den „Hump", ändern sich die inneren Strömungsverhältnisse, die Lamellen werden durch den ungleichmäßig verteilten Innendruck aufeinander gepresst, die Differenzdrehzahl geht praktisch auf Null zurück, die Kupplung wird nahezu starr. Diese Eigenschaft der Visco-Kupplung ist eine Sicherheitsfunktion, die ihre Überhitzung und damit Zerstörung vermeidet.

Bei der Visco-Kupplung können mehrere Parameter so gewählt werden, dass eine den meisten Anforderungen entsprechende Drehmomentübertragungs-Charakteristik erreicht werden kann.

Die Visco-Kupplung findet man zur Drehmomentübertragung zu einer Achse oder auch als Differenzialbremse parallel zu einem Differenzial.

Bei der bisher einzigen extern regelbaren Visco-Kupplung, der Viscomatic von Magna Steyr, wird über eine elektronisch gesteuerte Hydraulik der Abstand zwischen den Lamellen und der Innendruck verändert. Die Variation dieser beiden Parameter lässt die Beeinflussung der Drehmomentübertragung in einem weiten Bereich zu. Damit zeichnet sich die Viscomatic mit der vollen Kompatibilität zu anderen Regelsystemen wie ABS oder ESP aus.

Der weite Regelbereich der Viscokupplung in der Viscomatic und die schnelle Regelung machen sie kompatibel zu ABS und ESP.

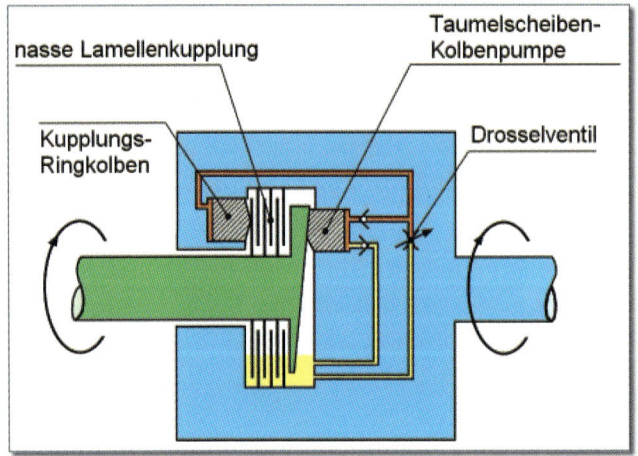

nasse Lamellenkupplung

Taumelscheiben-Kolbenpumpe

Kupplungs-Ringkolben

Drosselventil

**Durch die Drehzahl-
differenz zwischen
Eingang und Abtrieb
der Haldex-Kupplung
werden Axialkolben-
pumpen betätigt. Der
von ihnen erzeugte
Hydraulikdruck wird
elektrisch geregelt
und beaufschlagt das
Lamellenpaket, das
dann das Drehmo-
ment überträgt.**

Haldex-Kupplung

Die Haldex-Kupplung stellt eine Kombination einer Lamellenkupplung mit einer Hydraulik-Einheit dar, die in einer Komponente zusammengefasst ist. Die Haldex-Kupplung benötigt zum Aufbau ihrer Wirkung eine Differenzdrehzahl zwischen Eingangs- und Ausgangswelle. Wie bei der Visco-Kupplung liegen auch hier die zum Betrieb notwendigen Differenzdrehzahlen sehr niedrig. Die Haldex-Kupplung wird derzeit ausschließlich zur direkten Drehmomentübertragung an eine Achse verwendet.

Die Differenzdrehzahl treibt eine axial wirkende Mehrkolben-Hochdruckpumpe an, deren Kolben auf einer axial angeordneten Kurvenbahn ablaufen und dadurch betätigt werden. Der dadurch erzeugte Öldruck kann über elektrisch betätigte Ventile geregelt und dann über einen großen Ringkolben zur Betätigung der Druckplatte des Lamellenpaketes verwendet werden. Die Höhe des übertragenen Drehmomentes richtet sich nach dem eingeregelten Betätigungsdruck. Damit lässt sich die Übertragungscharakteristik einer Haldex-Kupplung in weiten Bereichen den Untergrund- und Fahrbedingungen anpassen.

Die schnelle Reaktion der Haldex-Kupplung auf Befehle ihrer elektronischen Steuerung macht sie zu allen Fahrdynamik-Regelungen uneingeschränkt kompatibel.

Die Haldex-Kupplung kann wegen ihrer Konstruktion nicht als starre Kupplung ohne Schlupf wirken wie eine Klauenkupplung oder eine extern geregelte Lamellenkupplung.

Ein einfaches Rechenbeispiel soll die Höhe der Differenzdrehzahlen zwischen Vorder- und Hinterachse zur Aktivierung der Haldex- und ähnlicher Differenzdrehzahl-fühlenden Kupplungen in Zahlen belegen: Fährt ein Golf mit einer Geschwindigkeit von 50 Kilometern pro Stunde, so drehen sich seine Räder bei einem Reifenumfang von 1,8 Meter rund 460 mal in der Minute (50000:1,8:60=462). Geraten die angetrieben Vorderräder auf einen Abschnitt mit niedrigem Reibwert, so könnten sie schnell zehn Prozent Schlupf aufbauen (was die Haldex-Kupplung aber verhindert). Die Raddrehzahl stiege auf rund 500 Umdrehungen pro Minute an. In diesem Fall stünde zur Aktivierung der Haldex-Kupplung eine Differenzdrehzahl von (40 Umdrehungen mal der Achsübersetzung von ca. 1,6:1) über 60

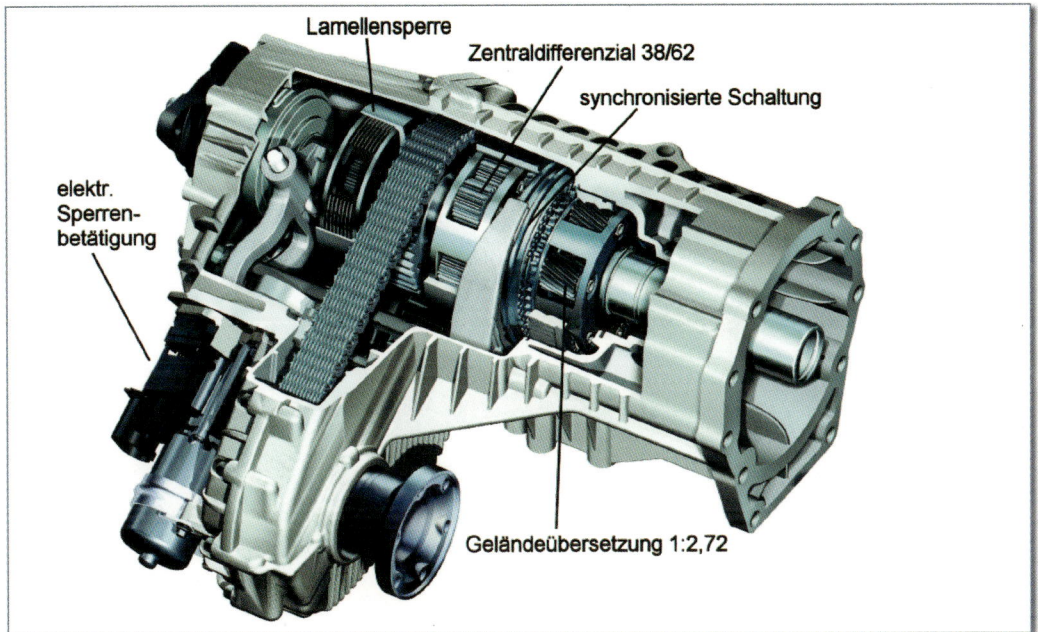

Lamellensperre
Zentraldifferenzial 38/62
synchronisierte Schaltung
elektr. Sperren-betätigung
Geländeübersetzung 1:2,72

Umdrehungen in der Minute zur Verfügung. Da die Hydraulikpumpen der Haldex-Kupplung bereits bei weit niedrigeren Differenzdrehzahlen von knapp 15 Umdrehungen pro Minute ausreichenden Druck zur Betätigung der Lamellenpakete aufbauen, müssten hier schon die Steuerventile druckentlastend eingreifen.

Die neueste Ausführung der Haldex-Kupplung arbeitet mit einer elektrischen Vorpumpe, die auch schon ohne Differenzdrehzahl zwischen An- und Abtrieb eine Kupplungswirkung aufbauen kann. Schon aus dem Stand heraus kann ein Fahrzeug mit dieser Haldex-Version im Allradmodus anfahren

Geländereduktion

Fahren im weglosen Gelände bedeutet neben teilweise schlechten Reibwertbedingungen auch sehr oft erhöhten Fahrwiderstand in Form von hohen Steigungen oder tiefem Sand und Matsch. Hindernisse und extreme Gefällstrecken müssen vorsichtig mit niedrigster Geschwindigkeit befahren werden.

Die normalen Getriebegänge eines Straßenfahrzeuges können diese Forderungen nicht erfüllen.

Geländefahrzeuge sind daher auch bezüglich ihrer Übersetzungsspreizungen anders oder zusätzlich ausgestattet.

Am häufigsten wird als Lösung das Verteilergetriebe mit zwei Gangstufen ausgestattet. Es bietet dann neben der eigentlichen Verteilungsfunktion des Allradantriebes eine zusätzliche Geländestufe, mit der sich die Zahl der zur Verfügung stehenden Gänge des Hauptgetriebes verdoppelt.

Das Verteilergetriebe des Cayenne vereint in einem Gehäuse mehrere Funktionen: ein Planetenradsatz teilt als Mitteldifferential das Eingangsdrehmoment zu 38 Prozent auf die Vorder-, zu 62 Prozent auf die Hinterachse auf. Der zweite Planetensatz stellt, synchronisiert geschaltet, die Geländeübersetzung dar. Die elektrische betätigte Lamellensperre sperrt das Mitteldifferenzial, wenn eine Achse zuviel Schlupf aufbaut. Die Zahnkette überträgt das Drehmoment zur Vorderachse.

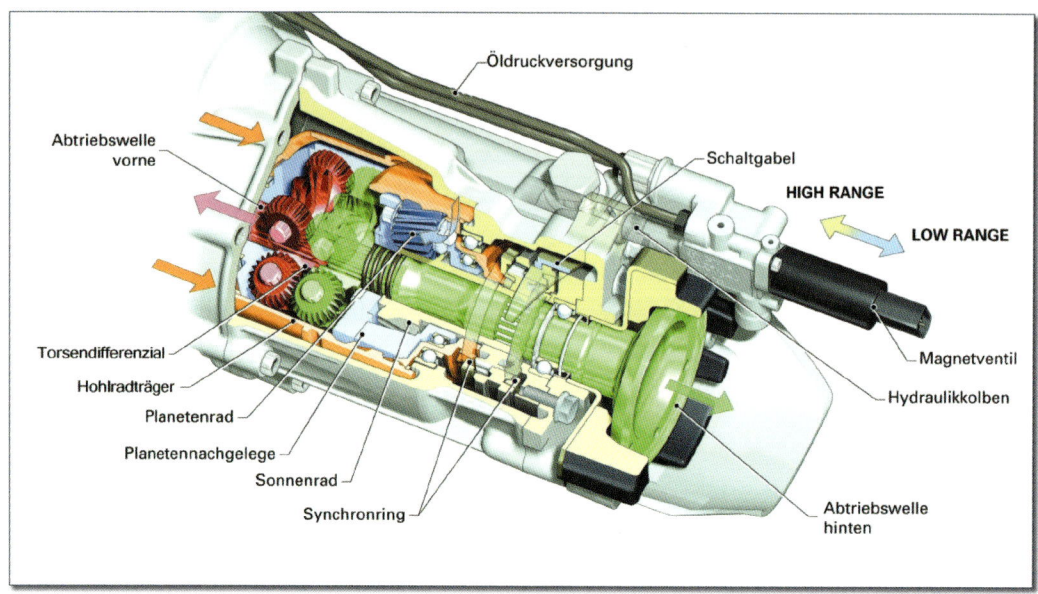

Öldruckversorgung

Abtriebswelle vorne

Schaltgabel

HIGH RANGE

LOW RANGE

Torsendifferenzial

Hohlradträger

Planetenrad

Planetennachgelege

Sonnenrad

Synchronring

Magnetventil

Hydraulikkolben

Abtriebswelle hinten

Der Audi Allroad mit Schaltgetriebe verfügt als Option über eine zusätzliche Geländestufe. Sie ist als Planetenübersetzung an dem Getriebe angehängt und, elektronisch überwacht, hydraulisch schaltbar.

Die installierten Übersetzungen sind meistens für den Straßengang direkt (1:1) und im Geländegang 1:2 und noch höher übersetzt. Beim Jeep Wrangler Rubicon als Hardcore-Geländewagen wandelt der Kriechgang die Drehzahl sogar 1:4. Als guter Richtwert sollte die Geschwindigkeit bei einer Motordrehzahl von 1000 Umdrehungen pro Minute 4 km/h betragen. Neben normalen Stirnradgetrieben werden für den Geländegang speziell in USA Planetengetriebe verwendet, deren Übersetzung meistens 1:2,7 ins Langsame beträgt.

Mit wenigen Ausnahmen (wie bei Mercedes G, Range Rover neu, Cayenne/Tuareg) sind diese Geländegänge nicht synchronisiert und können daher nur bei Fahrzeugstillstand geschaltet werden.

Als Trend ist auch eine Tastenbetätigung anstelle eines zweiten Schalthebels für die Geländegang-Schaltung zu beobachten, wobei durch eine Einfachelektronik eine unerlaubte Aktivierung und damit ein Überdrehen des Motors, z.B. nach einem irrtümlichen Tastendruck, verhindert wird.

Audi rüstet den Allroad auf Wunsch sogar mit einer Geländestufe aus, die in allen Gängen wirksam wird. Zur Vermeidung zu hoher Differenzdrehzahlen zwischen Hohl- und Trieblingswelle begrenzt die Elektronik die Geschwindigkeit in der LOW-Stufe auf 70 km/h.

Eine Alternative zum zweigängigen Verteilergetriebe stellt die Modifikation des Hauptgetriebes durch Hinzufügen eines einzelnen Geländeganges unter dem ersten Normalgang dar (VW Transporter Syncro, Honda Civic Shuttle u.a.).

5.

Reifen

D er Mehrzahl der Autobesitzer ist der entscheidende Einfluss ihrer Reifen auf ein sicheres und komfortables Fortkommen bisher noch nicht bewusst. Sie betrachten die Reifen ihrer Fahrzeuge eher als notwendiges Übel und Verschleißartikel. Deshalb überraschen auch Untersuchungsergebnisse nicht, nach denen über 30 Prozent der geprüften Reifen mit falschem Luftdruck aufgepumpt waren. Und auch nur unter diesem Aspekt ist verständlich, wenn fast die Hälfte aller Autofahrer auf ihren Sommerreifen durch den Winter schlittern.

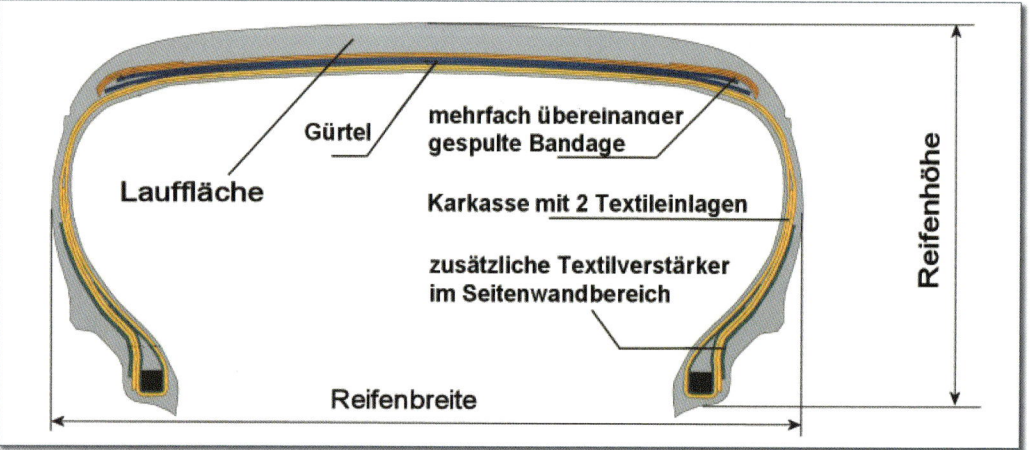

Das Verhältnis von Reifenhöhe zu Reifenbreite charakterisiert schon optisch seinen Einsatzzweck. Je niedriger das Verhältnis desto sportlicher das Reifenverhalten.

Doch die richtigen Reifen tragen ganz entscheidend zum Fahrverhalten jedes Fahrzeugs bei. Während der Entwicklungsphase neuer Modelle investieren deshalb die Fahrwerksspezialisten in die Reifenkonstruktionen viel Mühe, um die Fähigkeiten der Fahrwerke auch in die Praxis umzusetzen. Und besonders im Gelände kann die falsche Reifenwahl alle Potentiale von Motor, Allradantrieb und Chassis zunichte machen.

Seit John P. Dunlop einen aufgeblasenen Gartenschlauch um eine Felge wickelte und damit 1888 den Luftreifen erfunden hatte, haben sich Autoreifen zu sehr komplizierten Bauelementen des Fahrzeugs entwickelt. Sie müssen eine Vielzahl von Aufgaben erfüllen, die zum Teil widersprüchliche Forderungen darstellen. Hier muss der Reifenentwickler für den jeweiligen Einsatzzweck den besten Kompromiss finden. Für die Abstimmung des Reifens auf die verschiedenen Einsatzprofile stehen vielfältige Parameter zur Verfügung. Die wichtigsten sind dabei die Felgenbreite und -durchmesser, der Reifenquerschnitt, die Konstruktion des Reifenunterbaus (der Karkasse), die Gürtelkonstruktion, die verwendeten Gummimischungen und schließlich das Reifenprofil.

Der generelle Reifenaufbau

Die Größenbezeichnungen von Reifen auf den Flanken geben immer drei Dimensionen an: die Breite des Reifens in Millimetern, das Verhältnis von Höhe zu Breite in Prozent und den Felgendurchmesser in Zoll. Dieses unlogische Gemisch aus Angaben verschiedener Maßsysteme hat sich heute weltweit durchgesetzt, auch wenn insbesondere Michelin reine Millimeterangaben propagiert hat. Ein Reifen mit der Dimensionsbezeichnung 255/55 R20 95 V verfügt über 255 Millimeter Breite, die Höhe des Reifenquerschnitts beträgt 55 Prozent der Breite und er wird auf eine Felge mit 20 Zoll Durchmesser aufgezogen. Das „R" kennzeichnet einen Radial-, also Gürtelreifen, die „95" als Lastindex gibt die maximale Tragfähigkeit von 690 Kilogramm an und der Code „V" steht für eine erlaubte Höchstgeschwindigkeit über 240 km/h.

Zusätzlich zu diesen Informationen tragen die Reifenflanken noch eine ganze Reihe von weiteren codierten Angaben, zum Beispiel über das Fertigungsdatum. Der normale Autofahrer tut gut daran, sich bei der Reifenwahl strikt an die Vorgaben der Fahrzeughersteller zu halten. Denn in engster Kooperation mit den Reifenfirmen entwickeln die beiden Partner den für die jeweiligen Einsatzzwecke auf diesem Fahrzeug bestgeeigneten Pneu.

Darüber hinaus stellen die Reifenausführungen und Dimensionen in den meisten europäischen Ländern einen wichtigen Teil der Fahrzeugzulassung dar. Die Ziffern 20 bis 23 des deutschen Fahrzeugscheines geben genaue Auskunft über die Standardbereifungen des Fahrzeugs, und Erweiterungen auf zusätzlich erlaubte Reifen-

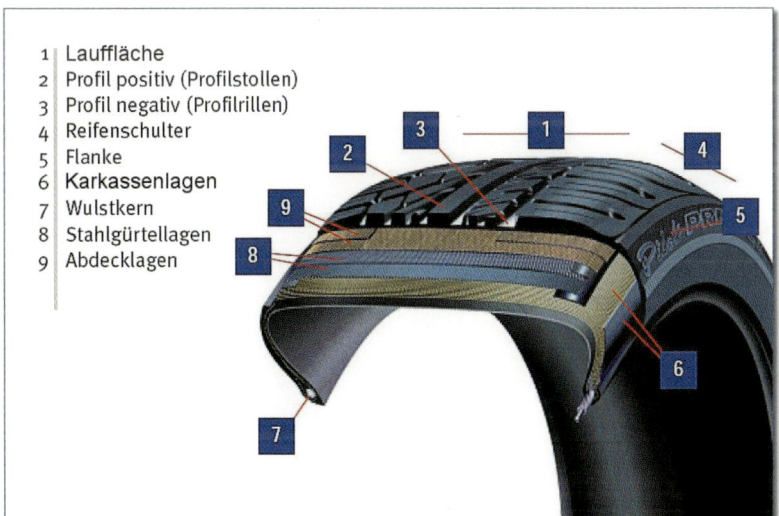

1	Lauffläche
2	Profil positiv (Profilstollen)
3	Profil negativ (Profilrillen)
4	Reifenschulter
5	Flanke
6	Karkassenlagen
7	Wulstkern
8	Stahlgürtellagen
9	Abdecklagen

Moderne Gürtelreifen bestehen aus vielen aufeinander abgestimmten Elementen. Zur Erzielung spezieller Reifeneigenschaften stehen dem Konstrukteur mehrere Einflussparameter zur Verfügung.

Beim Überfahren von Hindernissen sind alle Elemente eines Reifens höchsten Belastungen ausgesetzt. Geländereifen mit hohen Querschnitten weisen für solche Belastungen besondere Widerstandsfähigkeit auf.

größen und Varianten finden sich im Feld 33. Damit sind aber exotische, meistens größere und breitere Geländereifen von der Verwendung im öffentlichen Straßenverkehr noch nicht gänzlich ausgeschlossen. Viele Automobilfirmen erteilen weiterreichende Ausnahmegenehmigungen für Sonderausführungen.

Heute tragen fast alle Reifen das „R" als Kennzeichnung der fortschrittlicheren Gürtelbauweise. Doch gerade bei Geländefahrzeugen fanden die inzwischen überholten Diagonalreifen noch lange nach der Entwicklung des Gürtelreifens ihre Anwendung. Der Grund lag in der dünnen und damit verletzlichen Flanke der Gürtelreifen. Inzwischen ist diese Schwachstelle der Gürtelreifen für den Geländeeinsatz durch Flankenverstärkungen auch beseitigt und die modernen Gürtelreifen haben die Diagonalreifen, außer in speziellen Anwendungsfällen, auf der ganzen Linie verdrängt.

Das Querschnittsverhältnis von Reifen variiert heute von 85 bis 30 Prozent. Mit flacher werdendem Reifenquerschnitt gewinnen das sportliche Aussehen, die Agilität und die Seitenführung. Die Reifenfederung und damit der Komfort verschlechtern sich aber ebenso

Wettbewerbsfahrzeuge nutzen für Geländestrecken deutlich höhere und schmalere Reifen als die Serienautos, um die Verletzungsgefahr für die Reifen und Schläge in die Radaufhangung zu reduzieren.

deutlich wie die Fähigkeit, ohne Beschädigung größere, kantige Unebenheiten zu überfahren. Reifen mit einem besonders niedrigen Querschnitt eignen sich also für sportliches Fahren auf Strassen und Rennpisten, Reifen mit einem hohen Querschnitt und großem Luftvolumen sind mit ihrer Verformungsfähigkeit die Voraussetzung für sichere Geländedurchquerungen ohne Reifenschäden. Der von Volkswagen für die Rallye Paris-Dakar vorbereitete Race-Touareg durchquert die Wüste auf Reifen der Dimension 235-85 R 16, die mit dem hohen Querschnitt Steine schadlos überrollen sollen. Dem serienmäßigen Touareg stehen seine Breitreifen mit nur 60 Prozent Höhen/Breitenverhältnis für den einfacheren Einsatz auf der Straße allerdings stilistisch erheblich besser.

Größere Reifendurchmesser drücken sich bei gleicher Last weniger tief in weichen Untergrund ein und sie verringern damit den Rollwiderstand besonders im Gelände. Für extreme Geländefahrten gilt deshalb die Faustregel, dass die Reifen gar nicht groß genug sein können. Der augenblickliche Trend zu noch größeren Reifendurchmessern bis zu 25 Zoll besonders für SUVs wird auch zu großdimensionierten und damit noch besser geeigneten Geländereifen führen.

Das Zusammenspiel aller Reifen-Komponenten

Die Verformungsfähigkeit des Reifens setzt einen nachgiebigen Unterbau und einen flexibleren Gürtel unter der Lauffläche voraus. Mit dieser Konfiguration kann ein Reifen Lenkbewegungen nicht so spontan in Richtungsänderungen umsetzen wie ein Reifen mit steifer Karkasse und steiferem Gürtel.

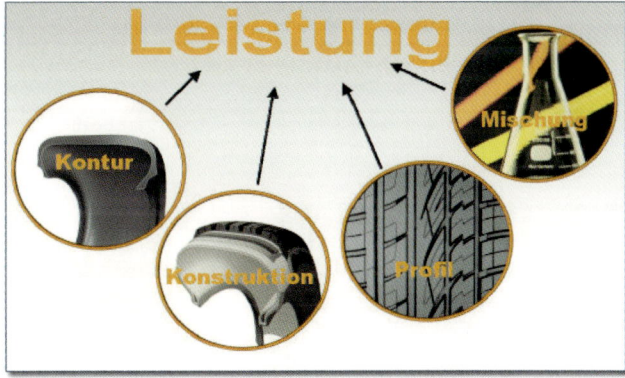

Die für das Überfahren von Unebenheiten notwendige Reifennachgiebigkeit ist bei hohen Geschwindigkeiten wegen der damit verbundenen hohen Reifenaufheizung nicht darstellbar.

Diese vier Komponenten beeinflussen die Leistungsfähigkeit eines Reifens für den jeweiligen Einsatzzweck.

Schon hier zeigt sich, dass Geländegängigkeit, Komfort und Sportlichkeit widersprüchliche Anforderungen an die Grundkonzeption von Reifen bedeuten.

Über dem Gürtel und seinen eventuellen Abdeckungen wird die Laufflächenmischung aufvulkanisiert. Die Entwicklung der Laufflächemischungen bedeutet die eigentliche schwarze Kunst beim Reifenbau. Zu vielfältig sind die Anforderungen an die Reifenlaufflächen, als dass sie von einer einzigen Gummimischung erfüllt werden könnten. Verschleißfestigkeit, niedrige Laufflächentemperaturen bei hohen Geschwindigkeiten, kein Schmieren bei hohen Temperaturen, guter Grip sowohl bei Trockenheit als auch bei Nässe, auf Schnee und selbst auf Eis stellen nur eine exemplarische Auswahl der großen Summe der zu erfüllen Kriterien von Laufflächenmischungen dar. Die unterschiedlichen Hafteigenschaften der Reifen von den beiden in der Formel 1 engagierten Reifenherstellern bei nur geringfügig wechselnden Witterungsbedingungen beweisen, dass es nicht einmal für den schmalen Einsatzbereich eines Rennreifens auf trockener Straße die eine optimale Laufflächenmischung gibt. Viel konträrer gestalten sich die Anforderungen an Gummimischungen bei hohen Temperaturschwankungen. Gummimischungen, die für Hochgeschwindigkeitsreifen auch bei hohen Straßenoberflächentemperaturen geeignet sind, verlieren bei sinkenden Temperaturen ihre gute Haftung. Spätestens ab zehn bis sieben Grad Celsius „frieren" diese Mischungen ein, verhärten und bieten nur noch schlechte Haftwerte. Dadurch verschlechtern sich sowohl die Reifentraktion beim Beschleunigen oder beim Bergsteigen als auch die Bremswerte erheblich. Messungen mit Sommerreifen belegen bereits eine signifikante Verlängerung des Bremsweges bei Temperaturen um den Gefrierpunkt im Vergleich zu Winterreifen. Dramatisch fällt die Bremswegverlängerung auf verschneiter Fahrbahn oder auf Glatteis aus.

Es kann keinen Universalreifen geben

Für jede Aufgabe entwickeln die Reifenhersteller optimierte Produkte. Der falsche Einsatz eines Hochgeschwindigkeitsreifens im Gelände muss zu schlechten Ergebnissen führen.

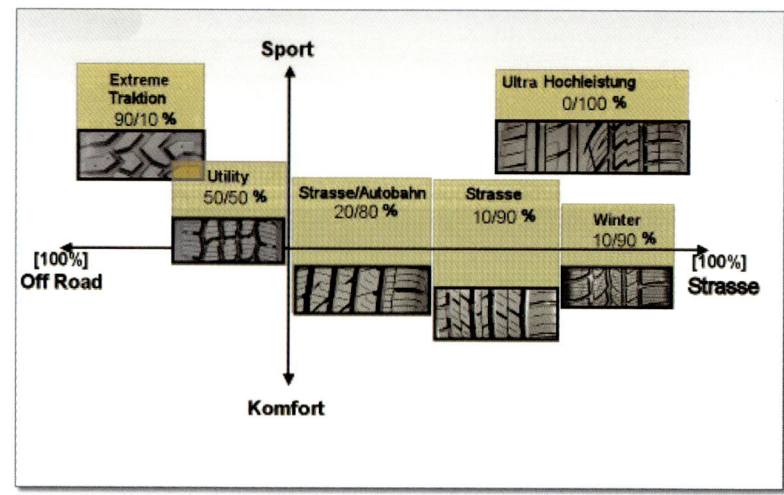

Die Hafteigenschaften von Reifen bei unterschiedlichen Straßenbedingungen und im Gelände sind auf das Engste mit der Profilgestaltung verbunden. Ein grobes Profil mit großen Zwischenräumen zwischen den einzelnen Profilstollen (dem Negativprofil) wühlt sich am besten durch schmieriges Gelände. Grobe Profilierungen neigen aber zum Graben in trockenem Sand, in dem wieder ein feines Profil zum optimalen Fortkommen benötigt wird. Für Fahrten über schneebedeckte Straßen müssen das Profil und der Reifenunterbau eine hohe Flexibilität aufweisen, um die hier besonders notwendige Selbstreinigung des Profiles zu ermöglichen, weil es sich sonst schnell zusetzt und der Griff der einzelnen Profilkanten nicht zur Traktion ausgenutzt werden kann. Feine Lamellen tragen besonders auf festgefahrenem Schnee und Eis zur Haftungsverbesserung bei.

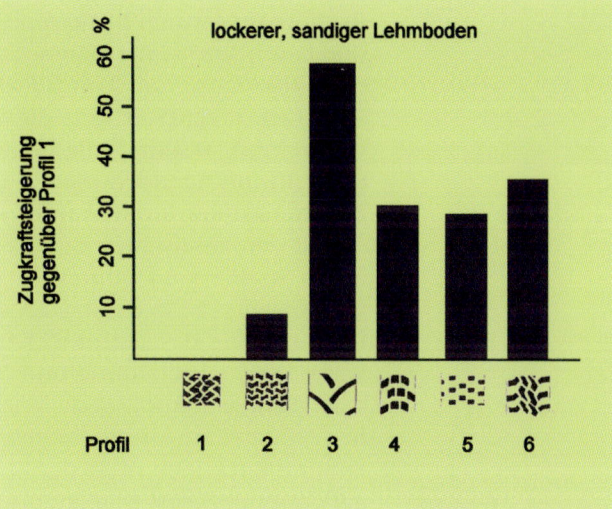

Geländeprofile erzeugen mit ihren groben Stollen ein deutlich höheres Geräuschniveau als feinprofilierte Straßenreifen. Die Reifenabrollgeräusche stören nicht nur die Fahrzeuginsassen, sondern sie tragen entscheidend zur akustischen Umweltbelastung durch Fahrzeuge bei.

Für Fahrten mit hohen Dauergeschwindigkeiten müssen gegenüber dem Normalbetrieb die Reifenluftdrücke erhöht werden, um die

Reifenluftdruck	6.2 bar	4.1 bar	3.1 bar	2.1 bar
Länge des Reifenlatsches	25.8 cm	32.0 cm	33.8 cm	36.3 cm
% Reifeneindrückung	8.5%	15%	23%	30%

Die Absenkung des Reifenluftdruckes vergrößert die Kontaktfläche des Reifens mit dem Untergrund, reduziert dadurch den Bodendruck, die Einsenkung und den Rollwiderstand.

Reifentemperaturen in akzeptablen Grenzen zu halten. Im Gelände und besonders bei der Durchquerung von Sandpassagen ist dagegen eine Absenkung des Luftdrucks vorteilhaft. Durch den niedrigen Luftdruck vergrößert sich die Auflagefläche des Reifens auf dem Untergrund, wodurch die Reifen weniger tief einsinken und sich der Rollwiderstand reduziert. Zusätzlich steigt durch die vergrößerte Zahl der aktiven Stollenkanten die Traktion.

Für den gemischten Betrieb mit hohen Geschwindigkeiten auf festen Straßen und Fahrten im Gelände bietet sich eine Luftdruck-regelanlage zur Erreichung der jeweils besten Fahreigenschaften an. Die Regelung des Luftdrucks in drehenden Reifen erfordert eine komplizierte Abdichtung und Mechanik, die bisher ausschließlich bei Lastwagen und speziellen Geländefahrzeugen, hauptsächlich für militärische Anwendungen und für Wüstenrallies, zum Einsatz kommt. Zusätzlich muss der Reifen bei sehr niedrigen Luftdrücken auf der Felge fixiert werden, um ein Drehen auf der Felge oder sogar ein Abspringen zu verhindern. Ein sogenanntes Bead-Lock-System mit einer aufwändigen dreiteiligen Felge hält den Reifen sicher auf der Felge.

Für eine präzisere Auswahl der verschiedenen Reifentypen für spezielle Aufgaben geben die Hersteller für ihre Pneus Einsatz-empfehlungen an, die mit Buchstabencodes definiert sind:

S	=	Straßenreifen
S/A	=	Straßenreifen mit Allroundeigenschaften für eingeschränkten Offroad-Einsatz; M&S Eigenschaften
A/T	=	Allround-/All-Terrain-Reifen mit guten Traktionseigen-schaften für den gemischtenOnroad/Offroad-Einsatz
M/T	=	Traktions-/Geländereifen für den überwiegenden Offroad-Einsatz
Sa	=	Sand-/Geröllreifen

Mehrere Reifen-hersteller führen für unterschiedliche Gelände-Einsätze Ausführungen mit speziellen Fähigkeiten im Programm – vom robusten Fels-überwinder bis zum Sandreifen.

Allein schon diese nur auf die wichtigsten Zusammenhänge beschränkte Darstellung der vielfältigen Einflussfaktoren und auch Forderungen an Reifen belegt, dass es den Universalreifen für alle Fälle nicht geben kann. Deshalb bieten auch alle großen Reifenhersteller ein breites Spektrum an verschiedenen Reifenkonstruktionen für die verschiedensten Aufgaben an. Zusätzlich erhöht sich das Angebot noch von Spezialitäten-Herstellern, bei denen sich die exotischsten Reifenausführungen auch für seltenere Spezialeinsätze finden lassen. Wer der Werbung mancher Geländewagenhersteller glaubt und mit seinen Hochgeschwindigkeitsreifen wirklich ins Gelände fährt, wird spätestens im ersten Schlammloch lernen, warum spezielle Reifen für den Geländeeinsatz eine ganz besonders wichtige Rolle spielen.

Nur nicht durchdrehen

In jedem Winter kann ein wichtiger Zusammenhang zwischen Reifenschlupf und Traktion beobachtet werden: besonders Fahranfänger neigen bei glatter Straße dazu, die Antriebsräder durch zu hohen Leistungseinsatz durchdrehen zu lassen und stecken zu bleiben. Bei gefühlvollem Gasgeben bauen die Antriebsräder nur dagegen wenig Schlupf auf und können dadurch höhere Zugkräfte aufbauen.

Rollt ein Rad frei, ohne Vortriebs- oder Bremskräfte übertragen zu müssen, über den Untergrund, dann entspricht die Umfangsgeschwindigkeit des Reifens der Bewegungsgeschwindigkeit. Mit dieser Umfangsgeschwindigkeit ist die Raddrehzahl fest gekoppelt. Muss nun der Reifen Längskräfte beim Beschleunigen übertragen, dann werden die Umfangsgeschwindigkeit und die Raddrehzahl gegen-

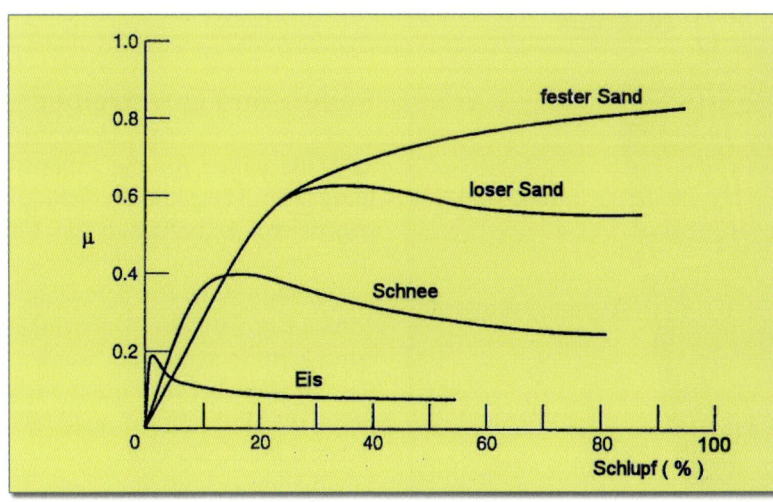

Die höchste Reifenzugkraft erfordert auf verschiedenen Untergründen völlig unterschiedliche Schlupfwerte. Der Fahrer, das ABS und das Traktionssystem müssen diese Zusammenhänge kennen.

über dem Ausgangswert ansteigen. Diese Drehzahl-Differenz wird in Relation zum Ausgangswert gesetzt und als Schlupf in Prozent angegeben. Null Prozent Schlupf weist das frei rollende Rad auf, 100 Prozent Schlupf bedeuten ein durchdrehendes Rad ohne Vorwärtsbewegung. Sinngemäß dreht sich die Definition des Schlupfes beim Bremsen um. Die Drehzahl des Reifens verlangsamt sich, die relative Drehzahldifferenz in Prozent wird wiederum als Schlupf, in diesem Fall als Bremsschlupf, bezeichnet. Ein vollständig blockiertes Rad weist erwartungsgemäß einen Schlupf von 100 Prozent auf.

Bei der Definition des Schlupfes ist ein Reifenmerkmal schon als selbstverständlich vorausgesetzt worden: Jeder Reifen kann Beschleunigungs- und Bremskräfte nur mit einem bestimmten Schlupf aufbringen. Auf einer griffigen Asphaltstrasse erreichen die Längskräfte bei sportlichen Reifen ihre Höchstwerte schon bei wenigen Prozent Schlupf, danach halten die Reifen das hohe Niveau über einen breiten Schlupfbereich.

Zum Aufbau von Seitenführungskräften benötigt jeder Reifen einen bestimmten Schräglaufwinkel, der von der Reifenkonstruktion abhängt.

Den höchsten Schlupf benötigen Reifen mit der entsprechenden Profilierung im losen Sand, bei dem fast durchdrehende Räder das Fortkommen am ehesten ermöglichen. Auf der anderen Seite der Extremwerte rangiert blankes Eis. Die sowieso schon niedrigen Haftwerte brechen schon nach wenigen Prozent Schlupf wieder zusammen. Deshalb sind für das Anfahren und das Bremsen auf Eis ein besonders gefühl- voller Gasfuß oder eine Traktionskontrolle mit hoher Regelgüte notwendig. Viele Automatikgetriebe fahren nach Betätigung der Wintertaste deshalb im zweiten Gang an, um bei glatter Straßenoberfläche ein Durchdrehen der Räder und damit einen verzögerten Start zu vermeiden.

Reifen sind Quertreiber

Wie alle Reifen für die Aufbringung von Längskräften Schlupf benötigen, so brauchen sie für die Erzeugung von Seitenkräften Schräglaufwinkel. Der Schräglaufwinkel kann mit dem Driftwinkel eines Schiffes verglichen werden, das bei seitlicher Strömung auch gegen die Flussrichtung angestellt werden muss, um einen geraden Kurs halten zu können.

Breitreifen mit einem steifen Unterbau und Profilen für hohe Geschwindigkeiten erreichen das Maximum ihrer Seitenkräfte schon mit wenigen Grad Schräglaufwinkel. Flexible Gelände- oder Winterreifen mit höherem Reifenquerschnitt, viel Negativprofil und höheren Profilstollen bauen ihre Seitenkraftbestwerte erst bei Schräglaufwinkeln bis zu zehn Grad auf. Natürlich erhöhen sich diese Schräglaufwinkel bei nasser Straße, Schnee und Eis und auch bei schmierigem Untergrund im Gelände. Jeder gefühlvolle Fahrer kennt diese Unterschiede aus persönlicher Erfahrung. Wenn das eigene Auto von Sommer- auf Winterreifen umgerüstet wird, benötigt es für die gleiche Kurve mehr Lenkradeinschlag. Auch spricht die Lenkung nicht mehr so exakt an, und das Fahrzeug neigt bei höheren Geschwindigkeiten zum leichten Pendeln.

Mit diesen Eigenschaften der unterschiedlichen Reifenbauweisen ist das Rückstellmoment beim Kurvenfahren eng verknüpft. Sportliche Breitreifen geben unter Seitenkräften und Schräglaufwinkeln ein deutlicheres Signal über das Lenkradmoment an den Fahrer als hochstollige Geländereifen. Weniger Rückmeldung und unpräzisere Lenkansprache setzen eine Gewöhnungsphase für das exakte Fahren mit Geländereifen beim ungeübten Fahrer voraus.

Das konnte Newton nicht voraussehen

Die Berührungsfläche des Reifengummis der vier Räder mit der Straße beträgt nicht mehr als jeweils Handtellergröße - bei schmalen Reifen von kleinen, bei Breitreifen von sehr großen Händen. Diese erstaunlich kleinen Auflageflächen, Reifenlatsch genannt, müssen die gesamten beim Fahren auftretenden Kräfte übertragen. Dadurch sind die Kontaktzonen in den Grenzbereichen der Fahrdynamik extrem belastet. Dabei zeigen Reifen ganz eigene Charakteristika in der Übertragung der auftretenden Kräfte. Sie folgen nicht den Newtonschen Reibungsgesetzen, nach denen die zu überwindende Reibungskraft zwischen zwei aufeinander gleitenden Materialien linear mit der Anpresskraft steigt. Reifen besitzen eine deutlich ausgeprägte degressive Charakteristik. Kann ein Reifen bei einer angenommenen senkrechten Last von 5000 Newton (früher: 500 Kilogramm) eine maximale Seiten- oder Längskraft von 4000 Newton übertragen, so steigen die Maximalwerte bei Verdoppelung der Vertikalkraft auf 10000 Newton nur auf höchstens 7000 Newton. Diese eigene, nicht lineare Gesetzmäßigkeit von Reifen spielt für die Auslegung des Fahrverhaltens mit Hilfe von Federhärten, Querstabilisatoren und Gewichtsverlagerungen eine eminente Rolle.

max. Längskraft

Kamm'scher Kreis

max. Seitenkraft

Der Kamm'sche Kreis

Eng mit dieser speziellen Reifeneigenschaft ist auch ein anderes Phänomen verbunden. Reifen, die bereits Längskräfte übertragen müssen, können nur in begrenztem Umfang gleichzeitig auch Seitenkräfte aufbauen. Und natürlich gilt auch die umgekehrte Bedingung, dass Reifen unter Belastung durch Seitenkräfte beim Kurvenfahren nur noch limitiert zusätzliche Längskräfte aufbauen können. Die Wirkung eines ABS beruht ja darauf, dass es in Sekundenbruchteilen bremst und abwechselnd die Bremse wieder löst, dadurch im schnellen Wechsel den Aufbau von Längs- und Querkräften erlaubt, um die Lenkfähigkeit des Fahrzeugs bei Ausweichmanövern oder beim Kurvenfahren beim gleichzeitigen Bremsen zu erhalten.

Ein Antiblockiersystem ist die Perfektion der alten Stotterbremse in Kombination mit dem „Sägen", wenn die Fahrer auch alternierend gebremst und wieder gelenkt haben. Das ABS kann diesen Wechsel nur hundertmal schneller und mit der Einstellung auf verschiedenste Fahrbahnoberflächen auch ungleich präziser als der Mensch vornehmen.

Die Mechanik der Kraftübertragung zwischen Reifen und Fahrbahn hat Prof. Wunnibald Kamm als einer der Ersten bereits seit 1920 in Stuttgart systematisch erforscht. Er fand den Zusammenhang zwischen der Größenbegrenzung bei der Übertragung von Längs- und Seitenkräften. Trägt man die von Reifen zu übertragenden Kräfte als Vektoren ein, dann umschreibt und begrenzt ein Kreis die jeweiligen Maximalgrößen. Nach Prof. Kamm wurde dieser Kreis als Kamm'scher Kreis benannt. Moderne Reifenforschung hat die Gültigkeit der Kamm'schen Theorie auch bei den heutigen Reifenbauformen bestätigt, aus dem Kreis wurde aber inzwischen eine leichte Ellipse. Die Begrenzung bei der gleichzeitigen Übertragung von Längs- und Querkräften im Kamm'schen Kreis erklärt einige Phänomene der Fahrdynamik und der Allradantriebe.

Natürlich bleibt der Durchmesser des Kamm'schen Kreises für einen Reifen nicht konstant. Die wechselnden Hafteigenschaften zwischen Reifenlatsch und Straßenoberfläche beeinflussen die Größe der übertragbaren Kräfte direkt und damit auch den Durchmesser des Kamm´schen Kreises.

Reifen setzen die Überlegenheit des Allradantriebs um

Wird ein Frontantriebswagen bei Schnee zügig um eine Kurve gefahren und dann Gas gegeben, um zu beschleunigen oder eine Steigung zu bewältigen, dann drehen die Vorderräder durch und das Auto schiebt geradeaus. Bei einem Fahrzeug mit Heckmotor drehen unter diesen Bedingungen erwartungsgemäß die Hinterräder durch und das Heck bricht aus. Beide Reaktionen sind eine Folge der Überforderung der Reifenfähigkeiten. Die Reifenhaftung wird durch die Übertragung von Seitenkräften beim Kurvenfahren schon so weit ausgenutzt, dass mit zusätzlichen Antriebskräften, also Längskräften, sofort die Seitenkräfte reduziert werden. Bei Eis und Schnee tritt dieser Effekt schon bei langsamen Geschwindigkeiten auf und kann leichter auskorrigiert werden. Bei höheren Tempi lässt er sich aber auch auf nassen Asphalt und im Kurvengrenzbereich selbst bei Trockenheit provozieren - wenn die Motorleistung für diese Änderung im Fahrverhalten nur ausreichend hoch ist.

Wird nun die Antriebsleistung bei einem Allradsystem auf alle vier Räder verteilt, so ist die durch den Einsatz von Motorleistung

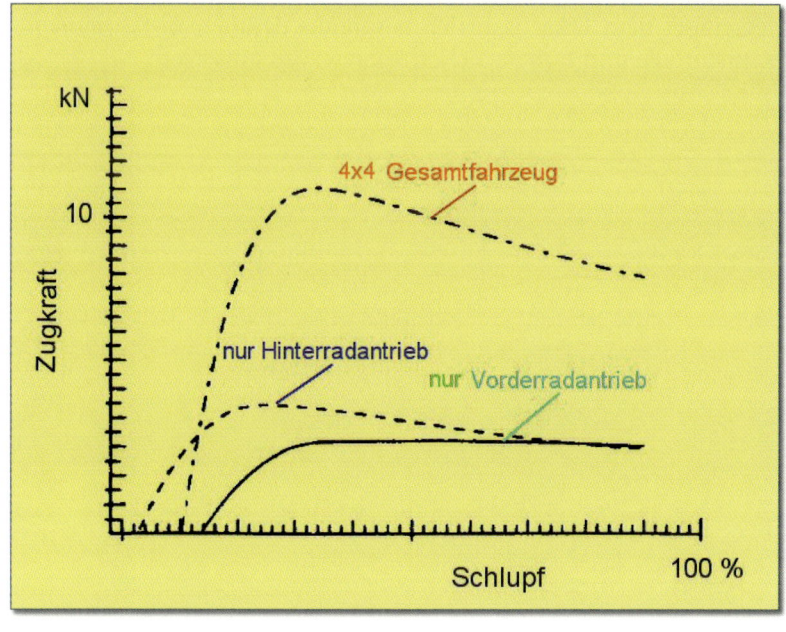

Bei gleicher Spurweite vorn und hinten kann bei Allradantrieb durch den Multi-Pass-Effekt die Hinterachse eine höhere Zugkraft aufbauen als eine gleichbelastete Vorderachse. Die Hinterachse fährt dann im schon von den Vorderrädern verdichteten Untergrund.

entstehende Längskraft an jedem Rad kleiner als beim Einachsantrieb. Bei einer gleichmäßigen Leistungsverzweigung im Zentraldifferential werden die Längskräfte nur halb so groß sein, bei einer ungleichmäßigen Drehmomentverteilung mit einer dominanten Achse stellen sich die Längskräfte entsprechend der Drehmomentverteilung ein. Kleinere Längskräfte bedeuten aber auch gleichzeitig höhere mögliche Seitenkräfte. Das Allrad-Fahrzeug kann also bei einem gegebenen Leistungseinsatz höhere Seitenkräfte aufbauen und damit in Kurven den Grenzbereich in höhere Geschwindigkeiten verschieben oder eine größere Sicherheitsmarge aufbauen. Der Leistungseinsatz ist nicht nur beim Beschleunigen und Bergauffahren notwendig, sondern auch zum Überwinden aller auftretenden Fahrwiderstände. Rollwiderstände der Reifen, eventueller Steigungswiderstand und vor allem der Luftwiderstand der Karosserie müssen überwunden werden. Gerade Geländewagen setzen mit ihrer voluminösen Karosserie dem Fahrtwind einen erheblichen Widerstand entgegen, zu dessen Überwindung sich schon bei niedrigeren Geschwindigkeiten nennenswerte Längskräfte in den Reifen aufbauen.

Je mehr der Kamm'sche Kreis bei sinkenden Haftwerten zwischen Reifen und Straße schrumpft, umso sensibler reagieren die Reifen bei der doppelten Belastung durch Längs- und Seitenkräfte. Mit steigender Reibwertausnutzung auf nasser Straße, Schnee und Eis sowie im Gelände und auf Strecken mit unterschiedlichen Reibwerten (μ-split-Bedingungen) kann deshalb der Allradantrieb seine Überlegenheit gegenüber dem Einachsantrieb besonders deutlich in fahrdynamische Vorteile und höhere Sicherheitsreserven umsetzen.

6.

Die Fahrdynamik von Allradfahrzeugen

Hochdynamik

Querdynamik

Längsdynamik

M · NJ 3991

Während der Prototypen-Phase des Audi Quattro konnte der Fahrwerks-Entwicklungschef von Audi, Jörg Bensinger, bei der Winter-Erprobung auf der Turracher Höhe seine ehemaligen Kollegen von Porsche verblüffen und schocken: Selbst der Heckmotor und die Winterreifen des Porsche reichten nicht aus, um die über 20 Prozent steile, verschneite und glatte Strecke komplett zu bewältigen. Auf halber Strecke mussten die Versuchsfahrer von Porsche anhalten, um Schneeketten aufzulegen. Bensinger fuhr mit dem nicht als Prototyp erkennbaren Audi 80 neben die Porsche-Mannen, hielt an und fragte, ob sie ein Problem hätten, bei dem er behilflich sein könnte. Die Porsche-Fahrer wiesen nur auf die Notwendigkeit der Schneeketten-Montage hin und bedankten sich freundlich für das Angebot. Bensinger legte bei seinem getarnten Audi Quattro den ersten Gang ein, gab gefühlvoll Gas und fuhr die Turracher Höhe ohne Probleme weiter hinauf. Selten hat man ansonsten abgebrühte Versuchsfahrer so lange mit offenem Mund einem anderen Fahrzeug hinterher schauen sehen.

Diese amüsante Vorstellung demonstrierte nachdrücklich die überlegene Traktion eines Vierradantriebes, selbst gegenüber dem schon von Haus aus wintertauglichen Porsche mit seiner hohen Belastung auf der Antriebsachse. Gerade wegen der Traktionsvorteile weisen ja alle für den wirklichen Off-Road-Einsatz gedachten Geländewagen, Baustellenfahrzeuge, Militärlastwagen und auch leistungsstarke Traktoren einen Allradantrieb auf.

Ein Exkurs in die Fahrdynamik von Fahrzeugen

Um die Einflüsse der einzelnen Allrad-Konzeptionen auf die maximale Steigfähigkeit und weitere wichtige Fahreigenschaften einordnen zu können, sollen zunächst die grundsätzlichen physikalischen Zusammenhänge der Fahrdynamik von Fahrzeugen dargestellt werden.

Fahrzeuge bewegen sich im dreidimensionalen Raum, und deshalb werden auch entsprechend den drei Achsen im dreidimensionalen Koordinaten-System die Längsdynamik, die Querdynamik und die Hochdynamik unterschieden.

Für Fahrten in schwierigem Gelände ist zunächst die Längsdynamik ausschlaggebend, denn sie beschreibt, in welcher Weise sich ein Fahrzeug vorwärts bewegt und welche Steigungen bei einem bestimmten Untergrund noch zu überwinden sind. Und bei besseren Straßenverhältnissen definiert die Längsdynamik die Beschleunigungs-Fähigkeit eines Autos, die bei ausreichender Motorisierung für den Kick verantwortlich ist, wenn der Wagen machtvoll vorwärts schiebt und den Oberkörper in die Rückenlehne drückt.

Die Winkelbewegung um die Längsachse führt dann zum Roll- oder zum Wankwinkel. Der Größe dieses Winkels kommt bei Geländewagen besondere Beachtung zu.

Die Hochdynamik beschreibt die Fahrzeugbewegungen entlang der Hochachse, dazu gehören alle senkrechten Aufbau- Bewegungen. Damit wird besonders der Fahrkomfort beschrieben, der keine spezielle Eigenheit von Fahrzeugen mit Allradantrieb darstellt und deshalb an dieser Stelle nicht tiefer untersucht werden soll – trotz seiner nicht zu unterschätzenden Wichtigkeit für das Wohlbefinden der Passagiere beim Befahren unebener Straßen und noch stärker im Gelände.

Die Hochdynamik und die Querdynamik sind im dreidimensionalen Koordinatensystem auf das Engste miteinander verknüpft, denn bei schneller Kurvenfahrt vollführt der Wagen eine Drehbewegung um die Hochachse. Offiziell, nach der DIN-Norm, heißt die Winkelbewegung um die Hochachse Gieren. Aber dem engagierten Autofahrer sagt der Begriff Driftwinkel mehr und ist auch eher geeignet, seine Emotionen zu wecken. Dieser Driftwinkel ist gemeinsam mit der Längsdynamik noch intensiver zu betrachten.

Erwartungsgemäß beschreibt die Querdynamik die seitlichen Bewegungen eines Fahrzeugs. Dazu zählen zum Beispiel der seitliche Versatz durch starke Anregungen von Straßen- unebenheiten oder im Gelände, aber auch das Schieben des Fahrzeuges im Kurvengrenzbereich, wenn die Haftungsgrenzen der Reifen auf dem Untergrund erreicht oder sogar überschritten werden. Auch die aus dem Driftwinkel resultierende seitliche Bewegung des Fahrzeuges fällt in die Kategorie der Querdynamik.

Auch ohne sorgfältige Berechnung haben Bewohner von Gebirgsgegenden die Vorteile des Allradantriebes schon lange erkannt. Sie haben dem ersten in Großserie gebauten Allrad-Pkw, dem Subaru Leone L, zum Durchbruch verholfen. Und noch immer existiert in der deutschen Allrad-Statistik ein deutliches Süd-Nord-Gefälle, das erst jetzt langsam durch den Trend zum SUV und SAV ausgeglichen wird.

Doch selbst in den Alpen überwiegen die schneefreien Tage, also dürfen Fahrzeuge nicht nur für extreme Witterungsverhältnisse ausgesucht werden. Und so sprechen die Protagonisten von Allradfahrzeugen auch ohne Einschränkungen auf den Winter von generell verbesserten Fahrleistungen, gutmütigeren Fahreigenschaften und erhöhter Sicherheit durch den Allradantrieb. Noch sind leistungsstarke Sportwagen mit Allradantrieb wie der Lamborghini Murciélago, Gallardo und Porsche Turbo in der Minderheit gegenüber den Hecktrieblern Ferrari Enzo, Mercedes SLR und Porsche Carrera GT. Gerade wenn es gilt, in der Paradedisziplin von Sportwagen,

Das G-Modell kann als echter Hardcore-Geländewagen alle drei Differenziale sperren und erzielt damit die höchstmögliche Traktion, die kein anderes 4x4-System erreicht.

der Beschleunigung, Spitzenwerte zu erzielen, möchte man einen Allradantrieb erwarten.

In der Vorentwicklungs-Abteilung des Allradspezialisten MagnaSteyr sind die wichtigsten Antriebskonzepte auf ihre Steigfähigkeit bei verschiedenen Reibwerten zwischen Reifen und Straße exakt berechnet und in einem Diagramm zusammengefasst worden. Die auf den ersten Blick komplizierte Darstellung, in dem die Rechen-Ergebnisse grafisch dargestellt sind, zeigt ein Faktum deutlich: Die höchste Steigfähigkeit wird mit einem simplen zuschaltbaren Allradantrieb oder einem mechanisch sperrbaren Mittendifferenzial erreicht – da können bei modernen Konstruktionen noch so raffinierte elektronische Steuerungen, Aktuatoren und variable Kupplungen im Einsatz sein, sie alle können die Effizienz des einfachen Systems nicht übertreffen. Kupplungen und Sperren des Mitteldifferenzials mit Durchschaltung, also 100 Prozent Sperrwert, erreichen aber das gleiche optimale Ergebnis.

Die Steigfähigkeit verschiedener Antriebssysteme

Ausgangspunkt für die hier beschriebenen Berechnungen ist ein Fahrzeug mit voll beladenem Kofferraum, bei dem die erreichbaren Grenzsteigungen und Längsbeschleunigungen auf glattem Untergrund besonders kritisch sind.

Die rote Linie A, die die Verhältnisse für ein Fahrzeug mit starrem Allradantrieb repräsentiert, startet bei einer Steigung oder auch einer Längsbeschleunigung von null. Entsprechend den Achslasten überträgt beim Start die Hinterachse circa 55, die Vorderachse rund 45 Prozent des verfügbaren Drehmomentes. Bei wachsender Steigung oder höherer Beschleunigung wird die Vorderachse durch die dynamische Achslast-Verlagerung kontinuierlich entlastet, während die Hinterachse immer höher belastet wird. Bei einer Steigung von 40 Prozent trägt die Vorderachse nur noch 30, die Hinterachse dagegen 70 Prozent der Gesamtlast. Bei drehmomentstarken Motoren würde auf losem Untergrund die Vorderachse längst durchdrehen, wenn sie nicht starr mit der höher belasteten Hinterachse verbunden wäre. Dadurch drehen beide Achsen gleich schnell und der Schlupf der Vorderräder entspricht exakt dem der Hinterräder. In der Summation der beiden Traktions-Anteile der Vorder- und der Hinterachse ergibt sich so der höchste Wert der Steigfähigkeit und der Beschleunigung. Das Diagramm zeigt die Grenz-Steigungen und -Beschleunigungen für einen Reibungskoeffizienten μ zwischen Reifen und Untergrund von 0,2 und 0,4. Der kleinere Wert gilt für Schnee, der größere Wert ist für festgefahrenen Schotter oder nassen, glatten Asphalt repräsentativ. Die gestrichelten Reibungsbedarfskurven für die Vorder- und Hinterachse kreuzen sich beim starren Allradantrieb exakt auf der geraden Linie A der Drehmomentverteilung zwischen Vorder- und Hinterachse. Bei den anderen Allradantriebs-Konzepten überschreitet der Reibwert-Bedarf das Reibwert-Angebot an einer Achse sehr schnell. Im Fahrbetrieb bedeutet das, je nach Antriebskonzept dreht zuerst die Vorder- oder die Hinterachse durch und reduziert damit die mögliche Grenz-Steigung und die Beschleunigung.

Die violette Kurve E für einen Antrieb der Hinterachse mit einer weichen Visco-Kupplung zeigt diesen Effekt sehr deutlich. Wegen des hohen Anteils des von der Vorderachse zu übertragenen Drehmomentes beginnt sie, auf glattem Schnee schon bei einer Steigung von weniger als zehn Prozent durchzudrehen. Die Hinterachse dagegen nutzt wegen des geringen Drehmomentes das Reibwert-Angebot noch bei weitem nicht aus, obwohl der wachsende Schlupf

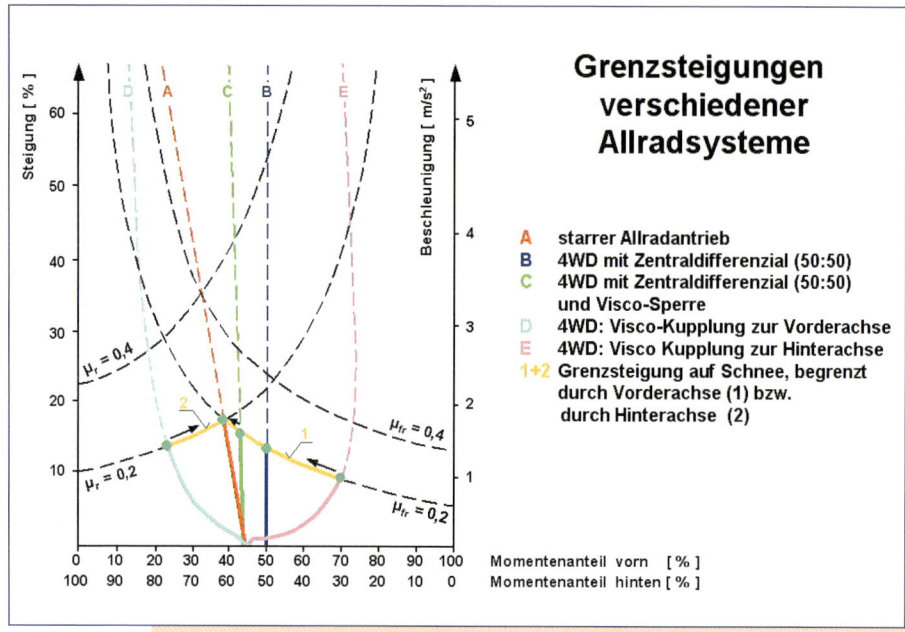

Grenzsteigungen verschiedener Allradsysteme

A starrer Allradantrieb
B 4WD mit Zentraldifferenzial (50:50)
C 4WD mit Zentraldifferenzial (50:50) und Visco-Sperre
D 4WD: Visco-Kupplung zur Vorderachse
E 4WD: Visco Kupplung zur Hinterachse
1+2 Grenzsteigung auf Schnee, begrenzt durch Vorderachse (1) bzw. durch Hinterachse (2)

der Vorderräder die Differenzdrehzahl zwischen Vorder- und Hinterachse erhöht. Dadurch wird über die Visco-Kupplung mehr Moment auf die Hinterräder übertragen. Dennoch kann ein Fahrzeug mit dieser Gesamtkonfiguration bei ungünstigen Straßenbedingungen nur die geringsten Steigungen überwinden und erreicht auch nur die niedrigste Beschleunigung in der Ebene.

Die anderen Antriebssysteme lassen sich in dem aufschlussreichen Diagramm entsprechend zwischen diesen beiden Extremwerten einordnen.

Die intelligente Darstellung spiegelt aber nicht nur die Verhältnisse bei Allradsystemen, sondern auch bei Front- und Heckantrieb wider. 100 Prozent Drehmoment auf der Hinterachse – auf der linken Seite des Diagramms – bedeuten Heckantrieb und 100 Prozent des Drehmomentes auf der Vorderachse – auf der rechten Seite des Diagramms – zeigen den Frontantrieb an. Der Vergleich der höchsten überwindbaren Steigungen und erreichbaren Beschleunigungen belegt die eindeutige Überlegenheit des Allradantriebes bei ungünstigen Straßenverhältnissen:

	μ	Front-	Heck-	Allrad-Antrieb
max. Steigung %	0,2	6	10	17
	0,4	12	23	34
max. Beschleunigung m/sec²	0,2	0,7	1,1	1,8
	0,4	1,3	2,2	3,4

Ein Vergleich der Beschleunigungswerte von gut motorisierten Fahrzeugen gibt allerdings ein differenziertes Bild. Der Audi A4 mit 220-PS-Motor sprintet als Frontantriebsversion in 6,9 Sekunden aus dem Stand auf 100 km/h. Der Audi A4 Quattro benötigt mit dem gleichen Motor für diese Disziplin 7,1 Sekunden. Hier drängt sich natürlich sofort die Frage auf, warum der für die Beschleunigung nicht optimale Frontantrieb hier schneller sein kann als der Audi Quattro. Zwei gute Gründe sind hier zu nennen: erstens wiegt der Audi Quattro 85 Kilogramm mehr als der Audi A4 mit Frontantrieb, und zweitens haben die elektronisch geregelten Traktionskontrollen heute einen Stand erreicht, der sie selbst leistungsstarke Frontantriebsversionen beherrschen lässt.

Ein unerwartetes Bild zeigt auch der Vergleich zwischen dem heckgetriebenen Porsche Carrera, den seine 320 PS in 5,0 Sekunden auf 100 km/h katapultieren, und dem Carrera 4, dessen Vorderachse durch eine Visco-Kupplung zusätzlich angetrieben wird. Er benötigt für diesen Spurt die gleiche Zeit, nämlich ebenfalls exakt 5,0 Sekunden.

Auch für die Porsche-Modelle ist die Erklärung für die zunächst enttäuschende Sprint-Gleichstellung der Allrad-Variante leicht zu geben. Denn auch im Porsche arbeitet eine hervorragende Schlupfregelung und – wie auch der Audi A4 – muss der Carrera 4 sein allradbedingtes Mehrgewicht von 60 Kilogramm zusätzlich beschleunigen. Und sein hinter der Hinterachse liegender Motor belastet die beim Beschleunigen besonders wichtige Hinterachse, so dass der Allrad-Vorteil hier minimiert ist.

Zur Ehrenrettung des Allradantriebes muss aber gesagt werden, dass die Beschleunigungs-Versuche grundsätzlich auf Straßen mit hohen Reibungskoeffizienten durchgeführt werden. Sobald der Grip zwischen Reifen und Fahrbahn abnimmt, gewinnt der Allradantrieb gegenüber dem Einachsantrieb immer mehr an Vorteil, bis er in der Längsdynamik die überlegenen Werte gegenüber den beiden anderen Antriebs-Konzeptionen ausspielen kann. Die Tabelle oben gibt für diese Aussage wohl überzeugende Werte an.

Ein Kapitel für sich: Bremsen mit Allrad

Zur Längsdynamik gehört aber nicht nur die Beschleunigung, sondern auch das Bremsen. Und beim Verzögern der vorher mit einem Allradantrieb mühelos auf schlechten Straßen erreichten Geschwindigkeit sehen sich ungeübte Fahrer plötzlich mit einem ernsten Problem konfrontiert: Fahrzeuge mit Allradantrieb bremsen in der Regel nicht besser als solche mit Ein-Achsantrieb. Der Grund dafür ist sofort einsichtig, denn alle modernen Fahrzeuge besitzen Bremsen an allen vier Rädern, bei denen wirkungsvolle Antiblockiersysteme auch auf rutschiger Straße die Fahrzeugkontrolle übernehmen. Gerade auf glatten, verschneiten Strecken erfordert Allradfahren große Charakterstärke, die mögliche Überlegenheit des Allradsystems nicht ständig auszunutzen, um höhere Geschwindigkeiten zu erreichen. Denn zwischen dem Vorwärtsdrang von Allradautos und ihrer Bremsfähigkeit bei Glätte herrscht eine große, oft genug Allrad-Neulinge erschreckende Diskrepanz.

Geübte Autofahrer müssen nicht mehr über jeden Schaltvorgang oder Lenkeingriff nachdenken, denn diese Aktivitäten laufen bei erfahrenen Piloten automatisch ab. Ebenso ist das Verhältnis von Beschleunigungsvermögen und Bremsweg in Abhängigkeit vom Straßenzustand als einer von vielen Erfahrungswerten im automobilen Unterbewusstsein gespeichert. Und wenn dieser Fahrer jetzt mit seinen eingeübten Reaktionen auf ein Allradfahrzeug umsteigt, dann signalisiert ihm seine Erfahrung bei der ungewohnt hohen Beschleunigung selbst auf Eis, Schnee und auch nasser Strasse: die Reifen haben guten Griff, keine Gefahr. Aber bei einer plötzlichen Notbremsung ändert sich das Bild schlagartig. Denn es ist in Wirklichkeit unerwartet glatt, und das Auto will einfach nicht zum Stehen kommen. Aus diesem Grund müssen Umsteiger ihren Erfahrungsschatz erst wieder neu auf die Besonderheiten des Allradantriebes abstimmen.

Selbst verschneite Alpenpässe können bergauf mit einem Allradfahrzeug häufig ohne Winterreifen oder Schneeketten bewältigt werden. Bergab aber sind die Automassen schwer zu halten. Besonders die schweren Geländewagen schieben den Gesetzen der Schwerkraft folgend unbeirrbar talwärts.

Die in Gebirgen geltende Regelung, dass auch Fahrzeuge mit Allradantrieb lokalen Winterreifen- oder Schneeketten-Vorschriften uneingeschränkt Folge leisten müssen, hat also durchaus ihre begründete Berechtigung. Da ein Fahrzeug mit Allradantrieb eben grundsätzlich nicht besser bremst als ein Auto mit Einachsantrieb, auch wenn das viele Allradfahrer fälschlicherweise annehmen.

Auf extrem glatten Untergrund weist aber der Allradantrieb doch einen wichtigen Vorteil auf. Beim Bremsen mit dem Motor kann das Motorschleppmoment die Antriebsräder bei niedrigsten Reibwerten überbremsen. Beim Heckantrieb dreht in diesem Fall das Auto sofort ein, beim Frontantrieb schiebt der Wagen lenkunfähig geradeaus. Da ein Vierradantrieb das Motorschleppmoment auf alle Räder verteilt, beginnen hier die Räder erst bei noch niedrigeren Haftungsbeiwerten zu rutschen und eventuell zu überbremsen.

Unabhängig vom Antriebssystem kann eine elektronisch geregelte Motor-Schleppmoment-Reduktion die beschriebene heikle Situation erkennen und sie durch leichtes Gasgeben entschärfen.

Als der Allradantrieb auch in Großserienfahrzeugen verwendet wurde, führten Bosch und andere Unternehmen gerade die zweite Generation der Antiblockiersysteme ein. Sie waren mit neuer Ventiltechnik zwar schon bedeutend schneller als die ersten Serienvarianten, ihre Regelstrategien waren aber für einen Allradantrieb mit starrer oder zumindest steifer Anbindung der beiden Achsen untereinander noch nicht geeignet. Um das Höchstmaß an Bremsstabilität bei einer Vollbremsung zu erreichen, musste in diesen Fällen die Verbindung zwischen der Vorder- und der Hinterachse in Sekundenbruchteilen geöffnet oder die Ankoppelung der beiden Achsen auf extrem weich eingeregelt werden. Denn bei der Lösung von fahrdynamischen Problemen im Grenzbereich gilt eine einfache Daumenregel: jeder wichtige Kontrolleingriff muss nach einer Zehntelsekunde abgeschlossen sein, sonst kommt er zu spät und die erwünschte Korrektur des Fahrverhaltens bleibt wirkungslos.

Das Torsen-Mittendifferenzial des Audi Quattro gibt im Bremsfall sofort die beiden Achsen frei, der Volkswagen Golf Syncro mit der Visco-Kupplung als Antrieb zur Hinterachse benötigte für diese

Bei Bergabfahrten auf glatter Strecke hilft der Allradantrieb beim Bremsen mit dem Motor, ein frühzeitiges Überbremsen der Antriebsräder zu verhindern.

Abkoppelung einen separaten Freilauf. Er ermöglichte den Hinterrädern selbst beim Blockieren der Vorderräder, weiter zu rotieren und damit die Seitenführung aufrecht zu erhalten. Die heute beim Golf 4MOTION verwendete Haldex-Kupplung unterbricht bei einer Vollbremsung ebenfalls sofort die Drehmomentübertragung zwischen beiden Achsen.

Allradantriebe mit einem Mitteldifferenzial müssen in dieser Situation blitzschnell eine eventuell vorhandene Differenzialsperre öffnen, damit die blockierten Vorderräder nicht ebenfalls die Hinterräder zum Stehen bringen. Hier liegt das Geheimnis der Bremsstabilität selbst bei einer Vollbremsung mit blockierten Vorderrädern. In dieser Situation müssen die Hinterräder die gesamte Seitenführung des Fahrzeugs übernehmen. Das können sie aber nur, wenn sie nicht ebenfalls blockieren, weil sonst die Seitenführungskräfte aller vier Räder schlagartig zusammenbrechen würden und sich das Auto dann sofort dreht.

Dieser Fall kann bei zuschaltbaren starren Allradantrieben bei einer Vollbremsung sehr schnell eintreten. Denn bei dieser einfachen Lösung blockieren bei einer unkontrollierten Panikbremsung alle vier Räder gleichzeitig, wodurch das Fahrzeug sofort instabil wird und schlagartig zum Schleudern oder sogar zum Drehen neigt. In diesem Notfall hilft nur eine einzige Reaktion, nämlich die Bremse kurz lösen, das Fahrzeug abfangen, und wieder bremsen. Und hoffen, dass die verfügbare Bremsstrecke immer noch lang genug ist.

Zu Recht sind die Entwickler von Allradfahrzeugen davon ausgegangen, dass ihre Modelle häufiger als herkömmliche Fahrzeuge unter schwierigeren Straßenverhältnissen Dienst tun müssen. Für die Anti-Blockier-Systeme sind deshalb inzwischen spezielle Regel-Algorithmen entwickelt worden, um auch unter besonders erschwerten Einsatzbedingungen Bremswege zu verkürzen und nicht zu verlängern.

Das ABS sensiert beim Bremsen ständig den Schlupf der gebremsten Räder und reduziert sofort die Bremskraft an einem Rad, wenn sein Schlupf eine bestimmte Toleranzgrenze überschreitet, und verhindert dadurch ein Blockieren. Auf normalen Asphalt- und Beton-Strassenoberflächen wirkt dieses System hervorragend. Beim Bremsen auf Schnee oder Schotter verlängert ein normaler Eingriff des ABS dagegen den Bremsweg, statt ihn zu verkürzen. Bei diesen Oberflächen benötigen die Reifen mehr Schlupf, um ihre optimale Bremswirkung zu erzielen. Das ABS musste also lernen, Oberflächen mit geringen Reibwerten als Schnee oder Schotter zu erkennen und dann für eine optimale Bremswirkung sofort die Schlupfgrenze nach oben zu setzen. Die Programme von modernen Antiblockiersystemen in Allradfahrzeugen beherrschen diese Kunst automatisch. In

den Sturm und Drang-Jahren der Allradentwicklung mussten die Fahrer in manchen Fahrzeugen noch einen Schalter betätigen, um das ABS komplett auszuschalten – und dann sogar gewollt die Räder zu Blockieren. Der Ur-Quattro von Audi verfügte zum Beispiel in den ersten Jahren über diese Taste.

Schiebt auf einer Schneefahrbahn ein blockierter Reifen einen wachsenden Schneekeil vor sich her, dann verbessert sich seine Bremswirkung gegenüber der üblichen ABS-Bremsung mit geringem Schlupf erheblich. Gleiche Verhältnisse gelten auch für das Bremsen auf Rollschotter. Auch auf diese Bedingungen können sich moderne Antiblockiersysteme einstellen, da ihre Schneekeil-Erkennung über hochkomplexe Auswertungen der Signale der ABS-Sensoren an den Rädern die richtigen Schlüsse zieht. Aber wenn die Räder bewusst vom ABS blockiert werden, kennt das Fahrzeug nur noch eine Fahrtrichtung, unabhängig vom Lenkradeinschlag: immer geradeaus. Bei diesen Fahrzuständen ist also ganz besondere Vorsicht geboten.

BMW rüstet den X5 und Landrover den Freelander mit einem Hill Descent Control-System aus, das bei schwierigen Bergabpassagen den Wagen langsam ohne Zutun des Fahrers zu Tal bringt. Toyota nennt diese Bergabfahrhilfe beim Landcruiser Downhill Assistent Control. Dieses System wird inzwischen auch von weiteren Herstellern unter verschiedenen Namen angeboten und hat das Ziel, die schwierigeren Bergabstrecken zu meistern. Denn besonders Neulin-

Diese abrupte Abweichung vom Kurs beim Bremsen auf unterschiedlichen Reibwertstrecken (μ-split-Bedingungen) konnte mit dem Testfahrzeug nur nach Stilllegung des ABS erzeugt werden.

ge im Gelände neigen aus Angst dazu, bei steilen Bergabfahrten die Räder zu blockieren und somit das Fahrzeug unkontrollierbar zu machen. Das Erklimmen einer Steilstrecke mit Allradantrieb ist eben viel leichter als das Hinunterfahren.

Eine noch größere Herausforderung für das Bremssystem als durchgehend glatte Strecken stellen die sogenannten μ-split-Bedingungen dar. Dabei bremsen die Räder eine Fahrzeugseite auf einem Untergrund mit hohem Reibwert μ, die gegenüberliegenden Räder auf glattem Grund mit niedrigem μ. Bei einer stärkeren Bremsung blockieren die Reifen mit dem niedrigen Reibwert sofort und übertragen nur eine geringe Bremskraft, während die Reifen mit dem hohen Reibwert eine hohe Bremskraft aufbringen. Die unterschiedlichen Bremskräfte erzeugen ein erhebliches Giermoment um die Hochachse, das den Wagen sofort zur Strecke mit dem hohen Reibwert herumreißt. Ein modernes ABS regelt in diesem Fall die Bremskräfte so aus, dass nur ein geringer seitlicher Versatz ohne Lenkkorrektur des Fahrers die Folge ist.

Vor Jahrzehnten galt das übersteuernde Fahrverhalten nicht nur als große Herausforderung, sondern auch als besonders sportlich. Heute wird es nur noch als gefährlich eingestuft.

Mit Allradantrieb durch die Kurven

Bei sehr griffiger Straße bietet ein Allradantrieb beim Beschleu-nigen auf gerader Strecke bis zu hohen Leistungen aus den geschilderten Gründen keinen messbaren Vorteil. Deshalb führen die Hersteller von Fahrzeugen mit Allradantrieb ein anderes, gewichtiges Argument ins Feld: die Sicherheit. Porsche lobt den Vierradantrieb beim Carrera 4 mit den Worten aus: „Sie fühlen diese Sicherheit und werden gelassener".

Das schon von Audi bei der Einführung des Ur-Quattro bemühte und anfangs manchmal angezweifelte Argument der höheren Sicherheit von Allradantrieben wurde inzwischen in mehreren neutralen Studien und Vergleichstests bewiesen. Darüber hinaus kann es jeder geübte Autofahrer beim direkten persönlichen Vergleich der gleichen Fahrzeugtypen mit Einachsantrieb und Allrad-Systemen selbst deutlich erfahren. Hier decken sich einmal Werbeaussagen und erfahrbare Realität.

Für sein verändertes Handling erntete der Porsche Carrera 4 mit Vierradantrieb zum Start seiner Karriere nicht nur Lob. Er schwenkte im Grenzbereich nicht mit dem Heck aus, wie es die vorherigen Porsche-Generationen nur zu leicht taten und was als sportliches Fahrverhalten für besonders mutige Männer eingestuft wurde. In der ersten Generation des Carrera 4 verteilte ein Mittendifferenzial 69 Prozent der Leistung auf die Hinterachse. In der nächsten Generation verwendete Porsche dann eine Visco-Kupplung zur Übertragung der Leistung zur Vorderachse. Schon der geringe Leistungsanteil an der Vorderachse des Carrera 4 Typ 993, der zwischen 5 und 30 Prozent variiert, verlieh ihm eine ungewohnte Stabilität. Nicht nur in Kurven, auch bei schneller Geradeaus-Fahrt bewirkte die Leistungsübertragung durch die Visco-Kupplung Erstaunliches und machte aus dem Carrera 4 einen völlig anderen Porsche. Ein selbsttätiges Lamellensperrdifferential an der Hinterachse mit einem höheren Sperrwert im Schub unterstützte die stabilisierende Wirkung des Allradantriebs noch weiter.

Die höhere Stabilität von allradgetriebenen Fahrzeugen auch in Kurven soll aber nicht nur behauptet und erfühlt, sondern anhand der physikalischen Grundlagen stichhaltig belegt werden. Spätestens jetzt sollte dazu das Reifenkapitel als weitere Quelle für das Verständnis der komplexen fahrdynamischen Vorgänge herangezogen werden. Die Reifen beeinflussen das Fahrverhalten in einem hohen Maß und sind mit ihren speziellen Eigenschaften für die Mehrzahl der hier beschriebenen Vorgänge direkt verantwortlich.

Wird ein Frontantriebswagen bei Schnee zügig um eine Kurve gefahren und dann unvorsichtig Gas gegeben, um zu beschleunigen oder eine Steigung zu bewältigen, dann drehen die Vorderräder leicht durch und das Auto schiebt geradeaus. Bei einem Fahrzeug mit Heckmotor rotieren unter diesen Bedingungen erwartungsgemäß die Hinterräder durch und das Heck bricht aus. Beide Reaktionen sind eine Folge der Überforderung der Reifenfähigkeiten. Die Reifenhaftung wird durch die Übertragung von Seitenkräften beim Kurvenfahren schon so weit ausgenutzt, dass mit zusätzlichen Antriebskräften, also Längskräften, sofort die Seitenkräfte reduziert werden. Bei Eis und Schnee tritt dieser Effekt schon bei langsamen Geschwindigkeiten auf und kann leichter auskorrigiert werden. Bei höheren Tempi lässt er sich aber auch auf nassen Asphalt und im Kurvengrenzbereich selbst bei Trockenheit provozieren – wenn die Motorleistung für diese Änderung im Fahrverhalten nur ausreichend hoch ist.

Bei einem Frontantriebsfahrzeug müssen die Vorderräder beim Kurvenfahren gleichzeitig die Vortriebskräfte und die Seitenführungskräfte aufbringen. Bei einem Hecktriebler übernehmen diese doppelte Aufgabe natürlich die Hinterräder. Beim Vorder-

Die Grundlage des Fahrverhaltens: Unter- und Übersteuern

Wann immer das Fahrverhalten von Autos detaillierter diskutiert wird, zählen die beiden Begriffe Unter- und Übersteuern unausweichlich zur verwendeten Basis-Terminologie. Die verständlichste Definition für die beiden Grundmuster des Fahrverhaltens vermittelt der Rallye-Guru Peter Göbel auf fassliche Weise: „Wenn du den Baum siehst, ist es Untersteuern. Wenn die ihn nur hörst, ist es Übersteuern." Trotz der Richtigkeit dieser Aussage in vielen Fällen sollen die beiden wichtigen Begriffe dennoch vertiefender und allgemein gültig erläutert werden.

Die Definition der beiden einfachsten Verhaltensweisen eines Fahrzeuges beim Kurvenfahren hat sich im Laufe der Erforschung der Fahrdynamik geändert. Heute wird die Infinitesimal-Rechnung der höheren Mathematik bemüht, um über die ersten Ableitung der Lenkwinkeländerungen über der Querbeschleunigung das Fahrverhalten eindeutig zu beschreiben. Doch auch die vereinfachende Darstellung der benötigten Lenkwinkelzunahme über der Kurvengeschwindigkeit und der Querbeschleunigung lässt – fast – die gleiche Aussagekraft zu.

Fährt ein Auto mit sehr geringer Geschwindigkeit in einem Kreis, so bleibt die am Fahrzeugschwerpunkt angreifende Fliehkraft vernachlässigbar klein. Für das Umrunden des Kreises benötigt die Lenkung einen bestimmten Lenkwinkel, der als Ausgangswert für die folgende Betrachtung dient. Mit gesteigertem Tempo wächst die Fliehkraft quadratisch mit der Geschwindigkeit an. Das bedeutet, die Fliehkraft steigt von einer Ausgangsgeschwindigkeit von 30 km/h auf 60 km/h nicht auf den doppelten, sondern auf den vierfachen Wert an.

Damit das Fahrzeug weiterhin den vorgegebenen Kreis befährt, müssen die Fliehkraft und die von den Reifen aufzubringenden Seitenkräfte gleich groß sein. Je nach Gewichtsverteilung des Fahrzeugs, der Auslegung der Querstabilisatoren, der Reifengrößen vorn und hinten und weiterer Einflussfaktoren können Vorder- und Hinterachse unterschiedliche Belastungen

Jedes Auto beginnt eine Kurvenfahrt zunächst mit einem neutralen Fahrverhalten (schwarze Linie). Beim untersteuernden Fahrzeug muss bei höherer Kurvenge-schwin-digkeit die Lenkung überproportional eingeschlagen (grüne Kurve), beim übersteuernden Handling muss der Lenkeinschlag zurückgenommen werden (rote Kurve)

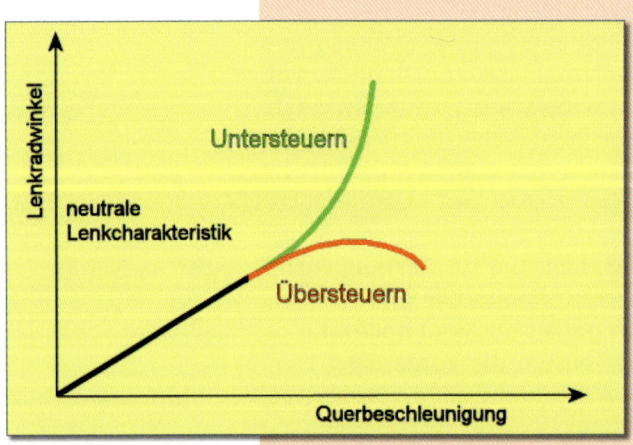

mit Seitenkräften übertragen bekommen. Die Größen dieser Seitenkraftbelastungen erfordern dann unterschiedliche Schräglaufwinkel an den Vorder- und Hinterrädern. Eine grundsätzliche Voraussetzung für die Stabilität beim Kurvenfahren ist ein größerer Schräglaufwinkelbedarf an der Vorderachse. Der Fahrer spürt diesen Vorgang dadurch, dass er zum Beibehalten des Kurvenradius die Lenkung mit steigender Geschwindigkeit immer stärker einschlagen muss.

Ein untersteuerndes Fahrzeug verlangt mit steigender Geschwindigkeit einen überproportional wachsenden Lenkradeinschlag. Im Extremfall schiebt dann das Auto trotz voll eingeschlagener Lenkung über die Vorderräder zum Kurvenaußenrand. Ein übersteuerndes Fahrzeug verlagert im Kurvengrenzbereich einen höheren Anteil der Seitenkräfte auf die Hinterachse. Der Fahrer muss dann, um den Kurvenradius zu halten, die Lenkung mit wachsender Geschwindigkeit immer weiter zurücknehmen. Im Extremfall muss er sogar gegenlenken, d.h. die Lenkung in einer Rechtskurve nach links einschlagen, um das stark übersteuernde Fahrzeug abzufangen. Solche Situationen bleiben den Besitzer moderner Fahrzeuge bei normaler Kurvenfahrt erspart. Die über Jahrzehnte erbittert geführte Diskussion, ob das unter- oder übersteuernde Fahrverhalten im Grenzbereich besser beherrschbar ist, wurde inzwischen längst zugunsten des stabilen Untersteuerns entschieden. Moderne Fahrzeuge können deshalb nur noch bei einem überzogenen Ausweichmanöver oder bei zu heftigem Leistungseinsatz auf der Hinterachse zum Übersteuern gebracht werden. Diesen Effekt können sowohl Hecktriebler als auch Allradfahrzeuge mit einem hohen Momentenanteil auf der Hinterachse bei hoher Seitenkraftausnutzung der Reifen provozieren.

Um das Fahrverhalten von Autos bei verschieden großen Kurvenradien vergleichen zu können, ersetzt das Maß der Querbeschleunigung die Größe der Kurvengeschwindigkeit. Das um eine Kurve gefahrene Fahrzeug ist ja einer ständigen Beschleunigung zum Kurvenmittelpunkt ausgesetzt, um auf der Kurvenbahn zu bleiben.

Übersteuern in seiner schönsten Form demonstriert hier Ford-Werksfahrer Francois Duval im WRC Ford Focus. In sauberer Balance mit der Traktion seines Allradantriebs und der Fliehkraft zirkelt er mit leichtem Gegenlenken um eine enge Kurve.

Die Querbeschleunigung wird normalerweise in Relation zur Größe der Erdbeschleunigung „g" gemessen.

Ist die Haftreibung der Reifen auf der Straße gleich groß wie die Vertikalkraft, dann besitzt der Haftreibungskoeffizient μ die Größe eins. Und damit kann das Fahrzeug eine Querbeschleunigung erreichen, die exakt der Erdbeschleunigung, also einem g, entspricht. Solche Querbeschleunigungswerte bauen nur sehr gut abgestimmte Sportwagen mit niedrigem Schwerpunkt und entsprechenden Reifen auf. Andere Fahrzeuge umrunden Kurven mit maximalen Querbeschleunigungen zwischen 0,7 und 0,9 g.

radantrieb wird die Seitenhaftung der Vorderreifen durch die gleichzeitig notwendige Übertragung der Längskräfte als Umfangskräfte beschränkt. Im Grenzbereich schiebt deshalb ein Fronttriebler über die Vorderräder zum Kurvenaußenrand. Deutliches Untersteuern wird spürbar. Bei einem Hecktriebler reduzieren die Hinterräder wegen der Längskraftbeanspruchung zuerst die Seitenführungskräfte und als Folge bricht das Heck aus. Das Fahrzeug übersteuert.

Wird nun die Antriebsleistung bei einem Allradsystem auf alle vier Räder verteilt, so ist die durch den Einsatz von Motorleistung entstehende Längskraft an jedem Rad kleiner als beim Einachsantrieb. Bei einer gleichmäßigen Leistungsverzweigung im Zentraldifferential werden die Längskräfte nur halb so groß sein. Bei einer ungleichmäßigen Drehmomentverteilung mit einer dominanten Achse stellen sich die Größenordnungen entsprechend der Drehmomentverteilung ein. Kleinere Längskräfte bedeuten gleichzeitig höhere mögliche Seitenkräfte. Das Allrad-Fahrzeug kann also bei einer gegebenen Beschleunigung höhere Seitenkräfte aufbauen und damit in Kurven den Grenzbereich in höhere Geschwindigkeiten verlagern. Wird dieses höhere Geschwindigkeitspotenzial nicht ausgenutzt, steigen damit die Sicherheitsreserven. Wird es ausgenutzt, lassen sich mit einem Allrad-Fahrzeug beim Leistungseinsatz höhere Kurvengeschwindigkeiten realisieren.

Je nach Auslegung der Leistungsverzweigung kann die Eigenlenk-Charakteristik des Fahrzeugs zum Untersteuern oder zum Übersteuern beeinflusst werden. Ein hoher Momentenanteil auf der Vorderachse fördert das stabile Untersteuern, ein höherer Momentenanteil auf der Hinterachse sorgt für ein agileres, im Grenzbereich übersteuerndes Fahrverhalten. Eine Momenten- aufteilung 50/50 nach vorn und nach hinten unterstützt ein neutrales Fahrverhalten.

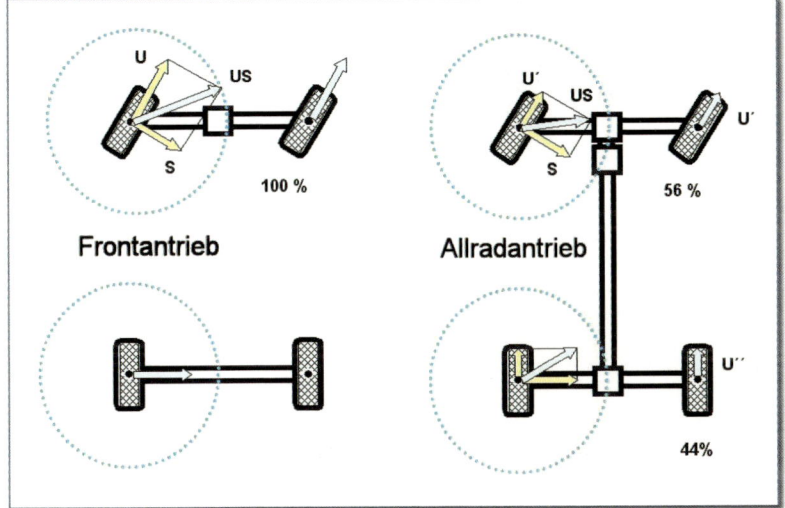

Frontantrieb

100 %

Allradantrieb

56 %

44%

Beim Frontantriebs-fahrzeug übertragen die Vorderreifen Seitenkräfte und die Antriebskräfte. Damit erreichen sie früh die Grenzen der Übertra-gungsfähigkeit (linkes Bild). Ein Allradantrieb teilt die Antriebskräfte auf alle Räder auf, so dass bei gleichem Vortrieb höhere Sei-tenführungskräfte aufgebaut werden können.

Volkswagen Touareg und Porsche Cayenne nutzen die hier geschilderte Einflussmöglichkeit auf das Fahrverhalten durch die Momentaufteilung bei sonst gleicher Fahrzeugkonzeption. Beim Touareg teilt sich des Motormoment gleichmäßig zu 50 Prozent auf die Vorderachse und zu 50 Prozent auf die Hinterachse auf. Porsche erreicht mit der Aufteilung von 38 Prozent auf die Vorder- und 62 Prozent auf die Hinterachse ein Fahrverhalten, das als Reverenz an eingefleischte Porschefahrer näher an einem Fahrzeug mit Heckan-trieb liegt.

Mit gezieltem Leistungseinsatz lässt sich also das Fahrverhalten beeinflussen. Diesen Effekt nutzt das Torque-Vectoring mit der ge-steuerte Zuteilung von Leistung auf die Räder einer Achse aus. In der Serie wenden derzeit nur Honda und Mitsubishi dieses Prinzip an, Mitsubishi im Lancer Evo VII mit der komplexesten Ausführung eines Hinterachsantriebes überhaupt. Elektronisch gesteuerte Kupp-lungen und zusätzliche Über-setzungen können das Drehmo-ment auf einem Rad gegenüber der anderen Seite frei variieren und damit ein Giermoment erzeugen. Dieses Giermoment kann eindrehend, also gegen Untersteuern, oder herausdre-hend, gegen Übersteuern, wir-ken. Torque-Vectoring erzielt ähnliche Wirkungen auf das Fahrverhalten wie ein ESP mit

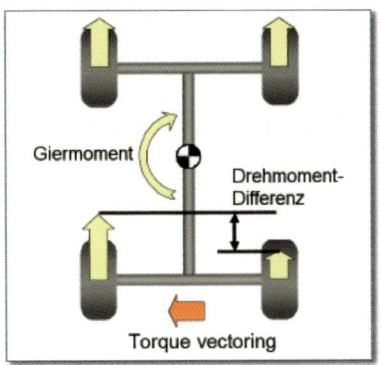

Giermoment

Drehmoment-Differenz

Torque vectoring

Beim Torque-Vecto-ring wird das den einzelnen Rädern zu-geteilte Drehmoment separat geregelt. Verschieden große Antriebskräfte rechts und links erzeugen ein Giermoment, mit dem das Fahrverhalten beeinflusst wird.

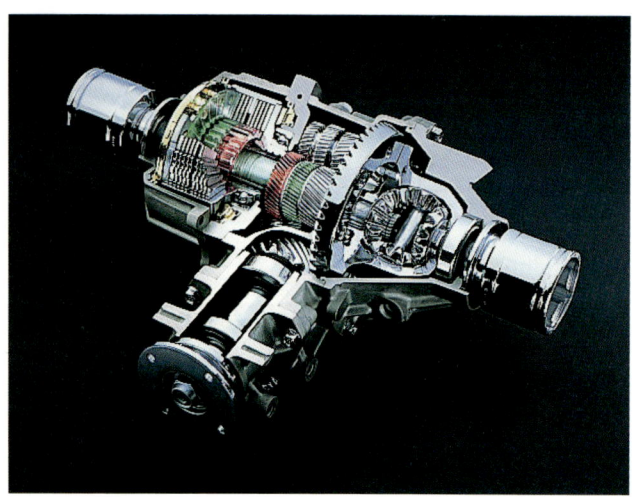

Bremsengriff, nur vernichtet dieses System keine Energie über die Bremse, sondern setzt die Leistung gezielt ein.

Honda rüstet die neuen Modelle Acura RL und Legend mit dem Super Handling-All Wheel Drive-System (SH-AWD) aus. Drei Planetengetriebe, eine hydraulisch und zwei elektromagnetisch betätigte Kupplungen sowie Sensoren und die elektronische Steuereinheit können das verfügbare Moment zwischen 30:70 und 70:30 zwischen den Achsen und von 100:0 bis 0:100 auf die beiden Hinterräder verteilen. Honda verspricht mit dieser weitergehenden Nutzung des Torque Vectoring-Prinzips nicht weniger als ein Super Handling der damit ausgestatteten Fahrzeuge.

Längst hat der Allradantrieb unter aktiven Fahrern sein Image gefestigt, dass diese Antriebsart nicht nur unter winterlichen Bedingungen ein erhöhtes Maß an Dynamik und Reserven bietet. In den ersten Tests der Allradmodelle las man das noch vor einigen Jahren anders. Besonders dem Audi Quattro wurde im Grenzbereich ein indifferentes Fahrverhalten mit unvorhersehbaren Wechseln von Unter- zu Übersteuern vorgeworfen.

Übersehen wurde dabei die besondere Schwierigkeit, dem kopflastigen Quattro das erwartete sportliche Fahrverhalten mit auf den Weg zu geben. Feinarbeit an der Fahrwerksabstimmung und der Kraftübertragung haben aber die fahrdynamischen Eigenschaften des Audi bald in die von den Testern erwartete Richtung gebracht.

Leider ist es in der Anfangsphase der Allradwelle nicht allen Fahrzeugherstellern gelungen, die konzeptionellen Vorteile dieses Antriebs-Systems auch im täglichen Einsatz ihrer Fahrzeuge spürbar werden zu lassen. Der Grund war aber nicht in prinzipbedingten Nachteilen des Allradantriebes zu suchen, sondern in noch mangelnder Erfahrung bei manchen Herstellern mit der Feinabstimmung dieser Systeme. Deshalb wurden immer wieder Zweifel an der erreichbaren Agilität des Fahrverhaltens von Allradfahrzeugen laut.

Die unzähligen Erfolge von vierradangetriebenen Rallye- und Rennfahrzeugen haben in der Zwischenzeit auch die letzten Zweifler überzeugt, dass mit Allradantrieb ein überlegenes Fahrverhalten erreicht werden kann. Die Geheimnisse liegen, wie so häufig, in den

Details der Gewichtsverteilung, der Fahrwerksabstimmung und der Leistungsverzweigung des Allradantriebes.

Der Opel Calibra, der bei Rundstreckenrennen als letztes Fahrzeug mit Allradantrieb in der International Touring Car Championship (ITC) zu internationalen Meisterehren gekommen ist, hat es zum Abgesang dieser anspruchsvollsten Tourenwagen-Serie noch einmal eindrucksvoll bewiesen: auch mit Allradantrieb kann man

Honda konzentriert alle Komponenten des neuen SH-AWD-Systems im Hinterradantriebsgehäuse. Im Getriebehals befindet sich auch die Einheit für die Leistungsaufteilung zwischen Vorder- und Hinterachse.

herrlich auch auf Asphalt driften, und schneller, als es der einachsgetriebenen Konkurrenz möglich ist. Und die 300 PS starken Rallyefahrzeuge der WRC-Serie beweisen es auf jeder Rallye-Sonderprüfung, dass Allradantrieb und atemberaubende Driftwinkel auf jedem Untergrund zusammengehören können.

Doch auch wer sich nicht mit seinem Fahrzeug an Rallye-Weltmeisterschaftsläufen beteiligen will, zieht aus dem Allradantrieb für den täglichen Einsatz einen großen Nutzen. Denn die Verteilung der Antriebskräfte und auch der Motorbremsmomente auf vier Räder macht das wichtigste Ziel bei einer Fahrwerksabstimmung leichter erreichbar: dem Fahrzeug ein eindeutiges, vorhersehbares und beherrschbares Fahrverhalten mit auf den Weg zu geben, das sich auch bei unterschiedlichsten Beladungszuständen, Straßenoberflächen und Fahrmanövern nicht dramatisch ändert. Der Fahrer muss sich auf eine bestimmte, meistens leicht untersteuernde Eigenlenkcharakteristik seines Fahrzeuges einstellen können. Bei Eis und Schnee sollte beim Beschleunigen nicht plötzlich das Heck ausbrechen, und ebenso darf sich das Fahrzeug beim Herausbeschleunigen aus einer Autobahnausfahrt nicht unerwartet eindrehen. Der Allradantrieb ist eine wichtige Hilfe, ein unter allen Umständen beherrschbares Fahrverhalten zu erreichen.

Doch eines kann der Allradantrieb nicht: Auch vier angetriebene Räder sind nicht in der Lage, überschrittene Grenzen der Physik zu beherrschen. Aus einer erheblich zu schnell angegangen Kurve wird das allradgetriebene Fahrzeug genau so die Straße verlassen wie jedes andere Auto auch. Es sei denn, ein hervorragend abgestimmtes elektronisches Assistenz-System erkennt die Gefahrensituationen rechtzeitig und regelt die Geschwindigkeit blitzschnell auf eine erträgliche Größe herunter.

Aus höherer Warte

Die Längs- und Querdynamik werden durch die Schwerpunkthöhe signifikant beeinflusst. Konstrukteure von Sportwagen oder Rennfahrzeugen nutzen deshalb alle technischen Möglichkeiten aus, um den Schwerpunkt ihrer Fahrzeuge so weit wie möglich abzusenken. Nur damit können sie konkurrenzfähige fahrdynamische Werte erreichen. Aber auch beim Entwurf von Großserienautos liegt eine wichtige Aufgabe darin, die schweren Komponenten so tief wie möglich abzusenken, um den Fahrzeugen ein möglichst leicht beherrschbares und stabiles Fahrverhalten mit auf dem Weg zu geben.

Beim Beschleunigen ruft ein hoher Schwerpunkt eine hohe dynamische Achslastverlagerung von der Vorder- auf die Hinterachse hervor. Bei Allradfahrzeugen kann dadurch die entlastete Vorderachse weniger Vortrieb übertragen, dagegen kann mehr Drehmoment auf die in dieser Fahrsituation höher belastete Hinterachse verzweigt werden.

Beim Bremsen verursacht eine hohe Schwerpunktslage durch die umgekehrte dynamische Achslastverlagerung eine erhöhte Belastung der Vorderachse, die bereits das schwere Antriebsaggregat tragen muß. Mit der höheren Belastung steigt die maximal vom Reifen erzeugte Bremskraft nur degressiv, das heißt, nicht im gleichen Maße, wie die Achsbelastung wächst. Durch diese degressive Reifen-Charakteristik verlängert sich der Bremsweg durch die Überforderung der Vorderreifen bei einem hohen Schwerpunkt.

Bei schneller Kurvenfahrt bewirken die am Fahrzeugschwerpunkt angreifenden Fliehkräfte eine dynamische Radlastverlagerung von den kurveninneren auf die kurvenäußeren Räder. Mit höherem Schwerpunkt wächst auch die Größe der dynamischen Radlastverlagerung. Wieder spielt hier die degressive Reifenkennung eine Rolle, denn dadurch steigen die vom Reifen erzeugten Seitenkräfte nicht im gleichen Maße wie die den kurvenäußeren Reifen aufgebürdeten zusätzlichen Radlasten. Als Folge können Fahrzeuge mit hohem Schwerpunkt bei gleichem Gewicht, gleicher Bereifung und gleicher Spurweite nicht die gleiche Kurvengrenzgeschwindigkeit erreichen wie ein Fahrzeug mit niedrigerem Schwerpunkt.

Damit nicht genug. Die am höheren Schwerpunkt angreifenden Fliehkräfte verursachen auch einen höheren Wankwinkel des Aufbaus. Mit dem Wankwinkel der Karosserie stellt sich bei unabhängigen Radaufhängungen ein größerer positiver Sturz ein. Diese Position der Reifen zur Fahrbahnoberfläche reduziert ebenfalls die maximale Seitenführungskraft und damit die höchst erreichbare

Bei Kurvenfahrt erzeugen die Fliehkraft und die gleichgroße Summe der Seitenführungskräfte aller Reifen mit der Schwerpunktshöhe als Hebelarm ein Wankmoment. Mit der Höhe des Wagenschwerpunkts wächst das Wankmoment.

Kurvengeschwindigkeit. Starrachsen, wie sie in vielen Geländewagen hauptsächlich als Hinterachse verwendet werden, ändern dagegen den Radsturz nicht und haben in diesem Punkt sogar einen Vorteil.

Die wertneutralen Bezeichnungen der „dynamischen Radlastverlagerung beim Kurvenfahren" und des „Aufbaus eines grösseren Wankwinkels" lassen die Dramatik des Extremfalls nicht ahnen. Denn ein Fahrzeug mit einem höheren Schwerpunkt kann leichter kippen. Spätestens seit die amerikanische Fernsehgesellschaft CBS in ihrer vielbeachteten Sendung „60 minutes" 1980 über die häufigeren Überschläge vom Jeep CV-5 berichtet hat, sind Geländewagen ins Gerede gekommen. Auch dem Suzuki Samurai wurde eine höhere Unfallrate durch seitliches Abrollen nachgesagt, und der letzte in den Medien auffällige Geländewagen war der Ford Explorer.

Der Schwerpunkt eines herkömmlichen Personenwagens liegt rund 55 Zentimeter, der eines SUV ungefähr 75 Zentimeter hoch. Diese Werte gelten für unbeladene Fahrzeuge. Mit voller Beladung verschiebt sich dieses Verhältnis der Schwerpunkthöhen noch weiter zu Ungunsten des Geländewagens.

Grundsätzlich bedeutet ein hoher Schwerpunkt immer einen Abstrich an Fahrstabilität. Bei richtiger Abstimmung von Federung, Dämpfung und Querstabilisatoren und der Wahl geeigneter Reifen in Verbindung mit einer ausreichenden Spurweite können Geländewagen aber ebenfalls eine hohe Beherrschbarkeit und Fahrsicherheit mitbringen. Bei extremen Fahrmanövern sind sie allerdings einem sorgfältig ausgelegten Fahrzeug mit niedrigerem Schwerpunkt notgedrungen unterlegen.

Natürlich kennen die Geländewagenhersteller dieses Thema und sie steuern am einfachsten mit großen Spurweiten gegen. Zu erkennen sind diese erfolgreichen Maßnahmen an den schon im Serienzustand aufgesetzten Kotflügelverbreiterungen, unter denen die Reifen weit nach außen quellen, um eine möglichst breite Abstützbasis zu erzeugen. Es trifft sich gut, dass diese Lösungen auch den Zeitgeschmack genau treffen.

Vordere Starrachsen zählen bei den Hardcore-Geländewagen wie dem Mercedes G-Modell oder dem Jeep Wrangler nach wie vor zu den Markenzeichen dieser Fahrzeugkategorie. Die Motoren sind bei dieser Gattung über der Vorderachse platziert und müssen entsprechend hoch gelegt werden, um der Starrachse den im Gelände dingend benötigten langen Einfederweg zu bieten. Da der Motor mit dem immer direkt angeflanschten Getriebe und meistens auch noch mit dem Verteilergetriebe die gewichtigste Einheit des gesamten Fahrzeugs darstellt, ist ein sehr hoher Schwerpunkt die unausweichliche Folge.

Moderne SUVs und SAVs Fahrzeuge führen die Vorderräder dagegen an unabhängigen Radaufhängungen, die an den inneren Anlenkpunkten keine Vertikalbewegungen ausführen. Bei diesen Radaufhängungen können die Antriebsblöcke tief zwischen die Anlenkpunkte der Querlenker abgesenkt werden. Der Gesamtschwerpunkt des Fahrzeugs liegt bei unabhängigen Radaufhängungen mit diesen Maßnahmen signifikant tiefer.

Luftfederungen, wie sie unter anderem im Touareg/Cayenne, Range Rover oder Audi allroad verwendet werden, können die Problematik des hohen Schwerpunktes ebenfalls vermindern. Sie erlauben, bei schneller Fahrt auf besseren Straßen das gesamte Fahrzeug und damit gleichzeitig den Schwerpunkt abzusenken. Aus Sicherheitsgründen erfolgt diese Absenkung bei höheren Geschwindigkeiten automatisch in zwei Stufen. Im Gelände werden die Luftfederbälge höher gepumpt und dadurch die notwendige Bodenfreiheit erreicht.

Auch Mercedes variiert in der mit der Luftfederung AIRMATIC und dem Allradantrieb 4MATIC ausgestatteten S-Klasse das Fahrzeugniveau in Abhängigkeit von der Geschwindigkeit nach einem ausgeklügelten Regelsystem in zwei Stufen. Interessanterweise liegen die Umschaltgeschwindigkeiten in USA (60 und 110 km/h) niedriger als in Europa (90 und 150 km/h).

Aber nicht nur der höhere Schwerpunkt ist für den größeren Wankwinkel verantwortlich. Um beim Überqueren von großen Unebenheiten möglichst alle Räder auf dem Boden zu halten, müssen Geländewagen über lange Federwege und die Möglichkeit zur großen Verschränkung der Achsaufhängungen gegeneinander verfügen. Die notwendige Verschränkung macht eine weiche Querstabilisierung der Achsen notwendig. Die weiche Querstabilisierung hat aber leider auch bei gegebener Querbeschleunigung eine höhere Aufbauneigung zur Folge. Damit gehen die kurvenäußeren Räder stärker in positiven Sturz und bauen dadurch zusätzlich einen Teil der maximalen Seitenführungskräfte ab. Starrachsen sind hiervon allerdings unbeeinflusst.

Mit neuer Technik kann aber die Stabilisatorwirkung sowohl für Geländefahrten als auch für den zügigen Straßenverkehr optimal angepasst werden. Schon vor Jahren führte Nissan einen manuell schaltbaren Querstabilisator mit einer Gelände- und einer Straßeneinstellung ein. Im Patrol GR kann der Fahrer den Hinterachsstabilisator mit einem Taster ausschalten. Diese für Geländewagen sehr sinnvolle Einrichtung haben bisher erst Land Rover für den Discovery mit dem ACE (Advanced Cornering Enhancement) und Porsche/Volkswagen weiterentwickelt.

Beim Land Rover können zwei Hydraulikzylinder über Hebel die Härte der Querstabilisatoren stufenlos verstellen. Zur Ansteu-erung des Hydrauliksystems wertet ein Rechner die Signale von Beschleunigungs-, Lenkradwinkel- und Geschwindigkeitssensoren aus und optimiert danach die Härte der Stabilisatoren. Bei zügiger Straßenfahrt reduzieren sich dadurch die Wankgeschwindigkeit und die Wankwinkel zur Komfortsteigerung und Erhöhung der Fahrstabilität. Bei langsamer Fahrt im

Porsche Cayenne und VW Touareg können für Straßenfahrt den hohen Schwerpunkt des Aufbaues mit der Luftfederung genau wie der Range Rover oder der Audi Allroad absenken und im Gelände die Bodenfreiheit vergrößern.

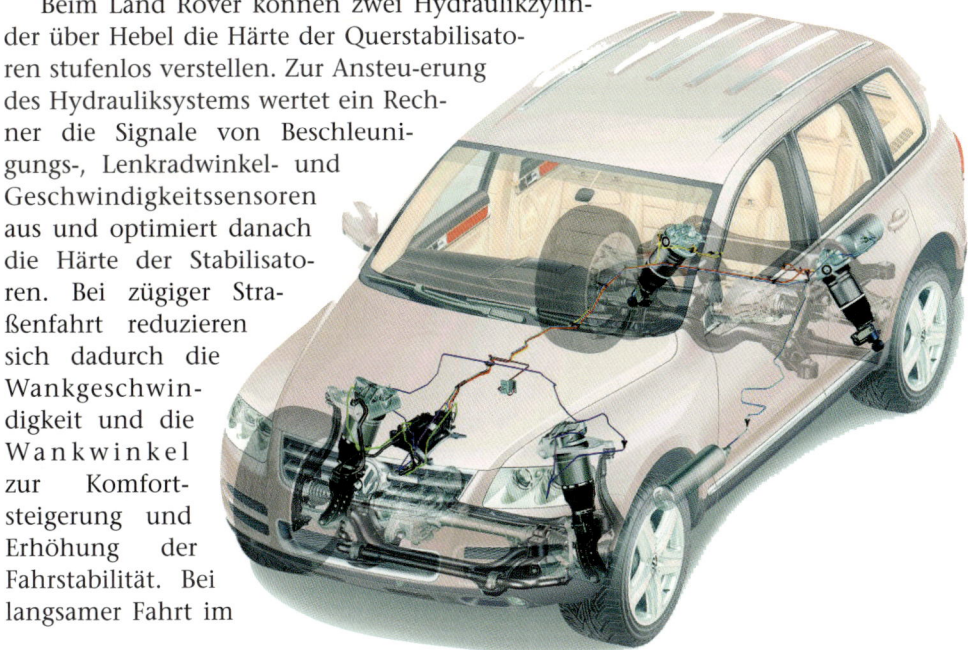

Geländewagen lassen bei den Achsen eine große Verschränkung zu, damit bei Unebenheiten die Räder mit langen Federwegen gegensinnig zueinander aus- und einfedern können. Sind die Federwege nicht ausreichend lang, verliert ein Rad den Bodenkontakt

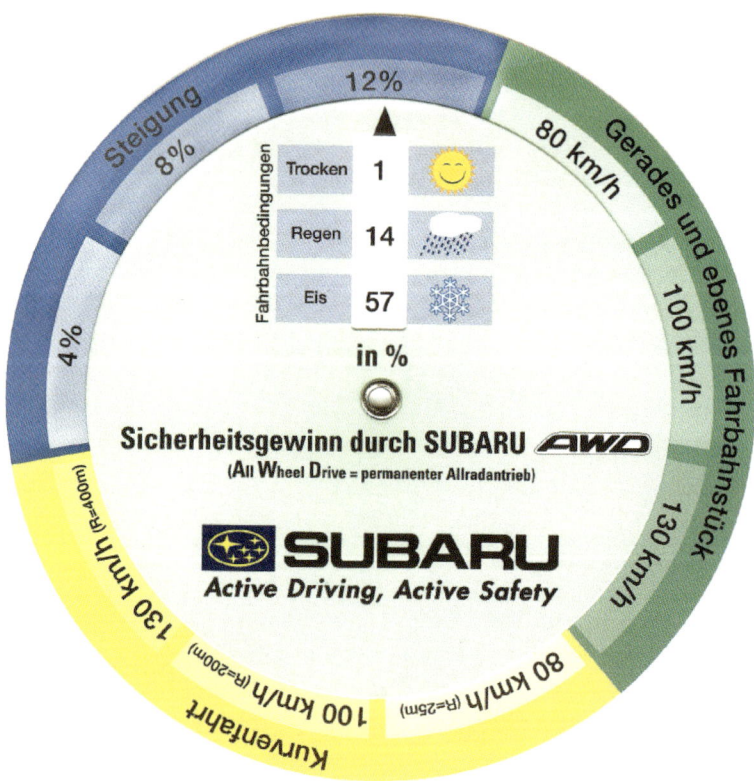

Gelände erlauben die auf weich gestellten Stabilisatoren eine höhere
Achsverschränkung und damit eine verbesserte Geländegängigkeit.

Im Geländepaket für die Modelle Porsche Cayenne (Offroad Stabilisor System, ORS) und Volkswagen Touareg sind unter anderem
verstellbare Stabilisatoren für beide Achsen enthalten. Sie können
per Knopfdruck vom Fahrer betätigt werden. Eine Hydraulikeinheit
löst oder schließt die Verbindung zwischen den beiden Stabilisatorhälften und ermöglicht dadurch die Anpassung an die sichere
Fahrt auf der Straße oder die hohe Verschränkung im Gelände. Die
Einrichtung erlaubt aber, wie beim Nissan, nur zwei Stellungen für
die Stabilisatorwirkung: hart oder ausgeschaltet.

BMW setzt in ihrer Härte verstellbaren Querstabilisatoren schon
beim DynamicDrive-Konzept in der 7er-, 6er- und 5er-Reihe ein.
Der Einzug in die Geländewagen X5 und X3 ist sicherlich nur noch
eine Frage der Zeit.

Geländewagen sind nicht nur durch maßgeschneiderte Geländereifen, sondern hauptsächlich durch ihren hohen Schwerpunkt gegenüber Fahrzeugen mit niedrigerem Schwerpunkt in der fahrdynamischen Ausprägung benachteiligt. Geschickte Marktstrategen versuchen gerade, die neuen Hochleistungs-SUVs auch als ebenbürtige Sportwagen zu platzieren. Die physikalischen Gesetze der Fahrdynamik entlarven dieses Vorhaben aber als höchst zweifelhaft. Natürlich kann ein guter Fahrer mit einem hochmotorisierten Geländewagen mit Allradantrieb den Nürburgring und den Rennkurs von LeMans in erstaunlichen Zeiten umrunden. Doch gegen einen mit der gleichen Leistung und den gleichen Reifen, aber niedrigerem Schwerpunkt und windschlüpfigerer Karosserie ausgerüsteten Konkurrenten hätte ein noch so raffiniert entwickelter Geländewagen selbst beim Einsatz seiner ausgefeilten Technik nicht die geringste Chance – zumal, wenn er schon mit einem Leergewicht von deutlich über zwei Tonnen antritt.

7.
Sicherheit von Allradfahrzeugen

Sicherheitsaspekte führen die Rangfolge der rationalen Kaufgründe für Allrad-Personenwagen, SUVs, SAVs und Geländewagen mit weitem Abstand an. Tatsächlich vermitteln allein schon die Höhe und das massive Auftreten der großen 4x4-Fahrzeuggattungen optisch mehr Sicherheit. Höheres Fahrzeuggewicht verheißt zunächst mehr Schutz, bessere Traktion verspricht weniger Risiko im Straßenverkehr. Und die hohe Sitzposition verleiht ein Gefühl der Überlegenheit gegenüber anderen Verkehrsteilnehmern. Wegen dieses subjektiven Sicherheitsempfindens lenken überproportional viele Frauen Geländewagen. Sie fühlen sich in den großen Fahrzeugen besser geschützt.

Wie sicher ein Allradfahrzeug wirklich ist, hängt vom Zusammenwirken vieler Faktoren ab. Bei den Derivaten von Personenwagen können Unterschiede in der passiven Sicherheit durch die zusätzlichen Antriebswellen auftreten, die einen geänderten Verzögerungsverlauf beim Crash hervorrufen. Generell sind die modernen Allrad-Pkw aber nicht auffällig geworden, so dass sich die folgenden Ausführungen auf die SUVs und Geländewagen konzentrieren. Auch sie können Spitzenwerte bei der passiven Sicherheit erzielen. Das trifft bei jüngeren Konzepten auch immer öfter zu, wenn sie entsprechend den aktuellen sicherheitstechnischen Anforderungen konstruiert sind. Beispiele für vorbildliches Crash-Verhalten liefern BMW X5, Range Rover, Volvo XC 90 und Honda CR-V, der sogar bei der lange vernachlässigten Fußgängersicherheit hervorragend abschneidet. Selbst in fahrdynamischen Disziplinen lassen sich Geländewagen-typische Sicherheitsnachteile durch aufwändige Technik immer besser beherrschen.

Ein vorgeschriebener Aufkleber warnt in den USA die Fahrer von SUVs schon beim Einsteigen vor der erhöhten Kippgefahr seines Fahrzeugs.

Aktive Sicherheit: Überrollen und Bremsen

Physikalisch bedingt schaukeln sich bei abrupten Ausweichmanövern Fahrzeuge mit einem hohen Schwerpunkt schneller auf und lassen sich in Extremsituationen nicht so leicht wieder einfangen. Die sicherheitsbewussten und Schadenersatz-geschädigten Amerikaner geben deshalb allen SUVs eine deutliche Warnung auf der Sonnenblende mit. „Warning: Higher Rollover Risk" springt dem SUV-Fahrer schon beim Einsteigen schwarz auf gelb ins Auge. Dann folgt eine Reihe von guten Ratschlägen, wie dieses Risiko minimiert werden kann. Das Department of Transportation (DOT), vergleichbar dem Verkehrsministerium, konnte diese Aufkleber durchsetzen. Und es entwickelte auch eine einfache Formel, die das Überrollrisiko berechnet:

$$\text{Überrollfaktor} = \frac{T}{2h}$$

lautet die simple Gleichung, bei der „T" für die vordere Spurweite und „h" für die Schwerpunktshöhe stehen. SUVs mit einem so errechneten Faktor von über 1,2 sollen ein geringes Überrollrisiko besitzen, Fahrzeuge mit einem Faktor unter 1,0 gelten als hochgradig überrollgefährdet.

Der Grund für die Einführung dieses Rollover Resistance Rating liegt in der hohen relativen Todesrate in SUVs bei einem Überschlag. Er gehört zu den häufigsten tödlichen Unfallursachen in den USA. Mehr als 10.000 Menschen sterben laut der amerikanischen National Highway Traffic and Safety Administration (NHTSA) dort pro Jahr bei Überschlägen, das sind fast ein Drittel aller Todesfälle, fast so viel wie bei Frontalzusammenstößen. Die größte involvierte Gruppe sind dabei die kleinen SUVs. Hauptursache für die extreme Zahl an Todesfällen ist aber nicht die Anzahl an Überschlägen an sich (nur rund jeder fünfzigste Unfall ist ein Überschlag), sondern vielmehr die geringe Anschnallquote – der Front-Airbag hilft hier nicht viel, aber die neu eingeführten Seiten- und Kopfairbags reduzieren das Verletzungsrisiko signifikant.

SUVs sind mit ihrem hohen Schwerpunkt kippempfindlicher als Fahrzeuge mit niedrigerem Schwerpunkt. Ihre hohen Karosserien mit viel Kopffreiheit bieten aber im Falle eines Überschlags mehr Sicherheit. In 60 Prozent dieser Unfälle sind schwere Kopf- und Halswirbelsäulenverletzungen die Folge. Bei richtig angelegten Sicherheitsgurten, am besten mit Gurtstraffern, reduzieren die hohen Dächer von SUVs dieses Verletzungsrisiko aber signifikant.

Fahrdynamiksysteme senken zwar die Gefahr des Umfallens gegen Null, solange das Fahrzeug auf der Fahrbahn bleibt, helfen aber nichts mehr, wenn es trotzdem von der Straße abkommt. Dieses Problem erkennend, wurde in der Zwischenzeit der sogenannte „fishhook test" entwickelt, ein zusätzlicher dynamischer Kipp-Test, der die simple statische Wertung durch einen Aufschaukel- und Verreißtest des Fahrzeugs ergänzt.

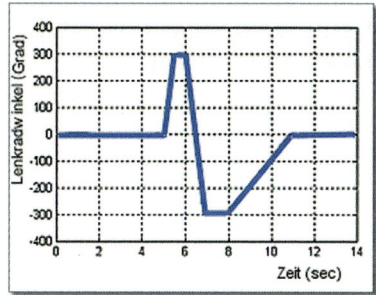

Beim neu von der amerikanischen NHTSA eingeführten „Fishhook-Test" wird das Fahrzeug erst nach links und dann nach rechts verrissen. Der Test ähnelt dem VDA-Spurwechseltest und gibt Auskunft über die Kippsicherheit.

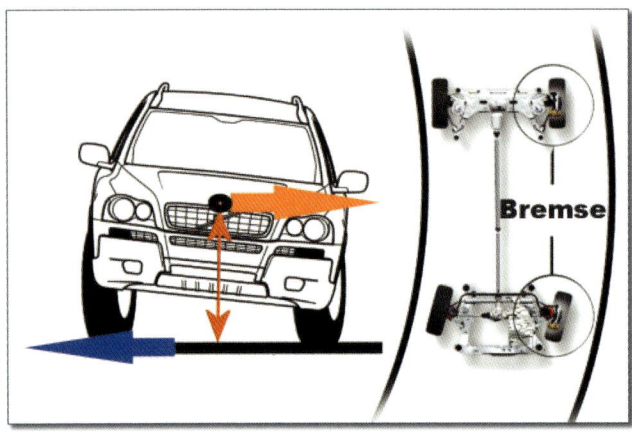

Elektronisch geregelte Fahrdynamiksysteme spielen mittlerweile eine Schlüsselrolle bei der aktiven Fahrsicherheit, und sie beeinflussen bereits das Fahrverhalten von vielen Geländewagen äußerst positiv. Führte früher ein plötzlicher Spurwechsel im Stile des sogenannten Elchtests bei einem Geländewagen mit großer Wahrscheinlichkeit zur Instabilität, erkennt heute ein Fahrdynamiksystem wie ESP schon im Ansatz die gefährliche Situation und entschärft sie durch Eingriffe ins Bremssystem und Motormanagement

Der Ausrüstungsgrad mit elektronischen Assistenzsystemen als Gegenmaßnahme zu dem in Fahrzeugen mit hohen Schwerpunkten inhärenten Risiko steigt kontinuierlich. Volvo besitzt mit seinem Roll Stability Control System (RSC) in dieser Hinsicht eines der heute ausgefeiltesten Systeme. Das RSC benutzt einen Sensor, der Neigungswinkel und Neigungsgeschwindigkeit des Fahrzeugs registriert und daraus in Millisekunden das Überschlagsrisiko berechnet. Diese Daten fließen zusätzlich in das DSTC (Dynamic Stability and Traction Control) ein und sorgen gegebenenfalls für Bremseingriff an den Rädern und Reduktion der Motorleistung. Gleichzeitig ist das RSC auch Bestandteil des Roll Over Protection Systems (ROPS), das aus einer speziellen

Dachstruktur und einer klugen Steuerung von Gurtstraffern und Kopfairbags besteht.

Auch bei der Länge ihres Bremsweges sind Geländefahrzeuge und SUVs unter vergleichbaren Bedingungen prinzipiell schlechter gestellt als moderne Personenwagen. Tendenziell hohes Fahrzeuggewicht in Verbindung mit dem höheren Schwerpunkt hat einen längeren Bremsweg zur Folge. Aber auch hier sind bedeutende Fortschritte erzielt worden. Bessere Fahrwerke, Bremsen und Reifen können das physikalische Manko stark verringern. So kommen mo-

derne Geländewagen bis auf wenige, manchmal allerdings entscheidende Meter, an die Bremswege von Personenwagen heran.

Passive Sicherheit: Allradfahrzeuge und der Crash

Wenn im Fall der Fälle trotz Einsatz des ganzen persönlichen Fahr-
könnens und der elektronisch gesteuerten Assistenzsysteme ein Unfall nicht mehr vermeidbar bleibt, dann können die Fahrzeuginsassen nur auf den möglichst hochentwickelten Stand ihres Autos in
der passiven Sicherheit bauen. Wie bei der aktiven Fahrsicherheit,
so spielt auch bei der passiven Sicherheit die Fahrzeugkonzeption
bis in Details die entscheidende Rolle. In manchen Fällen beeinflusst sogar die Kardanwelle eines Allradantriebs die Verzögerungswerte beim Frontcrash.

Zunächst kommt es wesentlich auf die Form und Bauweise der
Karosserie an. Besonders Sport Utility Vehicles und Geländewagen
nehmen durch Größe und höheres Gewicht eine Sonderstellung gegenüber Personenwagen ein. Schwere Geländefahrzeuge schnitten
noch bis vor kurzem bei der Bewertung des Schutzes der Unfallpartner schlecht ab. Allein schon wegen ihrer Masse zeigen die meisten
SUVs und Geländewagen eine eingeschränkte Crash-Kompatibiltät
beim Aufprall gegen einen leichteren Unfallgegner. Diese zu Recht
kritisierte mangelnde Kompatibilität rührt aber nicht nur vom
unveränderlichen physikalischen Gesetz des Zusammenpralls ver-

**Die Kompatibilität bei
einem Zusammenstoß
eines schweren SUV
mit einem leichteren,
kleineren Fahrzeug
muss mit gezielten
Maßnahmen im SUV
verbessert werden.**

Crashboxen als Verlängerung des Rahmens der M-Klasse führen zu gut bewerteten Verzögerungswerten bei einem Frontalunfall für die Insassen und den Unfallgegner.

schieden schwerer Körper her (Impulssatz). Der leichtere Unfallgegner wird beim Aufprall rückwärts beschleunigt, wobei die Insassen extremen körperlichen Belastungen ausgesetzt sind. Das schwere Fahrzeug rollt dagegen in der ursprünglichen Fahrtrichtung weiter und verzögert dadurch die Passagiere erheblich weniger. Bei älteren Geländewagenkonstruktionen sind zusätzlich der steife Rahmen und Aufbau für das aggressive Verhalten gegenüber anderen Unfallgegnern verantwortlich.

Steife Leiterrahmen oder massive Kastenprofile unter den Aufbauten tragen heute noch die Karosserien fast aller großen amerikanischen SUVs, Pickups und vieler Hardcore-Geländewagen wie Hummer oder Mercedes G-Modell. Solche Rahmen fahren mit Brachialgewalt in den Unfallpartner hinein und führen dort zu enormen Beschleunigungen mit entsprechenden Folgen für den Verletzungsgrad der Insassen im leichteren, verformbareren Gegner. Die Probleme, die durch die veraltete Rahmenbauweise zu einer unnötigen Gefährdung der Fahrzeuginsassen und auch anderer Verkehrsteilnehmer beitragen, sind aber zu beheben. So erreichte die gar nicht mehr so junge M-Klasse

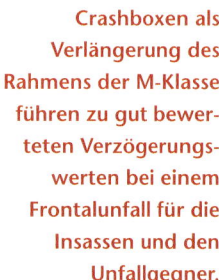

Der stabile Leiterrahmen eines schweren Geländewagens wirkt bei einem Zusammenstoß aggressiv gegen den Unfallgegner.

von Mercedes trotz des Rahmens vier Sterne im Euro-NCAP-Test mit Hilfe einer der Rahmenkonstruktion vorgelagerten, energieverzehrenden Crash-Box. Sie bringt nicht nur erträgliche Beschleunigungswerte für die Passagiere, sondern schont auch die womöglich leichtgewichtigeren Unfallgegner.

Diese bekannten Gefährdungen der weniger robusten, leichteren Personenwagen durch die großen SUVs und Gelände-Trucks der amerikanischen Hersteller sollen in den nächsten Jahren sukzessive abgebaut werden. Die Mitglieder der nordamerikanischen Alliance of Automobil Manufacturers wollen mit ihren Fahrzeugen selbst festgelegte Kompatibilitäts-Anforderungen bis 2009 erfüllen. So beschlossen im Dezember 2003.

Beim Crash gegen ein bewegliches Hindernis bedeuten hohes Gewicht und Steifigkeit des Unterbaues für die Geländewagenpassagiere einen klaren Vorteil, der sich beim Aufprall auf ein festes Hindernis aber in einen erheblichen Nachteil verwandelt. Ältere Geländewagen bieten hier zu wenig Verformungsweg, deshalb treten hohe Verzögerungswerte für die Insassen auf, die sie stark belasten. Eine scharfkantige Gestaltung des Innenraumes birgt noch zusätzliches Risiko für die Passagiere. Als typisches Beispiel für einen in die Jahre gekommenen SUV erreichte der Opel Frontera im Jahr 2002 beim EuroNCAP-Front- und Seitencrash (mehr dazu später) nur magere 3 Sterne, während der BMW X5 oder der Volvo XC90 auf das Maximum von fünf Sternen kam.

Bei der passiven Sicherheit konnten in den letzten Jahren enorme Fortschritte erzielt werden, schließlich sind die spezifischen Problem-

Moderne SUVs/SAVs wie hier die M-Klasse erreichen sowohl im USA- als auch im Europa-Crashtest sehr gute Werte.

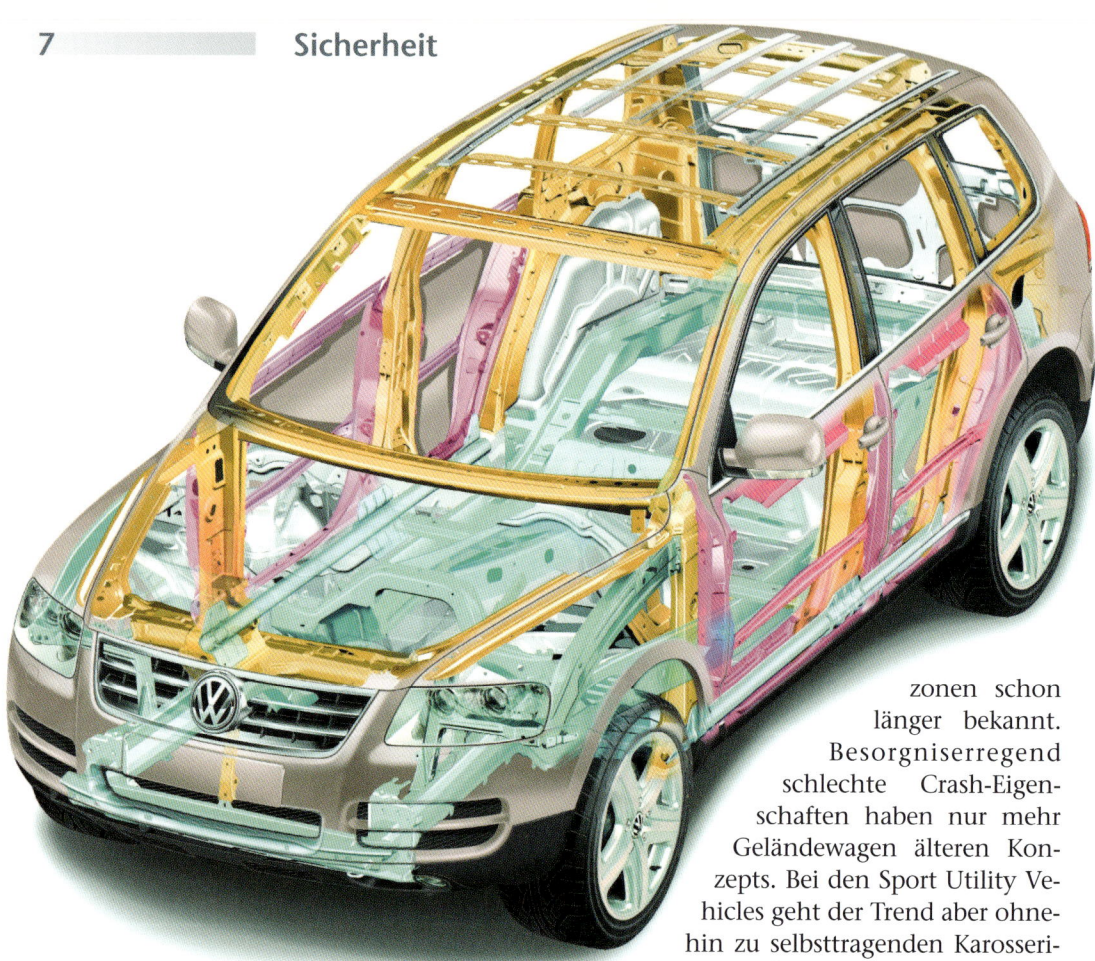

zonen schon länger bekannt. Besorgniserregend schlechte Crash-Eigenschaften haben nur mehr Geländewagen älteren Konzepts. Bei den Sport Utility Vehicles geht der Trend aber ohnehin zu selbsttragenden Karosserien wie bei Personenwagen, die dann auch ähnlich gute Ergebnisse bei Crash-Tests erzielen. So konnte sich der BMW X5 als Vertreter einer modernen, selbsttragenden Aufbaukonzeption beim besonders kritischen Offset-Crash des amerikanischen Institute for Highway Safety gleich beim Serienanlauf als bester bisher getesteter Midsize SUV auszeichnen.

Auch beim Seitencrash treten bei Geländewagen spezifische Probleme auf. Hier hat ein hochbeiniges Auto zwar den Vorteil, dass die Passagiere über der eigentlichen Crash-Zone sitzen und somit eher von Verletzungen verschont bleiben. Allerdings besteht dabei das erhöhte Risiko, dass der höhere Geländewagen, der von einer Limousine torpediert und dabei ausgehebelt wird, seitlich abrollt, was immer eine sehr kritische Situation darstellt.

Besonders in diesem Punkt klaffen das subjektive Sicherheitsgefühl vieler SUV-Besitzer durch die hohe Sitzposition und das wahre Risiko tatsächlich weit auseinander.

Der seitliche Aufprall eines hohen Fahrzeugs gegen eine Limousine trifft diese nicht mehr im besonders steifen Schweller- und Türbereich, sondern in der Höhe der Seitenscheiben. Kopfairbags können bei diesen Unfällen die Gefährdung der Limousinen-Insassen reduzieren.

Den höchsten derzeit erreichbaren Sicherheitsgrad für die Insassen bieten moderne SUVs mit einer steifen Fahrgastzelle als sicherem Überlebensraum, der vorn und hinten mit Knautschzonen geschützt ist.

Bei einem Seitenaufprall oder einem Überschlag werden die Körper der Passagiere seitlich hin- und hergeschleudert. Das harte Anschlagen der Köpfe verhindern in diesen Fällen die Seiten- und Kopfairbags. Und richtig angelegte Sicherheitsgurte bieten nach wie vor die beste Unfallversicherung. Gurte verhindern auch, dass Insassen aus dem Fahrzeug geschleudert werden, wobei die tödlichen Unfälle dabei besonders hoch sind. Gurte trotz der Anlegepflicht nicht zu nutzen, ist sträflicher Leichtsinn, den Gerichte und Versicherungen auch als solchen zu Recht ahnden.

Partnerschutz: SUVs und Fußgänger

Einen Risikofaktor für Fußgänger und Unfallgegner stellen die große Bodenfreiheit und die häufig steile Frontpartie von Geländewagen und vielen SUVs dar – ein Konzept-Nachteil, den die Designer gerade erst durch weichere Formen der neuen und zukünftigen SUVs

Bei einem Überschlag oder Seitenaufprall schützen Kopfairbags zusätzlich zu den anderen Sicherheitsmaßnahmen besonders wirkungsvoll.

Kuhfänger sind seit 2004 in Deutschland wegen der hohen Gefährdung von Fußgängern bei einem Frontalunfall nicht mehr zulassungsfähig.

beseitigen. Sogenannte Kuhfänger bedeuten darüber hinaus in den martialischen Ausführungen eine latente Gefahr für Fußgänger. In Deutschland können diese Bullbars seit Januar 2004 nicht mehr zugelassen werden, Europas Rest wird folgen.

Die bestehenden gesetzlichen Vorschriften reichen derzeit noch nicht aus, um eine signifikante Verbesserung des Fußgängerschutzes herbei zu führen. Die Euro-NCAP-Tests üben aber einen hohen Druck auf die Automobilhersteller aus, auch auf diesem Gebiet Innovationen schneller einzuführen.

Besonders heikel für die Fußgänger ist die Kante unmittelbar vor der Motorhaube. Sie ist meistens sehr steif dimensioniert und damit auch entsprechend gefährlich im Falle der Kollision mit einem Fußgänger. Bei Autos mit mächtiger Motorhaube kommt noch dazu, dass der Fußgänger nicht mit den Beinen zuerst Fahrzeugkontakt bekommt, sondern mit dem Becken, was deutlich gefährlicher ist (bei Kindern trifft es dort schon den Kopf). Genau aus diesem Grund haben es Sportwagen grundsätzlich leichter, als Fußgänger-schonend zu gelten. Sie kommen dem günstigsten Szenario am nächsten: Die Stoßstange hebelt die Beine aus, der Oberkörper kippt auf die etwas nachgiebige Motorhaube, und der Kopf schlägt auf der Scheibe auf. Was hier so grausam klingt, ist sogar der günstigste Fall, denn eine Windschutzscheibe ist deutlich weicher als der Schädelknochen. Das Risiko, sich mit Splittern zu verletzen, ist

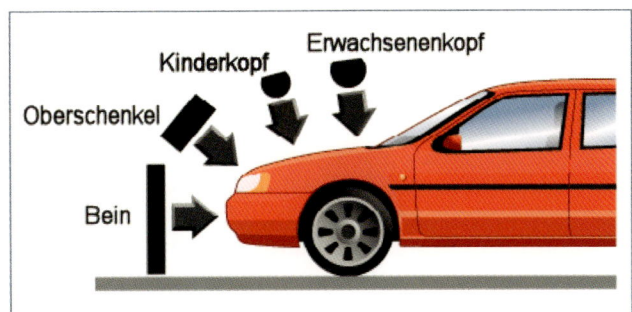

bei Sicherheits- und Verbund-glas-Scheiben gering, wenn die Scheibe durch die Wucht des Anpralls nicht durchschlagen wird. Fatal ist die Situation aber, wenn der Kopf heftig auf die A-Säule (den vorderen Dachholm) oder den oberen Scheibenquerrah-men aufschlägt, denn sie müssen aus Steifigkeitsgründen sehr hart sein. Hier hat man schon bei geringen Geschwindigkeiten kaum Überlebenschancen.

So zeigt sich ein weiterer Zielkonflikt. Alle Teile, die weich sind und die Fußgänger schonen, besitzen auch weniger Festigkeit. Hohe Karosseriesteifigkeit ist aber eines der wichtigen Ziele beim Insassen-schutz, Komfort- und Fahrverhalten. Durch verfeinerte Konstrukti-ons- und Berechnungsmethoden, gute Ideen und neue Materialien ist es allerdings durchaus möglich, deutliche Verbesserungen für die Situation der Fußgänger zu erzielen, ohne bei Design oder Wind-schlüpfigkeit Nachteile in Kauf nehmen zu müssen. Und daran arbeitet die Autoindustrie auch. Als erste SUVs schnitten japanische Modelle hier beachtenswert gut ab. Etwa der Honda CR-V, der zu den kleinen SUVs gehört und nach Euro-NCAP beim Crash Rating vier von fünf Sternen errang und beim Fußgänger-Rating drei von vier Sternen schaffte. Zwei Sterne kann hier auch der Nissan X-Trail vorweisen.

Das erste europäische Sport Utility Vehicle mit herausragenden Crash-Eigenschaften ist der Volvo XC 90, der als erster unter den schweren hochbeinigen Allradgetriebenen die vollen fünf Sterne beim Crash erhielt und immerhin zwei Sterne im Fußgänger-Rating. Dies ist insofern recht bemerkenswert, als er eine ganze Klasse volu-minöser ist als die beiden Crash-Pioniere aus Japan. Mittlerweile gelang es auch dem überarbeiteten BMW X5, in die Fünfstern-Liga vorzudringen.

Das heißt, gerade das konzeptbedingt kritische Crashverhalten von Geländewagen und Sport Utility Vehicles gegenüber Fußgän-gern hat die Fahrzeughersteller dermaßen angespornt, dass es be-reits einige SUVs mit zwei oder drei Sternen in der Euro-NCAP-Fuß-gänger-Wertung gibt. Der überwiegende Teil der herkömmlichen Personenwagen hat nach der neuen Meßmethode nur einen Stern. Allerdings besitzen SUVs und Geländewagen mit der größeren Ge-staltungsfreiheit an der Fahrzeugfront auch einen Vorteil, weil hier üblicherweise die Platzverhältnisse weniger beengt sind als etwa bei Kompaktwagen. Bei keiner Fahrzeugkategorie wird offensichtlich das Problem des Fußgängerschutzes ernster genommen als bei den SUVs. Die relativ guten Testwerte bestätigen diese Annnahme.

Nach dem Einzug der Elektronik zur Erhöhung der fahrdynamischen Sicherheit von Allradfahrzeugen und der kontinuierlichen Annäherung der passiven Crash-Sicherheit an das Niveau der besten Personenwagen, wird also in absehbarer Zeit auch die Gefährlichkeit massiver Allradautos für Fußgänger kein kritisches Thema mehr sein. Ideen zur Entschärfung der Frontpartien gibt es noch genug, sie werden weiterhin sukzessive in die Serienautos einfließen. Frontpartien aus Aluminium, Magnesium und Kunststoffen als weichere Werkstoffe gegenüber Stahl klingen zwar auch nicht neu, sie bieten aber noch viele Möglichkeiten zur praktischen Realisierung. Wie es überhaupt noch viele Ideen gibt, deren Umsetzung in die Serie aber noch einige Jahre dauern wird. Beispielsweise ein automatisches Anheben der Motorhaube im Falle eines Crashs oder Kunststoff- und Metallschaum-Beschichtungen, die die Folgen eines Anpralls für den Körper mildern können. Auch Außen-Airbags, die aus den Karosserie-Spalten schießen sind durchaus denkbar, um die besonders steifen und damit gefährlichen Kantenbereiche der Karosserie abzudecken.

Die NCAP-Testergebnisse setzen die Automobilindustrie unter Druck

„Vertrauen ist gut, Kontrolle ist besser" war der Leitgedanke der US-amerikanischen NHTSA. Diese Regierungsbehörde begann bereits 1978 mit eigenen Tests von Autos, die bei Händlern gekauft wurden. Mit diesen Fahrzeugen überprüfte die NHTSA dann in Crash-Tests die Übereinstimmung der Serienprodukte mit den zur Zulassung vorgeführten Fahrzeugen. Diese Tests wurden und werden im Rahmen des New Car Assessment Program (NCAP) durchgeführt und spielen in Amerika eine wichtige Rolle bei der Information über alle Sicherheits- und Umwelt-relevanten Fragen der einzelnen Fahrzeugmodelle.

Gesetzliche Mindeststandards geben nur selten den letzten technisch möglichen Entwicklungsstand wieder. Die EU Kommission, die Fédération International de l'Automobile (FIA), nationale Behörden, Europäische Konsumentenschutz-Organisationen, Autofahrerclubs und Fachzeitschriften störten sich an den lascheren gesetzlichen Vorgaben für die Fahrzeugzulassung in Europa gegenüber den USA. Sie gründeten 1997 die Euro-NCAP-Vereinigung, um mit eigenen schärferen Tests Druck auf die Automobilindustrie auszuüben.

Der US-NCAP-Test war ein Vorbild für Europa, jedenfalls in der Vorgangsweise. Da er aber schon seit vielen Jahren in Kraft gewesen ist, setzte man im Detail für Europa abweichende Kriterien fest.

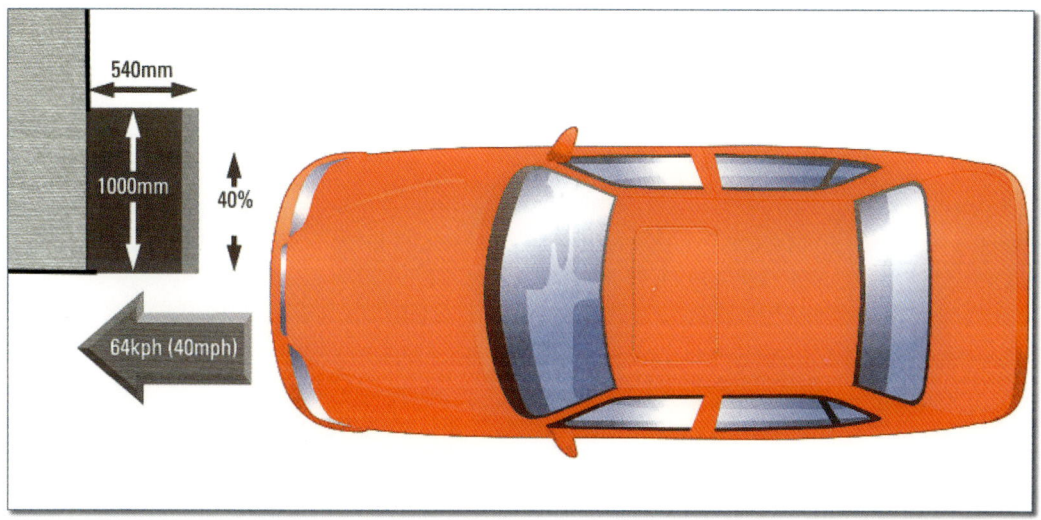

Damit wurde den typischen Unfallsituationen mit einem realisti-
scheren Test Rechnung getragen. Auch wurden in Europa seit Einführung der Euro-NCAP-Tests die Kriterien laufend verändert und
verschärft. Damit sind die Ergebnisse des Euro-NCAP-Tests über die
Jahre leider nicht direkt vergleichbar.

Bei EuroNCAP-Test
prallen beim Front-
crash die Prüffahr-
zeuge mit 64 km/h
auf eine deformierba-
re Barriere, die nur 40
Prozent der Wagen-
front abdeckt.

Die Testkriterien der NCAP-Tests

Im US-NCAP-Frontcrash wird der Prüfling mit 35 Meilen pro Stunde
(56 km/h) mit der vollen Wagenbreite gegen ein starres Hindernis
gefahren, während die Fahrzeuge nach dem europäischen NCAP-
Reglement seitlich versetzt mit 40% Überdeckung bei 64 km/h
gecrasht werden. Die Erfüllung beider Testprozeduren hat massive
Auswirkungen auf die Fahrzeug-Konstruktion.

Während der US-NCAP-Test vor allem eine Herausforderung für
das Rückhalte-System darstellt, ist unter den europäischen Bedingungen die Fahrzeugstruktur besonders hart belastet.

Die Airbags sind unter anderem in amerikanischen Autos auch
deshalb viel voluminöser, weil es dort nach wie vor keine bundes-
weit einheitliche Gurtanlegepflicht gibt. Dies ist auch ein Grund
dafür, warum einige schon etwas ältere Geländewagen, SUVs und
Minivans, die für den amerikanischen Markt bestimmt sind, eigene
Knieschutzpolster besitzen. Sie stellen unter europäischen Testbe-
dingungen oft eine Verletzungsgefahr dar und haben damit Punk-
teabzüge zur Folge. Eine Ursache dafür, warum etwa die Mercedes
M-Klasse in Europa den fünften Stern knapp verfehlte.

Ein weiterer gravierender Unterschied zwischen US- und Euro-
NCAP-Test betrifft den seitlichen Aufprall. Beim US-Test wird eine
bewegliche Barriere in einem schrägen Winkel von 27 Grad mit einer Geschwindigkeit von 38,5 mph (63 km/h) gegen die Fahrerseite
gestoßen, während in Europa eine Barriere im rechten Winkel zum

Photo: Joely Guidoux - ADAF France

Jeep Cherokee beim Seitenaufprall. In Europa rammt die Barriere das Testfahrzeug im 90-Grad-Winkel, in den USA schräg von vorne.

Fahrzeug mit 50 km/h gegen die Seite geführt wird. Hier ergeben sich keine grundsätzlichen Unterschiede zwischen Allradfahrzeugen, SUVs und Geländewagen gegenüber herkömmlichen Personenwagen. Geländewagen mit einem Rahmen müssen aber über steife Querträger in der Aufprallhöhe der Barriere verfügen, damit diese nicht tief in die weiche Karosseriestruktur bis auf den Rahmen eindringen kann.

Keine prinzipiellen Unterschiede treten auch bei dem in Europa üblichen sogenannten Pole-Test auf, der bei Fahrzeugen mit Kopfairbags durchgeführt wird und bei positivem Ergebnis zusätzliche Pluspunkte im NCAP-Test bringt. Das Auto wird dabei auf einer beweglichen Unterlage mit 29 km/h auf Höhe der Fahrertüre gegen einen 254 mm dicken Pfahl gecrasht.

Bei der Ermittlung der Fußgängersicherheit werden im Gegensatz zu den Fahrzeug-Crashtests bei Euro-NCAP keine Dummies verwendet, sondern sogenannte Impaktorentests durchgeführt. Entsprechende Prüfkörper simulieren die Körperteile Unterschenkel, Oberschenkel und Kopf . Die Prüfbedingungen stellen eine Unfallsituation nach, bei der ein Fußgänger von einem Fahrzeug mit einer Geschwindigkeit von 40 km/h erfasst wird. Die unterschiedlichen Prüfkörper prallen dann folgendermaßen auf: Unterschenkel

gegen die Stoßstange, Oberschenkel gegen die Vorderkante der Motorhaube, Kopf auf die Motorhaube, wobei zwischen Kinder- und Erwachsenenkopf unterschieden wird.

Zusätzlich zu den ohnehin sehr unterschiedlichen Versuchsanordnungen endet spätestens bei der Vergabe der Sterne jede Vergleichbarkeit der Ergebnisse der unterschiedlichen NCAP-Tests. Die USA verteilen zwar ebenfalls bis zu fünf Sterne, der Schlüssel zur Punktevergabe ist aber ein anderer als in Europa.

Für die Autohersteller heißt das: Die Kriterien der Gesetzgeber müssen auf jeden Fall erfüllt werden, sonst kann das Auto gar nicht zugelassen werden. Gleichzeitig bedeutet ein schlechtes Abschneiden beim schärferen NCAP-Test mitunter gleich einen gröberen Image-Schaden, womöglich für die ganze Marke. Die Anzahl der Sterne im NCAP-Rating stellt heute neben dem Kraftstoffverbrauch und einigen anderen Kriterien ein wesentliches Verkaufsargument dar. Das ist ein Grund, warum die Autohersteller bei ihren neu konzipierten SUVs und Geländewagen Crashtest-Ergebnisse wie bei Limousinen anstreben – und bei den großen Modellen auch schon erreichen.

Der Pole-Test: Er stellt einen seitlichen Anprall an einen Baum dar. Er wird beim EuroNCAP-Test durchgeführt, wenn Kopfairbags serienmäßig vorhanden sind und bringt bis zu zwei Zusatzpunkte.

Wie sicher sind SUVs und Geländewagen wirklich?

Die hohe Medienpräsens der SUVs und der besondere Focus auf diese Fahrzeuggattung von Behörden und Anwälten in Nordamerika legt die Vermutung nahe, dass SUVs am Unfallgeschehen überdurchschnittlich häufig beteiligt sind. Eine neutrale Analyse des ausgezeichneten, von der NHTSA veröffentlichten statistischen Materials zeichnet dagegen ein anderes Bild. Die großen SUVs weisen in ihrer Unfallhäufigkeit und den Todesraten wie die Personenwagen der oberen Mittelklasse und der Oberklasse die niedrigsten Werte aller Fahrzeugkategorien auf. Allerdings sind die negativen Folgen des hohen Gewichts dieser Fahrzeuge bei leichteren Unfall-Gegnern mit signifikant höheren Todesraten sehr kritisch.

Auffällig sind dagegen die kleinen SUVs, in denen bei Unfällen prozentual die meisten Menschen sterben. Bei dieser Statistik fehlt allerdings ein entscheidendes Kriterium: kleine SUVs sind die Lieblingsfahrzeuge von jungen Leuten, weil sie preiswert sind und im Trend liegen. Ein erheblicher Anteil der Unfälle mit diesen Fahrzeugen dürfte auf die Fahrer und nicht auf die Fahrsicherheit ihrer Automobile zurückzuführen sein.

In den USA beträgt der Anteil von SUVs – ohne Pickups – an der Gesamtfahrzeugpopulation augenblicklich ungefähr 12 Prozent. Am gesamten Unfallgeschehen sind SUVs aber nur zu weniger als 10 Prozent beteiligt. Daraus darf der berechtigte Schluss gezogen werden, dass SUVs im Allgemeinen sichere Fahrzeuge sind und auch verlässlicher chauffiert werden als der Durchschnitt aller anderen Automobile. Die physikalisch bedingten Nachteile im fahrdynamischen Verhalten gleichen die Fahrer der großen SUVs nachweislich durch ihr Verhalten im Straßenverkehr aus.

Wegen des noch sehr kleinen Bestandes an SUVs und Geländewagen in Europa liegen solche gut aufbereiteten Daten mit der gleichen Aussage-Sicherheit wie in den USA für Europa noch nicht vor. Da der SUV-, SAV- und Geländewagenmarkt in Europa jünger ist als in Amerika, darf hier mit einem noch positiveren Unfallgeschehen für diese Fahrzeuge mit dem letzten Stand der Sicherheitstechnik gerechnet werden.

Sicherheitsbewusste Interessenten oder Fahrzeugbesitzer können sich im Internet schnell über die aktuellen Ergebnisse der NCAP-Tests informieren. Die europäischen Daten stehen auf **www.euroncap.com** für jeden abrufbereit. Die Ergebnisse der US-NCAP-Tests sind auf **www.NHTSA.dot.gov/ncap/** oder **www.safercar.gov** zu finden.

Zu Recht hieß das vorige Jahrhundert das Jahrhundert des Automobils. Denn in allen Industriestaaten hat das Automobil die kommerziellen und sozialen Strukturen nachhaltiger beeinflusst als jede andere Entwicklung oder Ideologie. Und ebenfalls zu Recht heißt dieses Jahrhundert das Jahrhundert der Elektronik und der Computer. Denn ohne die Millionen Rechner auf den Schreibtischen und in noch größerer Zahl im Verborgenen läuft in den hoch entwickelten Ländern nichts mehr. Manchmal allerdings auch mit den Rechnern nicht. Selbstverständlich erobert die Elektronik längst auch das Automobil.

Viele der Technologien, die bisher Eingang ins Auto gefunden haben, sind sichtbar oder in Ihrer Wirkung direkt erkennbar. Mit einer Ausnahme: dem Einzug der Elektronik in fast alle Gebiete des Fahrzeugs. Denn die für den Fahrzeugbenutzer sichtbaren Displays stellen ja nur die Oberfläche eines im Hintergrund arbeitenden komplexen Systems dar. Tatsächlich dringt die Elektronik schon seit Jahren unaufhaltsam in das Automobil ein. Prognosen sagen, dass bis zum Jahr 2010 die elektrischen und elektronischen Komponenten über 50 Prozent des Fahrzeugwertes ausmachen werden. Diese Angabe beinhaltet natürlich auch alle Infotainment-Anlagen und den Wert der gesamten Software.

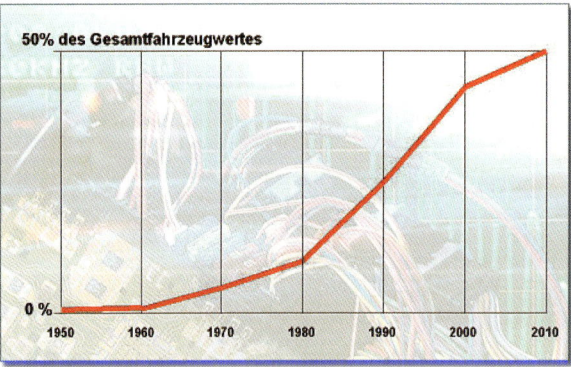

Der zunehmende Einsatz elektronischer Regelungen und Steuerungen im Automobil steigert den Wert dieser Komponenten schon in den nächsten Jahren auf über 50 Prozent des Fahrzeugwertes.

Allein an dieser Hochrechnung kann man erahnen, wie viele elektrische und elektronische Module, Systeme und Komponenten bereits heute, und mehr noch in der nahen Zukunft, im Automobil arbeiten. Denn überall, wo Vorgänge dynamisch, teilweise in Millisekunden, und besonders präzise gesteuert oder geregelt werden müssen, findet im modernen Automobil Elektronik ihre Anwendung. Miniaturisierte elektronische Komponenten übernehmen preiswerter, schneller, leichter und präziser programmierbar immer mehr Aufgaben von früher mechanischen oder hydraulischen Systemen und völlig neue Anwendungen.

Das wichtigste elektronische System: das ABS
Die Bremse lernt stottern

Nur einige elektronische Systeme in Geländewagen stellen eine ganz spezifische Entwicklung für diese Fahrzeugkategorie dar. Dennoch erleichtern mehrere dieser komplexen Elektroniken das Fahren selbst mit Allradantrieb und Geländewagen ganz erheblich. Viele dieser elektronischen Unterstützungssysteme werden von den Fahrzeugherstellern mit unterschiedlichen Bezeichnungen und Abkürzungen auf den Markt gebracht. Die hier verwendete Nomenklatur verwendet die am häufigsten benutzten oder sinnfälligsten Bezeichnungen.

Der elektronische Blinkgeber soll als erste elektronische Ausrüstung im Auto nicht besonders gewürdigt werden. Viel wichtiger war die gemeinsame Vorstellung des ersten funktionierenden Anti-Blockier-Systems von Mercedes-Benz und Bosch bereits 1970. Acht Jahre hat die Fertigentwicklung des hoch-komplizierten Bordrechners und der Hydraulik dann noch in Anspruch genommen, bevor für die Mercedes-Benz S-Klasse ein ABS gegen Aufpreis bestellt werden konnte. Heute zählt ein ABS bereits bei Kompaktfahrzeugen zur Ausstattung, nachdem sich der europäische Verband der Automobilhersteller ACEA verpflichtet hat, ABS durchgängig in alle Modelle serienmäßig einzuführen

Die Grundidee für das ABS entstand bei der amerikanischen Firma Westinghouse Air Brake Company für - Eisenbahnen. Natürlich ging es bei den Schienenfahrzeugen nicht um die Aufrechterhaltung der Lenkfähigkeit, sondern um die Verkürzung des Bremsweges besonders auf nassen und verschneiten Schienen. Später erweiterten Westinghouse und die besonders als Reifenhersteller bekannte englische Firma Dunlop in den sechziger Jahren das Einsatzgebiet des ABS zur Verwendung in Flugzeugen. Die mit hohen Geschwindigkeiten landenden Flugzeuge hatten auf nasser Rollbahn Probleme mit blockierenden Rädern. Zu dem Mangel an Richtungsstabilität kam die Verlängerung der Bremswege auf den begrenzten Landebahnlängen noch erschwerend hinzu. Die damals gebauten Anti-Blockier-Systeme arbeiteten natürlich noch auf mechanischer Grundlage und erfüllten ihren Zweck für den Einsatz im geradlinig landenden Flugzeug. Erstmalig wurde dann das Maxaret getaufte ABS von Dunlop im Jensen Interceptor FF eingesetzt, wo es die Tester auf Anhieb überzeugen konnte. In den achtziger Jahren haben Ford für den Escort in Zusammenarbeit mit Lucas Girling und Fiat zusammen mit AP für den Uno noch einmal den Versuch gewagt, ein preiswertes, rein mechanisch arbeitendes ABS auf dem Markt zu bringen. Zu dieser Zeit hatte aber das elektronisch arbeitende Anti-Blockier-Systeme bereits einen so hohen Stand erreicht, dass die mechanischen Lösungen schnell wieder aus dem Escort und dem Uno verschwanden.

Möglich wurde die Übernahme von bisher mechanisch steuernden oder regelnden Systemen durch die Elektronik erst mit zwei wichtigen Erfindungen. Die erste war der Transistor, der am Ende des zweiten Weltkrieges in den Bell Laboratories einsatzfähig gemacht

Blick in die Elektronik eines Fahrdynamikreglers. Millionen Schaltkreise werten die verschiedenen Signale vieler Sensoren aus. Aus Sicherheitsgründen arbeiten mindestens zwei Rechner immer parallel.

wurde. Allerdings hätte ein ABS, eine Motorsteuerung oder das Antriebsmanagement mit diskreten Bauelementen, das heißt einzeln eingelöteten Transistoren, Widerständen, Verdrahtung und Kondensatoren, mit der hohen Zahl der dafür benötigten Teile nicht dargestellt werden können. Erst mit der Entwicklung der mikroelektronischen Schaltkreise, von denen sich Tausende auf einem einzigen Chip befinden, waren diese schwierigen Regelaufgaben im Fahrzeug zu lösen. Nur die modernen Mikroprozessoren in den hochintegrierten Schaltkreisen (ICs) können die Anforderungen an die hohe Arbeitsgeschwindigkeit, die Sicherheit durch Redundanz der Systeme und die Präzision durch raffinierte Algorithmen der gespeicherten Software-Programme erfüllen. Sie führen in Sekundenbruchteilen schwierigste Rechenoperationen aus, vergleichen die Ergebnisse von mindesten zwei unabhängig voneinander laufenden Berechnungen miteinander und geben dann die nötigen Steuerbefehle aus. Vorausgesetzt, die Plausibilitätsprüfung der einzelnen Rechenoperationen ist positiv ausgefallen.

Die Wirkungsweise des Anti-Blockier-Systems ist im Kapitel Reifen detailliert beschrieben. Es kann aber gar nicht oft genug wiederholt werden, dass ein ABS im Normalfall den Bremsweg gegenüber einer perfekten Bremsung mit optimalem Bremsschlupf der Räder nicht verkürzt. Eine derartig perfekte Bremsung gelingt aber meistens nur Rennfahrern. Wenn aber die Räder vom Fahrer überbremst werden, dann verhindert das ABS mit der Regelung des Bremsvorganges das Blockieren eines oder mehrerer Räder und sorgt dadurch für einen kürzeren Anhalteweg. Gleichzeitig bleibt auch die Lenkfähigkeit des Wagens erhalten, da das ABS den Bremsdruck im hydraulischen Bremssystem pulsierend moduliert. Die Bremsen packen kräftig bis kurz über den optimalen Reifenschlupf zu und lösen dann wieder. In dieser Phase der geringen Bremskraft wirkt die Lenkung und das Auto folgt mit nur geringer Abweichung dem Lenkeinschlag.

In der ersten Generation der Anti-Blockier-Systeme betrug die Pulsations-Frequenz bis zu einigen Hertz. Damit modulierte das ABS die Bremsdrücke bereits um ein Vielfaches schneller, als es trainierte Fahrer mit der alten Methode der Stotterbremse zuwege brachten. Für ein optimales Ergebnis arbeitete das System dennoch zu langsam. Für eine Frequenzerhöhung standen nur noch keine schnelleren Hydraulik-Ventile zur Verfügung. Dann bescherte die Raumfahrt (als zweites wichtiges Spin-off neben der sonst immer bemühten Teflonpfanne) schnellere Ventile, mit denen die Arbeitsfrequenz des ABS noch einmal vervielfacht werden konnte.

Selbst mit der hohen Arbeitsgeschwindigkeit hatte die elektronische Stotterbremse noch nicht ihren letzten Entwicklungsstand erreicht. Erst die Erhöhung von ursprünglich nur zwei auf vier Regelkanäle eröffnete die Möglichkeit, alle vier Räder einzeln mit den ABS-Sensoren zu überwachen und die Bremsvorgänge an den Rädern separat zu regeln. Für Geländewagen bedeutete diese Entwicklung einen wichtigen Schritt, da die vier Kanäle auch bei unterschiedlichen Reibwertbedingungen für jedes Rad den Bremsvorgang der Situation einzeln anpassen können. Je nach Verknüpfung der beiden Kanäle auf die vier Räder können Bedingungen, bei denen eine Achse oder die Räder auf einer Fahrzeugseite gegenüber den anderen Rädern einen großen Reibwertunterschied aufweisen (sogenannte µ-split-Bedingung, wenn zum Beispiel eine Fahrzeugseite auf Asphalt, die andere aber über Rollsplitt oder Glatteis fährt), immer noch zum Blockieren einer Achse oder der beiden Räder mit dem geringen Reibwert-Angebot führen. Eine auch von geübten Fahrern schwer beherrschbare Fahrzeug-Reaktion ist die Folge.

ABS-Bremsen auf glatter Fahrbahn

Perfekt war damit die Wirkung des ABS aber immer noch nicht. Gerade bei Fahrzeugen mit Allradantrieb muss davon ausgegangen werden, dass sie häufiger als andere Fahrzeuge bei unwirtlichen Witterungsbedingungen fahren. Bei den dabei häufig auftretenden geringen Reibwerten der Straßenoberfläche und langsamer Erhöhung der Bremspedalkraft konnten alle vier Räder bei Kopplung durch Kupplungen oder Sperren blockiert werden, ohne dass das ABS mit einem Regeleingriff diese gefährliche Fahrsituation erkannt und dann durch Modulation der Bremskraft stabilisiert hätte. Die Einführung eines zusätzlichen Verzögerungs-Sensors beseitigte dann auch diese letzte Schwachstelle des Antiblockiersystems. Der Verzögerungssensor liefert dem ABS-Rechner die tatsächliche Größe der augenblicklichen Verzögerung. Unterhalb eines Schwellenwertes, der bei einer Verzögerung um rund 3 m / sec^2 liegt, wird die

Ansprechschwelle des ABS in Stufen reduziert, um auch bei geringer Verzögerung und niedrigem Reibwertangebot rechtzeitig den Blockierfall zu erkennen.

Die M-Klasse von Mercedes-Benz bietet für geringe Geschwindigkeiten unterhalb 30 km/h noch eine zusätzliche Beeinflussung des ABS an. Wird die Geländefahrstufe eingelegt, so lässt das ABS bei den Vorderrädern einen höheren Schlupf bis fast zum Blockieren zu, um auf Schnee, Kies und anderem losen Untergrund die bestmögliche Bremswirkung durch die Ausnutzung des sich dann bildenden Schnee- oder Schotterkeils zu erzeugen.

Ein modernes ABS mit hoher Modulations-Frequenz, Vierkanal-Regelung und Verzögerungs-Sensor ist in der Lage, die meisten schwierigen Situationen beim Bremsen auch unter widrigen Umständen zu erkennen und das Fahrzeug stabil zu verzögern.

Leider wird diese Hilfestellung des ABS beim Bremsen von vielen Lenkern nicht zur Erhöhung der Sicherheitsreserven, sondern zum forscheren Fahren ausgenutzt. In den Statistiken der Versicherungen heben sich Fahrzeuge mit ABS nicht positiv in ihrer Unfallhäufigkeit von Autos ohne dieses Assistenz-System ab. Die Unfallforscher sprechen hier von einer Überkompensation der angebotenen Sicherheitspotenziale. Es bleibt zu hoffen, dass diese Sicherheitspotenziale von den nächsten Fahrergenerationen nicht weiterhin überkompensiert, sondern in niedrigere Unfallzahlen umgesetzt werden. Das Gleiche gilt natürlich ebenfalls für die anderen Fahrer-Assistenzsysteme.

Der Bremsassistent verkürzt den Bremsweg

Während das ABS für eine feinfühlige Bremsbetätigung sorgt, beschleunigt der Bremsassistent den Abbremsvorgang aus höheren Geschwindigkeiten sogar noch. Der Bremsassistent wird über die Geschwindigkeit der Bremspedalbetätigung aktiviert. Sobald er aus dem schnellen Zutreten des Pedals eine Vollbremsung erkennt, steigert er den Druckaufbau im Bremssystem sofort bis kurz vor die Blockierneigung der Räder. Damit sorgt er für eine häufig entscheidende Verkürzung des Bremsweges. Denn gerade bei der beherzten Abbremsung aus hohen Geschwindigkeiten lassen sich die Bremswege wirkungsvoller als bei einer zu spät eingeleiteten Vollbremsung signifikant reduzieren.

Die elektronische Bremskraftverteilung EBV sorgt bei schwächeren und mittelstarken Abbremsvorgängen für eine stärkere Ausnutzung der Hinterradbremsen. Aus Stabilitätsgründen und zur Erfüllung der gesetzlichen Vorgaben darf die Bremswirkung der Hinterräder nicht zur Gänze ausgenutzt werden. In Normalsituationen zieht die EBV zur Entlastung der Vorderradbremsen die Hinterradbremsen stärker zur Abbremsung heran. Erkennen die Radsensoren schon eine leichte Blockierneigung der Hinterräder bei diesen Teilbremsungen, sorgt das ABS sofort für eine Zurücknahme der Bremskraft. Insgesamt erlaubt die elektronische Bremskraftverteilung eine bessere Ausnutzung der Reibwertangebote bei Teillastbremsungen.

Langsam, aber sicher bergab mit elektronischer Hilfe

Eine Spezial-Anwendung des ABS mit der Verknüpfung zum Antriebsstrang-Management stellen die verschiedenen Hill Descent Control Systeme dar. Sie sorgen beim Befahren steiler Bergabpassagen dafür, dass der Wagen nur langsam zu Tal rollt. Die Bremsen werden vom ABS kontrolliert und arbeiten weit vor den Blockiergrenzen, um die Lenkfähigkeit und Stabilität des Fahrzeugs aufrechtzuerhalten. Gleichzeitig schließt das Motormanagement die Drosselklappen und lässt den Motor im Schub oder nur mit geringer Last arbeiten. Aktiviert werden diese inzwischen von mehreren Firmen angebotenen Bergabfahrhilfen durch Einlegen eines niedrigen Ganges und Betätigung des entsprechen Schalters.

Erst neuerdings bietet der Tempomat, eine der ältesten elektronischen Steuerungen im Fahrzeug, in der Mercedes E-Klasse eine zusätzliche, sinnvolle Funktion an. Mit ihm kann in Verbindung mit der 4MATIC eine niedrige bergab Fahrgeschwindigkeit gewählt werden, die von der Steuerung, unabhängig vom Gefälle und dem Untergrund, eingehalten wird.

Nur nicht durchdrehen: die Traktionskontrolle

Die Umkehr des Anti-Blockier-Systems stellt die Traktionskontrolle dar, die in Analogie zum ABS meistens als Antriebs-Schlupf-Regelung ASR bezeichnet wird. Sie empfängt ihre Signale über die gleichen Radsensoren wie das ABS, reagiert aber nicht auf den Brems-, sondern auf den Beschleunigungsschlupf der einzelnen Räder. Die Traktionskontrolle hat zwei Möglichkeiten, das Durchdrehen von Rädern zu verhindern: Sie kann einmal in das Motormanagement eingreifen und die Motorleistung so weit herunterregeln, bis der Schlupf an den durchdrehenden Rädern wieder einen normalen Wert erreicht. Die Traktionskontrolle kann außerdem über das ABS einzelne durchdrehende Räder sofort bremsen, bis auch hier wieder eine vorher festgelegte ma-

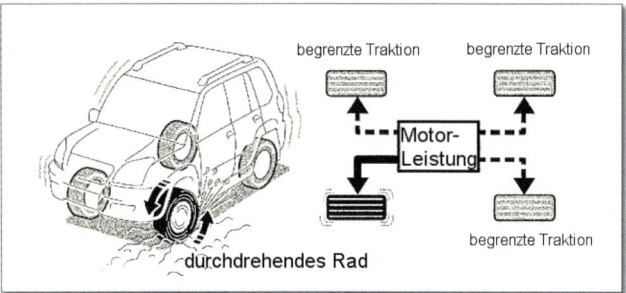

begrenzte Traktion   begrenzte Traktion

Motor-Leistung

begrenzte Traktion

durchdrehendes Rad

Dreht bei einem Allradsystem mit nicht gesperrten Differenzialen nur ein Rad durch, so verpufft dort die gesamte Motorleistung. Ein Bremseneingriff an diesem Rad ermöglicht dann den Traktionsaufbau an den anderen Rädern.

ximale Schlupfgrenze eingestellt ist. Dieser Bremseingriff hat den Vorteil, dass einzelne Räder, die gerade auf einem Straßenstück mit besonders niedrigerem Reibwert Leistung übertragen sollen, annähernd auf die Umdrehungszahl der Räder auf dem griffigen Straßenstück heruntergebremst werden und die nicht von der Traktionskontrolle abgebremsten Räder in dieser Situation weiterhin die Leistung ohne Reduktion übertragen können.

ASR lässt sich sehr preiswert in ein ABS integrieren, weil sie die gleichen Signalstrecken und Eingangsgrößen verwendet und bei ihren Eingriffen auf das Radbremssystem zugreift wie das ABS. Zur Einführung der Traktionskontrolle schlug sie mit DM 74 als Mehrpreis für das kombinierte ABS mit Traktionskontrolle zu Buche. Heute ist sie durch die weitere Entwicklung der Elektronik noch deutlich preiswerter darzustellen.

Fast alle modernen Allradantriebe mit offenen Mittendifferenzialen, die nicht gesperrt werden können, setzten die Traktionskontrolle zur gezielten Unterstützung des Antriebs-Systems ein. Bei einem offenen Mittendifferenzial würde schon ein durchdrehendes Rad genügen, um die Motorleistung und damit den gesamten Vortrieb dort verpuffen zu lassen.

Die anderen drei Räder könnten in dieser Situation nämlich nicht mehr Drehmoment übertragen als das durchdrehende Rad. Wird dieses Rad aber durch die Traktionskontrolle auf einen kleinen Schlupfwert abgebremst, dann bleibt durch das entstehende Stützmoment die Traktion der anderen Räder erhalten.

Mercedes-Benz vertraut bei allen seinen Fahrzeugen mit Allradantrieb auf die Wirkung einer Traktionskontrolle durch Bremseneingriff. Das Allrad-Traktions-System 4ETS bleibt aber bei der G-, M-, C-, E- und S-Klasse aus Sicherheitsgründen nur bis 80 km/h aktiv. Bei hohen Geschwindigkeiten könnten Bremseingriffe auf ein Rad oder beide Räder einer Fahrzeugseite zur Instabilität führen, die vom elektronischen Stabilitätsprogramm nicht schnell genug ausgeregelt werden könnte.

Der Bremseneingriff darf nicht über eine zu lange Zeit aktiv sein, da sonst die Bremsen durch die dabei auftretende hohe thermische Belastung überfordert würden und vor einer Abkühlphase nicht mehr die erwartete Bremswirkung aufbauen könnten. Der hohe Verschleiß besonders der Bremsbeläge käme noch hinzu.

Und es treten sogar Situationen auf, in denen der Bremseneingriff mehr Leistung vernichtet als der Motor gerade aufbringen kann. Der Motor wird heruntergebremst und heruntergeregelt und stirbt im schlimmsten Fall ab.

Die elektronische Traktionskontrolle stellt den größten Konkurrenten für den Allradantrieb dar. Mit diesen Durchdrehsperren überwinden auch einachsgetriebene Fahrzeuge unter winterlichen Verhältnissen die Garagenausfahrt am Morgen und erklimmen mittelschwierige Bergstücke. Umfragen belegen, dass viele Fahrer von ihrem Antriebssystem gar nicht mehr erwarten. Dennoch muss auch hier betont werden, dass ein Front- oder Heckantrieb selbst mit einem guten ASR nur die Hälfte der Zugkraft eines Allrad-Systems aufbringen kann. Und das bedeutet eben auch nur halb so große Steigungen zu bewältigen oder nur halb so gut auf rutschigem Untergrund zu beschleunigen. Die anderen fahrdynamischen Vorteile eines Vierradantriebes besitzt ein Fahrzeug mit Zweiradantrieb und ASR natürlich auch nicht.

Bremsen und Beschleunigen auf unterschiedlichen Fahrbahnen

Bei der Regelung des Schlupfes für ein Rad auf einem Stück mit niedrigerem Reibwert kann die Traktionskontrolle nur einen Mittelwert einstellen, der vom Optimum je nach Untergrund weit entfernt sein kann. Für die bestmögliche Traktion benötigen Reifen für verschiedene Untergründe nämlich sehr unterschiedliche Schlupfwerte (mehr dazu im Reifenkapitel). Diese charakteristischen Eigenschaften der Traktionsbestwerte auf verschiedenen Oberflächen lassen sich im Speicher der elektronischen Traktionskontrolle relativ einfach ablegen. Die Schwierigkeit liegt in der Erkennung der jeweiligen Reibpaarungen zwischen den Reifen und der Straßenoberfläche. Selbst hochempfindliche Verzögerungs-Sensoren können sowohl beim ABS als auch bei der Traktionskontrolle dem Rechner nur Anhaltswerte über den augenblicklichen Straßenzustand liefern. Doch selbst damit reagieren sie immer noch feiner als ein auf diesen Straßenverhältnissen untrainierter Fahrer.

Das ESP als letzter Rettungsanker

Das elektronische Stabilitätsprogramm ESP hat durch die erstmalige Serienanwendung in der Mercedes A-Klasse als wirkungsvolle Maßnahme gegen das Aufsteigen und Abrollen des Fahrzeugs mit dem hohen Schwerpunkt Berühmtheit erlangt. Genauso wie die A-Klasse profitieren auch alle Geländefahrzeuge mit ihren ebenfalls höherliegenden Massen im besonderen Maße von dieser elektronisch

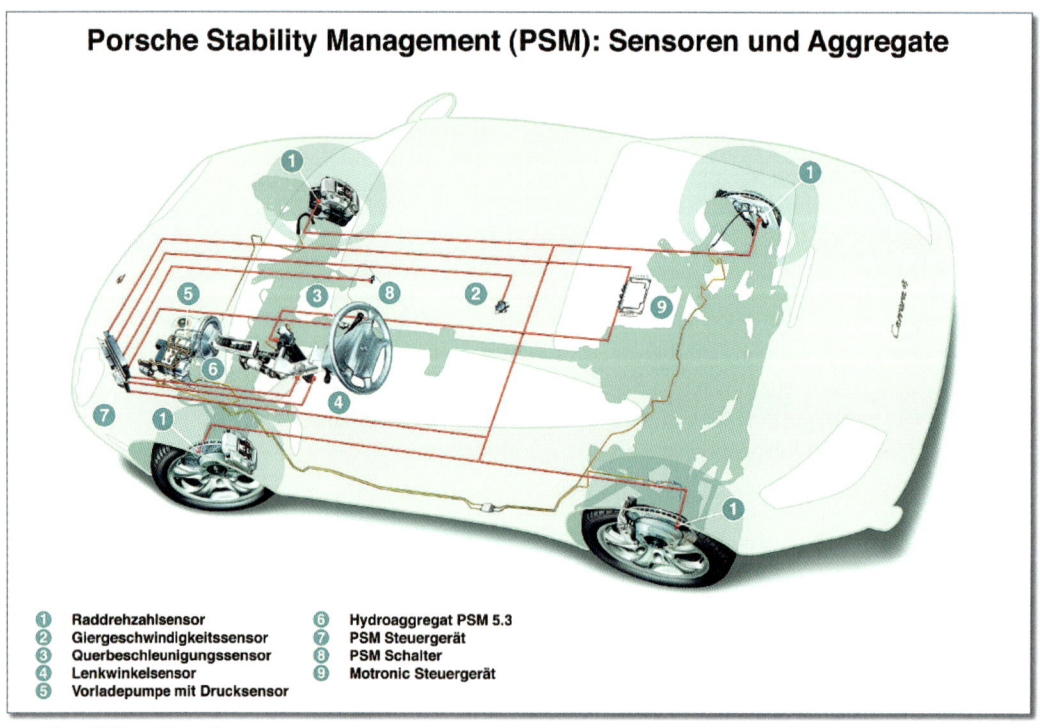

Porsche Stability Management (PSM): Sensoren und Aggregate

① Raddrehzahlsensor	⑥ Hydroaggregat PSM 5.3
② Giergeschwindigkeitssensor	⑦ PSM Steuergerät
③ Querbeschleunigungssensor	⑧ PSM Schalter
④ Lenkwinkelsensor	⑨ Motronic Steuergerät
⑤ Vorladepumpe mit Drucksensor	

Das ESP verknüpft die Signale von mehreren Sensoren und errechnet daraus in kritischen Situationen die nötigen Eingriffe in das Brems- und Antriebsmanagement.

gesteuerten Sicherheitseinrichtung. Volvo hat den Mut, das speziell modifizierte ESP auch als wirksamen Überrollschutz darzustellen. Im Volvo Sports Utility Vehicle XC 90 arbeitet das Roll Stability Control-System RSC mit Erfolg gegen ein mögliches Aufsteigen und Kippen des Fahrzeuges in Extremsituationen.

Das moderne ESP besitzt umfangreiche Fähigkeiten zur Entschärfung von gefährlichen Fahrsituationen. Dazu zählt nicht nur das Kippen eines Fahrzeugs, sondern auch drohendes Verlassen der Fahrbahn durch über- oder untersteuernde Reaktionen bei zu schneller Kurvenfahrt. Aus diesem Grund sind heute bereits viele Kompaktwagen, die meisten Mittelklassewagen und natürlich alle Luxuslimousinen serienmäßig mit ESP ausgestattet.

Die Wirkung des ESP beruht auf der Verknüpfung mehrerer Einzelsysteme. Die wichtigste Rolle übernimmt hierbei der einseitige Bremseneingriff. Der Rechner des ESP ermittelt aus den Signalen für die einzelnen Radgeschwindigkeiten, der Querbeschleunigung, der Gierwinkelbeschleunigung und auch des momentanen Lenkrad-Winkels die augenblickliche Fahrsituation. Errechnet der ESP-Computer ein starkes Untersteuern, so korrigiert er das Herausschieben über die Vorderachse zum Kurvenaußenrand primär mit einem Abbremsen des kurveninneren Hinterrades. Um die Fahrzeughochachse

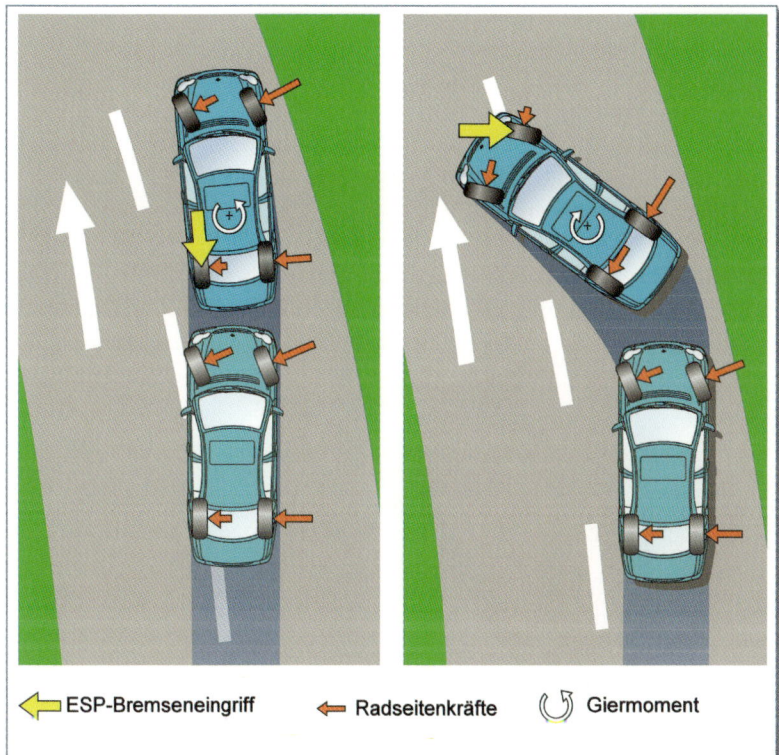

← ESP-Bremseneingriff   ← Radseitenkräfte   ↺ Giermoment

Sowohl untersteuernde (links) als auch übersteuernde Fahrsituationen (rechts) kann das ESP durch Abbremsen eines Rades und Regeln der Motorleistung entschärfen und das Auto wieder auf den gewünschten Kurs bringen. Bei der hier gezeigten Vorderradstellung des übersteuernden Autos wird das aber trotz des erzeugten gegenläufigen Giermomentes nicht gelingen.

wird damit ein hereindrehendes Giermoment erzeugt, das den Wagen auf den vom Fahrer gewünschten Kurvenradius zurückbringt.

Beginnt das Fahrzeug dagegen, in einer Extremsituation zu übersteuern, dann korrigiert das ESP diese gefährliche Situation durch Abbremsen des kurvenäußeren Vorderrades. Die Bremskraft erzeugt ein rückdrehendes Gegenmoment, das das übersteuernde Fahrzeug wieder einfängt. Gleichzeitig kann das Motormanagement die Motorleistung und damit die Fahrgeschwindigkeit des Autos so weit reduzieren, dass die physikalisch mögliche Kurvengrenzgeschwindigkeit nicht überschritten wird.

Die elektronischen Systeme fällen ihre Entscheidungen in Sekundenbruchteilen und führen dann mit nur minimaler Verzögerung die jeweiligen Regelbefehle aus. Das Fahrzeug selbst aber verfügt über ein großes Trägheitsmoment und benötigt deshalb immer eine bestimmte Fahrtstrecke und auch Fahrbahnbreite, auf denen die eingeleiteten Rettungsaktionen des ESP und auch anderer elektronischer Fahrhilfen erst wirksam werden können.

Diesen notwendigen Raumbedarf für das Korrigieren von Instabilitäten versucht das neue Low-Dynamik-ESP weiter zu reduzieren. Dieses System, zum Beispiel bei allen Audi Quattro-Modellen als LDE erhältlich, entdeckt beim Bremsen schon die kleinsten Abweichungen von der Ideallinie und regelt sie durch minimale Reduzierungen der Bremskräfte an den entsprechenden Rädern fein aus. Die Regelschwellen des LDE sind erheblich empfindlicher eingestellt als die des ESP.

Erst die Miniaturisierung macht die Regelungen möglich

Die Einführung der hochkomplexen elektronischen Regelungen im Fahrzeug setzte auf der Seite der Rechner die dramatische Miniaturisierung durch die integrierten Schaltkreise voraus. Zur Einführung der umfassenden Fahrdynamik-Regelung mussten darüber hinaus auch völlig neue Sensoren entwickelt werden, die ebenfalls gegenüber ihren Vorgängern um Größenordnungen kleiner zu gestalten waren, um sie überhaupt in einem Personenwagen unterbringen zu können. Heute geben schon in Mittelklassefahrzeugen Sensoren für Längs-, Quer- und Gierwinkel-Beschleunigungen ihre Signale kontinuierlich an die verschiedenen Auswerteeinheiten weiter. Noch vor wenigen Jahren waren für die Ermittlung der Fahrzeugbewegungen im Raum kreiselstabilisierte Plattformen notwendig, die vom Gewicht, dem Volumen, der Robustheit, dem Energieverbrauch und nicht zuletzt dem Preis für einen Serieneinsatz auch nicht im entferntesten in Frage gekommen wären. Völlig neue Lösungsansätze für die Messtechnik ließen diese wichtigen Sensoren so weit schrumpfen und den Preis sinken, dass sie heute in Millionen Stück zuverlässig ihren Dienst in Fahrzeugen verrichten.

Während die Rechner und Sensoren in noch vor kurzer Zeit für unmöglich gehaltener Weise miniaturisiert werden konnten, ließ sich dieser Prozess bei den Aktuatoren nicht in der gleichen Form umsetzen. Aber auch auf diesem Gebiet konnten die für die Umsetzung der elektrischen Signale in mechanische Größen notwendigen Ventile, Hydraulikzylinder und Elektromotoren deutlich verkleinert werden. Selten sind Forschungsergebnisse so schnell in die Serie eingeflossen wie in dem noch jungen Gebiet der Mechatronik.

Noch vor wenigen Jahren konnten Gierbewegungen eines Automobils nur große, schwere, teure und empfindliche Kreiselplattformen messen. Heute liefert ein kleiner Gierratensensor (auf der Versorgungseinheit neben der roten Kreiselplattform) diese Daten.

Wenn der Motor zu stark bremst

Bei Bergabfahrten auf sehr rutschiger Fahrbahn in niedrigen Gängen kann das Bremsmoment des Motors so hoch werden, dass die angetriebenen Räder zu große Schlupfwerte erreichen und dabei die Seitenführungskräfte zusammenbrechen. In diesem Fall schiebt das Auto geradeaus über die Vorderachse bergab oder dreht sich über die Hinterachse ein. Beide Situationen sind gefährlich genug und waren der Grund für die Einführung der Motor-Schleppmomenten-Regelung MSR. Wenn die ESP-Rechner diesen Zustand über die Radsensoren gemeldet bekommen, greift die MSR ein und gibt so weit Gas, bis die Stabilität des Fahrzeugs wieder hergestellt ist. Die Sorge, dass nun der Wagen mit Vollgas zu Tal rast, ist völlig unbegründet. Allein der Übergang vom Motorschub in leichten Zug lässt die Antriebsräder wieder mit angepasster Drehzahl rollen und stabilisiert das rutschende oder ausbrechende Fahrzeug sofort. Für diese Aktivität greift das MSR auf das Motormanagement zu, wenn es nicht sogar in diesen speziellen Rechner integriert ist.

X-by-wire Technologien

Die beschriebenen elektronischen Systeme erhalten ihre Signale von einer Vielzahl von Sensoren, werten sie in mehreren Rechnern aus und geben dann elektrische Signale zur Steuerung von mechanischen und hydraulischen Betätigungssystemen (Aktuatoren) aus. Die nächsten Entwicklungsschritte laufen bereits in vielen Prototypen und verzichten auf die mechanische oder hydraulische Übertragung der Regeleingriffe, sondern setzen die elektrischen Signale mit Hilfe von Magneten und Stellmotoren sofort um. Bisher war diese Technik als Drive-by-wire bekannt und bezog sich hauptsächlich auf elektrisch betätigte Bremsen, Motorleistungsregelungen und Lenkungen.

Ohne Hydraulikleitungen, Gasgestänge und Lenksäulen werden diese wichtigen Elemente des Fahrens über elektrische Leitungen betätigt. Noch sind diese Techniken teilweise Zukunftsmusik, denn der Gesetzgeber verlangt nach wie vor gerade bei der Lenkung eine direkte mechanische Verbindung vom Lenkrad zu den Rädern. Aber schon die heute in Serie verbauten elektrischen Servolenkungen zeigen das Potenzial der Elektro-Lenkungen auf.

Und auch die elektrische Gaspedalbetätigung arbeitet schon heute in vielen Fahrzeugen als Vorreiter der Drive-by-wire- Technik. In Kombination mit einem ausgeklügelten Motormanagement kann die Auswertung der Gaspedalbewegungen sogar adaptiv ausgeführt werden. Die Auswerte-Elektronik lernt dabei die Fahrerwünsche zu erkennen und dann setzt das Motormanagement die Gaspedalbewegungen schneller oder langsamer in Leistungsänderungen des Motors um.

Beim neuen Infiniti G 35 kann mit einem „Schneeschalter" die Empfindlichkeit des Gaspedals herabgesetzt werden. Auf glatter Straße spricht dann der Motor nicht mehr so spontan an und der Fahrer kann ein Durchdrehen der vier angetriebenen Räder noch leichter vermeiden, bevor die Traktionskontrolle eingreift. Diese

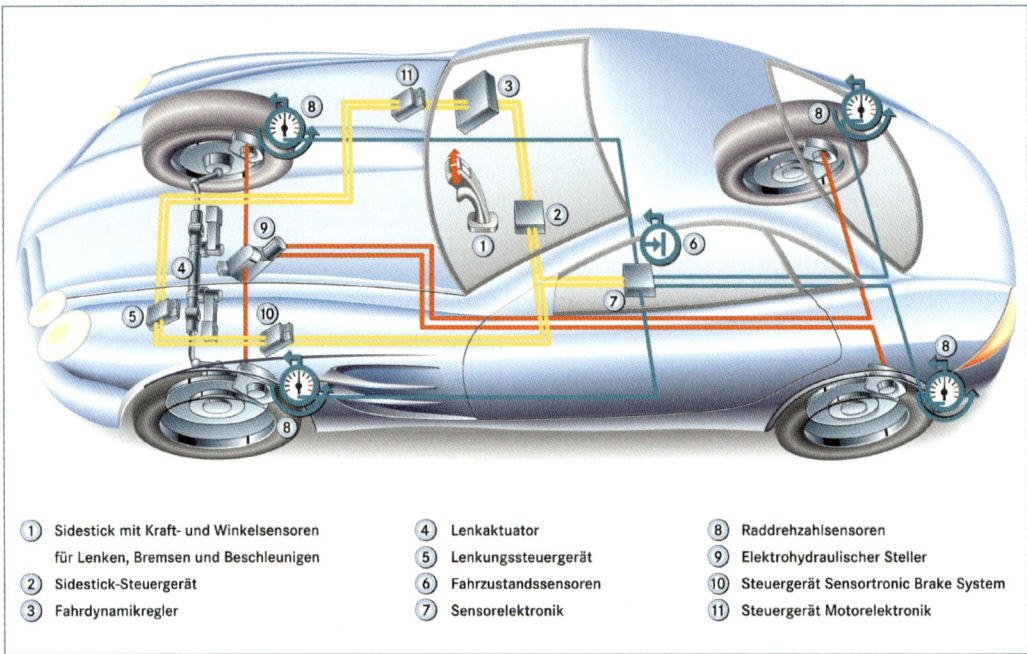

1	Sidestick mit Kraft- und Winkelsensoren für Lenken, Bremsen und Beschleunigen	4	Lenkaktuator	8	Raddrehzahlsensoren	
2	Sidestick-Steuergerät	5	Lenkungssteuergerät	9	Elektrohydraulischer Steller	
3	Fahrdynamikregler	6	Fahrzustandssensoren	10	Steuergerät Sensortronic Brake System	
		7	Sensorelektronik	11	Steuergerät Motorelektronik	

Bei den Drive-by-Wire-Techniken werden immer mehr mechanische Elemente durch elektrische/elektronische Steuerungen abgelöst.

Schaltung ist natürlich auch nur mit einer elektrischen Gaspedalübertragung möglich.

Weil zukünftig noch mehr Betätigungen als nur die Bremsen, das Gaspedal und die Lenkung elektrisch vorgenommen werden können und sollen, wird in Vorausschau auf die noch zu erwartenden Entwicklungen schon die umfassendere Terminologie x-by-wire eingeführt.

Die eigenständige Lenkung

In dem Regelkreis Fahrer-Fahrzeug-Straße stellt leider der Mensch in Extremsituationen das schwächste Glied in der Kette dar. Deshalb soll ihn eine ständig wachsende Zahl von Assistenz-Systemen bei der Bewältigung seiner herausfordernden Arbeit der sicheren Fahrzeugführung unterstützen. Die bisher eingeführten elektronisch gesteuerten zusätzlichen Regelungen setzen den Willen des Fahrers schneller und auch präziser um und sorgen so für verkürzte Bremswege, höhere Fahrzeug-Stabilität und Vermeidung von Unfällen. Das ESP greift in manchen Fahrmanövern der notwendigen Reaktion des Fahrers bereits vor. Dieser Ansatz wird in der Überlagerungslenkung, wie sie gerade von BMW vorgestellt wurde, konsequent noch einen Schritt weiter gegangen. Bei diesem elektronisch geregelten System wertet, wie beim ESP, der Fahrdynamikregler ständig die jeweilige Fahrsituation aus. Für diese Analyse bezieht er die Signale von Sensoren für die Raddrehzahlen, Längs- und Querbeschleunigung, Gierwinkel, Lenkradwinkel und Gaspedalstellung. Errechnet der Bordcomputer aus diesen Daten eine sofort notwendige Korrektur des Fahrzeugkurses, so wird über einen Elektromotor und ein Überlagerungsgetriebe an der mechanischen Lenkung der Lenkeinschlag der Vorderräder um wenige Grade verstellt.

Bisher setzt BMW dieses System nur in der neuen 5er-Reihe und im 654 Ci ein. Die Auslegung konzentriert sich derzeit noch auf den quasistationären Fahrzustand auf ebenen Straßenoberflächen.

In der neuen, fünften Golf-Generation bietet Volkswagen eine weitere hilfreiche Fähigkeit der elektronisch gesteuerten Lenkung mit elektromotorischer Servounterstützung an. Das Lenksystem erhält seine Informationen über den augenblicklichen Fahrzustand vom Fahrdynamikregler, der ständig die Lenkbefehle des Fahrers mit dem theoretischen Optimum vergleicht. Bei Abweichungen drückt die Lenkung sanft, aber deutlich eine Korrektur in die Fahrerhände und stabilisiert damit den Kurs. Stolz verkündet VW ob dieses Ergebnisses: „Der Golf fährt jetzt auch geradeaus."

Inzwischen hält die Kombination aus ESP und elektronisch kontrollierter Überlagerungslenkung auch in anderen Modellen Einzug und wird ab derMittelklasse in den nächsten Fahrzeuggenerationen zur Standardausrüstung zählen.

Einen ganz anderen Weg als die beiden deutschen Hersteller beschritt der amerikanische Zuliefergigant Delphi mit der Entwicklung seiner „Quadrasteer" getauften Hinterachslenkung, die speziell für große Pickups und SUVs konzipiert wurde. Bis maximal 45 Meilen pro Stunde können die Hinterräder gegensinnig zu den Vorderrädern einschlagen, um so den Wendekreis zu reduzieren. Beim Chevrolet Silverado beispielsweise zählt diese Lenkung zu den Optionen, und sie hilft im Stadtverkehr, den großen Pickup leichter zu manövrieren.

Beim Ziehen schwerer Anhänger kann die Quadrasteer-Lenkung das Pendeln des Gespannes abbauen, indem sie im TOW-Modus Schwingungen des Zuges durch gleichsinniges Einschlagen der Hinterräder wirkungsvoll stabilisiert. Natürlich steuert ein elektronischer Rechner die sichere Lenkbewegung der Hinterräder in den verschiedenen Fahrsituationen.

Einfacher, aber ebenfalls wirkungsvoll kann das ESP die Anhängerstabilität kontrollieren. Wenn die ausgewerteten Sensorsignale ein Schlingern des Zuges erkennen, stellen gezielte, einseitige Bremseingriffe beim Zugfahrzeug die Stabilität wieder her. Der Bosch und Continental Automotive Systems bieten eine solche im ESP integrierte Anhänger-Stabilitätskontrolle bereits für mehrere Fahrzeuge wie BMW X3 oder VW Touareg an.

Die weitere Anwendung elektronisch gesteuerter Lenkungen auch für das Geländefahren birgt noch erhebliche Schwierigkeiten, da grö-

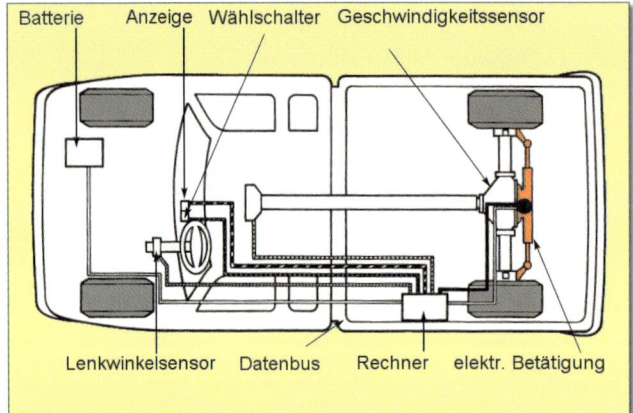

Batterie　Anzeige　Wählschalter　Geschwindigkeitssensor

Lenkwinkelsensor　Datenbus　Rechner　elektr. Betätigung

Die elektronische Steuerung der Hinterachslenkung Quadrasteer ist völlig in die Fahrdynamikregelung integriert.

ßere Unebenheiten, denen ausgewichen werden muss, vom System nicht vorher erkannt werden können. Die dazu notwendige antizipative Regelung kann nur in Verbindung mit einer Abtastung der Geländeformation vor dem Fahrzeug geschehen. Heute schon verfügbare kleine Radarsysteme oder Laserabtastungen könnten das vorausschauende Fahren auch im Gelände bald Wirklichkeit werden lassen.

Fahrdynamik-Regelung über den Allradantrieb

Allradantriebe mit systemimmanenter Charakteristik der Leistungs-Verzweigung wie Torsen-Differenzial, Viscokupplungen oder manuell betätigte Lamellenkupplungen kommen ohne zusätzliche elektronische Steuerung aus. Elektrisch oder elektrohydraulisch betätigte Lamellenkupplungen, elektromagnetische Kupplungen oder geregelte Viscokupplungen benötigen dagegen eine elektronische Regelung.

In der einfachsten Ausführung tastet die elektronische Regelung kontinuierlich nur die Raddrehzahlen ab. Bei einem regelbaren Achsdifferenzial schließt die Regelung bei plötzlich ansteigendem Schlupf an einem Rad die parallel zum Differenzial arbeitende Sperre und koppelt so das durchdrehende Rad an das Rad mit höherer Traktion.

Sinngemäß läuft der gleiche Vorgang bei einem geregelten Mittendifferenzial ab. Verliert dabei ein Rad oder eine Achse die Haftung und beginnt, hohe Schlupfwerte aufzubauen, so schließt die Regelung die Differenzialsperre auf den notwendigen Sperrwert und erlaubt so die weitere Übertragung der Motor- Leistung auf die Straße.

Wird eine Achse mechanisch und die andere Achse über eine regelbare Kupplung angetrieben, dann erhöht die Regelung mit steigenden Schlupfwerten der mechanisch angetriebenen Achse den Leistungsanteil auf den geregelt angetriebenen Zweig.

Längst werden aber elektronische Regelungen nicht nur zum Schlupfausgleich eingesetzt, sondern zur aktiven Beeinflussung der Fahrdynamik. Dann sind die Regelungen der Drehmoment-Verzweigung ein wichtiger Teil des Fahrdynamikreglers, mit dem sich das Fahrverhalten des Autos deutlich beeinflussen lässt. Spürt die Elektronik bei Kurvenfahrt ein wachsendes Untersteuern, dann kann mehr Moment auf die Hinterräder zum Ausgleich dieses Fahrverhaltens geleitet werden. Bei einsetzendem Übersteuern erhalten die Vorderräder einen höheren Momentenanteil durch die entsprechende Steuerung der Übertragungskomponenten.

Wie gut ein Fahrdynamikregler heute die Fahreigenschaften eines allradgetriebenen Fahrzeugs beeinflussen kann, belegt ein Zitat aus dem Test des Porsche Cayenne in Auto, motor und sport: „Sein Metier ist, ..., das Räubern auf der Landstraße... Hier zeigt der Cayenne nicht nur allen anderen Geländewagen und SUVs, wo der Hammer hängt, sondern auch den meisten Limousinen und vielen Sportwagen. Dass er diese Disziplin so herausragend gut beherrscht, liegt auch am Porsche Traction Management (PTM). Es vergleicht permanent die vom

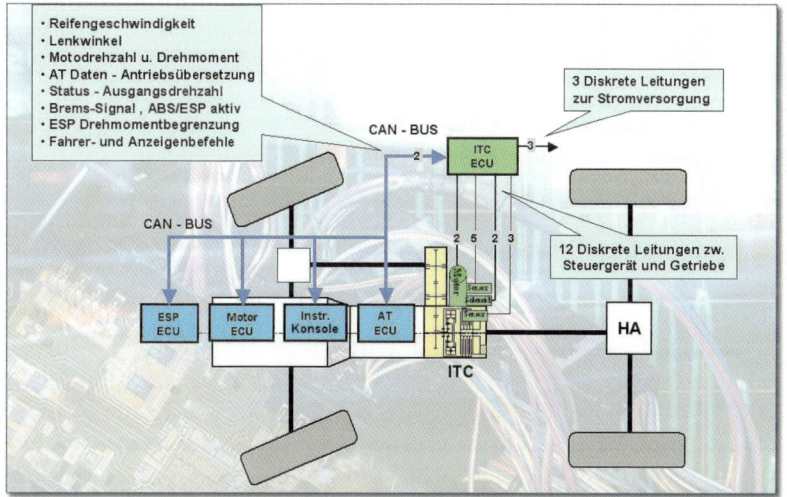

Gierratensensor beaufsichtigte Karosseriebewegung mit dem vom Lenkwinkelsensor signalisierten Fahrerwunsch. Kommt es zu Abweichungen, hilft die Regelelektronik mit einer gezielten Variation der zentralen Sperre dem Cayenne auf den rechten Weg...“

Einen anderen Weg zur aktiven Fahrdynamikbeeinflussung beschreiten Honda und Mitsubishi. Beide Firmen bieten in Sondermodellen Hinterachsantriebe an, deren Antriebsmomente für jedes Rad einzeln elektronisch geregelt werden können. Statt wie beim herkömmlichen ESP ein Rad abzubremsen, beaufschlagen diese Systeme das gegenüberliegende Rad mit zusätzlichem Antriebsmoment. So wird der gleiche Effekt wie beim ESP erreicht, ohne aber Leistung in der Bremse zu verheizen.

Um die optimale Wirkung zu erzielen, müssen alle beschriebenen Regelvorgänge vom ABS über das ESP bis zur geregelten Leistungsverzweigung in der Software des Fahrdynamikreglers abgebildet werden.

Mechatronik und eine neue Ingenieurs-Generation

Die elektronischen Regelungen können die Signale der verschiedenen Sensoren blitzschnell auswerten und daraus die notwendigen Regeleingriffe berechnen. Sie geben darauf hin über den Leistungsteil elektrische Impulse aus, mit denen sie Magnetventile oder Elektromotoren ansteuern. Die elektronischen Komponenten benötigen zur Umsetzung also immer auch mechanische Systeme. Die Verbindung von Elektronik und Mechanik wird seit einigen Jahren als Mechatronik bezeichnet. Die Mechatronik als neue Disziplin erfordert auch eine neue Ingenieurs-Generation. Die traditionelle strikte Trennung zwischen dem Mechanik-Ingenieur und dem Elektro-Ingenieur ist für die Schaffung von mechatronischen Systemen nicht mehr möglich. Heute müssen die Fahrdynamiker zumindest in den Grundzügen die Software-Programmierer verstehen.

Und auch der Software-Entwickler muss sich ein tieferes Verständnis für die vielfältigen Problemstellungen im Fahrzeug erarbeiten. Nur wenn er fahrdynamische Regel-Vorgänge in ihrer Komplexität durchdringt, kann er die Software für ein neues Mensch-Maschine-Interface oder einen Fahrdynamikregler erfolgreich programmieren.

Die Software nimmt durch die hohe Zahl von elektronischen Steuerungen im Auto in ihrer Wertigkeit immens zu. Schon heute schätzen Fachleute den Wert der in den elektronischen Einheiten enthaltenen Software höher ein als den Wert der Hardware. Deshalb drängen auch große Softwarefirmen so vehement in den Automobilmarkt. Es bleibt zu hoffen, dass die Fehlerrate ihrer Programme auf die für den Automobilbau erträgliche Quote heruntergedrückt werden kann, um im Fahrzeug immer ein sicheres Fortkommen zu gewährleisten.

Zukünftige Strategien für elektronische Bordnetze

Heute sind bei verschiedenen Automobilherstellern noch unterschiedliche Strategien für die Installation der elektronischen Regelungen im Fahrzeug erkennbar. Unternehmen, bei denen der Anteil hoch ausgestatteter Fahrzeuge überwiegt, reduzieren die Zahl der elektronischen Geräte an Bord. Automobilhersteller mit umfassenden Listen für die Zusatzausstattungen bevorzugen heute noch die Aufteilung in mehrere Bordrechner. Doch mit der stetigen Durchdringung der elektronischen Regelungen von Mittelklassewagen und folgend auch von Kompaktfahrzeugen geht der Weg eindeutig zu einem einzigen globalen Fahrdynamikregler, der alle fahrdynamisch relevanten Regelfunktionen und das gesamte Antriebsstrangmanagement zusammengefasst. Diese Konzentration in einem Rechner vereinfacht auch die Verknüpfung der verschiedenen Funktionen der vielfältigen elektronischen Regelungen an Bord. Dazu zählt besonders die Einhaltung einer strikten Hierarchie der einzelnen Regeleingriffe. In dieser Rangfolge muss gewährleistet sein, dass die sicherheitsrelevanten Eingriffe in die Fahrdynamik immer vor allen anderen Regelfunktionen durchgeführt werden. Damit vergrößert sich die Chance weiter, dass sich Fahrzeuge mit aufwendigen elektronischen Regelsystemen zukünftig in der Unfallstatistik besonders positiv auszeichnen.

Die schnellen und präzisen elektronischen Regelungen an Bord moderner Fahrzeuge können heute schon viele Gefahrensituation im Ansatz erkennen und korrigieren. So bleiben mit der weiteren Entwicklung dieser Systeme immer mehr Fahrfehler ohne kritische Folgen. Aber auch die beste Elektronik kann die Grenzen der Physik nicht verschieben, sondern immer nur innerhalb ihrer Gesetzmäßigkeiten für noch sichereres Fahren sorgen.

Die neuen Assistenzsysteme belegen diesen Schritt zur Übernahme aller komplexen Regel- und Steuervorgänge im modernen Automobil. Sie kontrollieren nicht nur die mechanischen, sondern auch die vom Menschen initiierten Vorgänge durch elektronische Systeme. Für viele stellte das ABS-System das erste wahrgenommene elektronische System im Fahrzeug dar.

Wir erleben mit dem Vordringen der Elektronik einen stetigen, für die meisten unsichtbaren Technologiewandel ungeheuren Ausmaßes mit vielfältigen Auswirkungen auf mehreren Gebieten der Technik, der Ingenieursausbildung und der industriellen Zusammenarbeit und Struktur.

Die Zahl der elektronischen Steuergeräte schafft heute schon ein Problem bei der Unterbringung und der Verlegung der benötigten Kabelbäume. Die Einführung zusätzlicher elektronischer Systeme hängt auch von ihrer weiteren Miniaturisierung ab, damit sie überhaupt physisch untergebracht werden können.

Fast alle bekannten Systeme im Fahrzeug können heute elektronisch kontrolliert werden. Das gilt für das Bremssystem, die Lenkung, die komplette Motorsteuerung, das Antriebs-Strangmanagement, die Heizung/Lüftung/Klima-Anlage, die Fahrdynamik-Beeinflussung, die Einparkhilfe, das Abstandssystem, den aktiven Fußgängerschutz, die Airbags und viele weitere Systeme. Für optimale Wirkung sind die Bordelektroniken in Gruppen über sogenannte Datenbus-Systeme miteinander verknüpft. Je nach erforderlicher Geschwindigkeit der Datenübermittlung läuft die Kommunikation über langsame

Marktstudien und Prognosen von VDO belegen, dass bereits heute die Mehrzahl der produzierten Allradsysteme elektronische Steuerungen einsetzen. Ihr Anteil wird weiterhin stetig steigen.

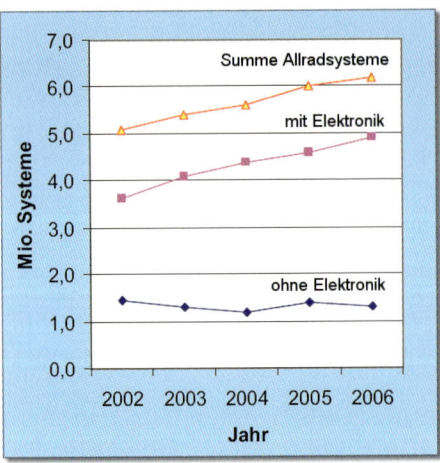

oder schnelle Bussysteme. Der CAN-Bus ist das in europäischen Fahrzeugen am weitesten verbreitete Bussystem.

Die Elektronik hat die komplette Kontrolle über das moderne Automobil bereits übernommen. Wenn sie weiterhin ähnliche neue Möglichkeiten generiert wie mit der Mechatronik, dann entstehen auch noch viele unerwartete Innovationen.

9.

Wie der Allradantrieb den Motorsport verändert hat

Wenn in den ersten Jahrzehnten der Automobilentwicklung die tollkühnen Männer ihre driftenden Kisten in atemberaubenden Aktionen um staubige Kurven fliegen ließen und ihre nicht weniger mutigen Beifahrer hektisch Benzin nachpumpten, so fuhren diese Helden der Straße nicht nur für ihren eigenen Ruhm.

Damals galten Erfolge im Motorsport noch als besonderer Beweis für die Leistungsfähigkeit und die Qualität der siegreichen Marken. Häufig bedeutete der Motorsport auch die einzige Möglichkeit, die Vorzüge eines bestimmten Modells unter Beweis zu stellen. Neben der üblichen Reklame waren Siege in motorsportlichen Wettbewerben die beste Werbung für ein technisches Konzept, seinen Produzenten und den Bekanntheitsgrad der Marke. Um dieses Ziel im direkten Wettkampf zu erreichen, arbeiteten die Ingenieure und Mechaniker im Hintergrund nicht weniger angestrengt als die Akteure im Vordergrund.

Die vielen grundsätzlichen Fragen, um ein siegreiches Automobil zu entwickeln, sind seit den ersten Wettfahrten von Automobilen bis heute die gleichen geblieben: wie kann ich die Motorleistung erhöhen, die Effizienz des Gesamtsystems verbessern, alle Fahrwiderstände minimieren, den kürzesten Bremsweg und die höchste Kurvengeschwindigkeit erzielen sowie die beste Beschleunigung erreichen. Natürlich war selbst den manchmal nicht wissenschaftlich vorgebildeten Automobilentwicklern klar, dass zur bestmöglichen Beschleunigung hohe Motorleistung, die richtige Getriebeabstufung und die optimale Traktion der Reifen gehören.

Gerade die Traktion der schmalbrüstigen Reifen bedeutete eine besondere Herausforderung, denn selbst die damals verfügbaren Motorleistungen führten auf den schlechten Straßen ständig zu durchdrehenden Rädern mit entsprechendem Zeitverlust und hohem Reifenverschleiß. Als Folge dieser mehrstufigen Analyse kamen innovative Ingenieure im Laufe der gesamten Geschichte des Motorsports immer wieder auf eine Lösung: den Allradantrieb.

Ein Rennwagen mit vier Elektromotoren

Bei der Konzeption des ersten dokumentierten Wettbewerbsfahrzeugs übersprang der junge, begabte Konstrukteur Ferdinand Porsche als technischer Direktor der Firma Lohner allerdings gleich mehrere Analyseschritte. Die Frage nach mehr Motorleistung für den Motorsporteinsatz des Lohner-Elektrowagens beantwortete er einfach durch Verdopplung der Elektromotoren im Fahrzeug und schuf so 1900 das erste Automobil mit Allradantrieb. Mit elektri-

Mit einem Vierrad-
antrieb, aber ohne
Allradsystem fährt
der Auto-Union Berg-
rennwagen beim
Wiener Höhenstras-
sen-Rennen 1939. Die
Notwendigkeit, mehr
Traktion für die hohe
zu übertragen Motor-
leistung zu erzeugen,
war schon erkannt.

schen Anlagen kannte sich Porsche bestens aus, denn seinen Berufs-
weg begann er 1893 als 18jähriger bei der Wiener Elektrofirma Bela
Egger (heute Brown Boveri).

Der englische Auftraggeber E.W. Hart setzte das gewichtige
Auto mit vier Radnabenmotoren mit zusammen 10 PS in England
bei Rennen ein, über Erfolge mit diesem Fahrzeug existieren keine
Informationen. Bei dem hohen Gewicht des Lohner-Porsche mit
Allradantrieb von über 2 Tonnen dürften die Erfolgschancen erwar-
tungsgemäß eher gering gewesen sein. Ein Photo des historisch
wichtigen Fahrzeugs findet sich in dem Kapitel „Geschichte des
Allradantriebs".

Mit diesem Elektrowagen von Lohner-Porsche startete 1900 die
später ausserordentlich erfolgreiche Karriere des Allradantriebes.
Zugleich begann mit diesem Wettbewerbswagen aber auch der
Abgesang der Elektrofahrzeuge. Zu schwere Batterien mit geringer
Speicherfähigkeit und ständige Verbesserungen des Verbrennungs-
motors sorgten für seinen unaufhaltbaren Siegeszug.

Spyker nimmt die Allradentwicklung von 60 Jahren vorweg

Das allradgetriebene Elektrofahrzeug von Lohner-Porsche muss
als ausgestorbene Seitenlinie in der Entwicklung des Automobils
angesehen werden. Ganz anders ist dagegen die 1903 visionär zu
nennende Konstruktion von J.-V. Laviolette und F.W. Brand für die

Firma Spyker in Amsterdam zu werten. Der von den beiden Konstrukteuren entworfene erste Sechszylindermotor der Welt entwickelte aus 8,7 l Hubraum zwar nur 60 PS, aber über den gesamten Drehzahlbereich ein gewaltiges Drehmoment. Und die Frage nach der möglichst verlustarmen Übertragung dieses Momentes führte zur Konzeption des ersten modernen Fahrzeuges mit Allradantrieb. Als motorsportliche Erfolge dieses Spyker „Grand Prix Racer" sind der Gewinn eines Bergrennens bei Birmingham und der zweite Platz bei der Rallye von Peking nach Paris 1907 verbrieft. Diese erste Marathon-Rallye der Welt konnte übrigens Fürst Borghese auf einem heckgetriebenen Itala mit einem Vierzylindermotor von sagenhaften 7,4 Liter Hubraum mit großem Vorsprung gewinnen.

Das seinerzeit weit vorauseilende Allrad-Konzept des Spyker für den Motorsport hat die Konzeption nachfolgender Wettbewerbsfahrzeuge zunächst nicht direkt beeinflussen können. Die Welt bereitete sich auf den ersten Weltkrieg vor, und in dieser Phase wurden dem Allradantrieb andere Aufgaben übertragen.

Der Bugatti Typ 53 als zu frühe Vision mit Allradantrieb

Erst Fahrzeuggenerationen später erscheint 1932 ein Rennwagen, der wieder auf Allradantrieb für bestmögliche Übertragung der Motorleistung baut: der Bugatti Typ 53. Der Achtzylindermotor des Bugatti Typ 53 ist – wie alle Motoren aus Molsheim – ein technisches Kunstwerk und nutzt die damals zur Verfügung stehenden

Komponenten und Materialien bis an ihre Grenzen aus: Reihen-8-Zylinder mit hängenden Ventilen, zwei obenliegende Nockenwellen, 4972 ccm Hubraum, Hochdruck-Aufladung und 300 PS Leistung. Diese für die Ära gewaltige Motorleistung wurde über ein 4-Gang-Schaltgetriebe auf einen Allrad-Antriebsstrang mit drei Differenzialen übertragen. Technisch und mechanisch stellt der Bugatti Typ 53 ein beeindruckendes Kunstwerk dar, das in dieser Beziehung als Krone der Schöpfungen von Ettore Bugatti angesehen werden muss.

Die äußeren Antriebsgelenke der Vorderachse waren nur Kreuzgelenke, die beim Einsatz der Motorleistung in Kurven das gesamte Lenksystem zu starken Vibrationen anregten. Trotz der daraus resultierenden körperlichen Herausforderung für die Fahrer verbuchten die Bugatti Typ 53 mehrere Rennerfolge, besonders bei Bergrennen auf nasser Strecke. Das mit den damaligen Reifen inhärente Problem der Leistungsübertragung hatte Bugatti nachweislich mit Erfolg durch den Einsatz des permanenten Vierradantriebes gelöst.

Der Bugatti Typ 53 stellte 1932 den höchsten Stand der Technik dar. Sein Allradantrieb mit Mitteldifferenzial musste 300 PS übertragen.

Miller setzt den Allradantrieb in Indianapolis und in der Formel 1 ein

Ebenfalls 1932 brachte Harry Miller einen mit 4x4-Antrieb ausgestatteten Rennwagen mit 5-Liter-V8 in Indianapolis an den Start. Harry Armenius Miller, Sohn deutscher Einwanderer, war in manchen Charakterzügen Ettore Bugatti ähnlich. Auch er war kein ausgebildeter Ingenieur und ersetzte, wie Bugatti, manchmal Hintergrundwissen durch Intuition, entwickelte aber eigenständige technische Ideen und setzte sie mit großem Beharrungsvermögen in die Realität um. Wie Bugatti war auch Miller in erster Linie ein Motorenentwickler, der mit seinen leistungsstarken Motoren über viele Jahre das Renngeschehen in Indianapolis beherrscht hat. Im Gegensatz

Harry Miller setzte seine Monoposto-Rennwagen mit Allradantrieb sowohl in Indianapolis als auch in Grand Prix Rennen ein.

Prof. Ferdinand Porsche erarbeitete als Konstruktionschef den Cisitalia-Rennwagen mit hoch aufgeladem 1,5 Liter 12-Zylinder-motor und Allradantrieb. Vor den ersten Renneneinsätzen ging die Firma Cisitalia in Konkurs.

zu Bugatti fehlte Miller aber das ausgeprägte Gefühl für Ästhetik. Außerdem beschritt er mindestens eine technische Sackgasse, die sich schon bei sorgfältiger Analyse und Überlegung als Irrweg erkennen lassen musste. So verfolgte Miller jahrelang die Idee eines frontgetriebenen Indianapolis-Rennwagens, der auf Grund einfacher physikalischer Zusammenhänge nicht erfolgreich sein konnte.

Zwei Jahre später, 1934, erschien Miller dann mit einem allradgetriebenen Grand-Prix-Rennwagen bei den Großen Preisen von Tripoli und in Berlin auf der Avus. Er musste mit seiner Konstruktion gegen die überlegenen Rennwagen von Auto-Union und Mercedes-Benz antreten, gegen die er trotz des Vorteils durch den Allradantrieb keine reellen Siegchancen hatte.

Interessant ist die Tatsache, dass die zu dieser Zeit über 500 PS leistenden Grand-Prix-Rennwagen von vielen Reifenschäden an der Hinterachse durch extrem hohe Belastung heimgesucht oder durch mehrere Reifenwechsel im Rennen eingebremst wurden. Dennoch hat außer Miller kein anderer Hersteller die Entwicklung eines allradgetriebenen Grand-Prix-Wagens in dieser Zeit gewagt. Einer der großen Automobil Konstrukteure hat aber seine Gedanken über die

Realisierung von vierradgetriebenen Rennfahrzeugen nicht aufgegeben. So war Ferdinand Porsche dann auch bestens vorbereitet, als eine große Aufgabe nach dem Zweiten Weltkrieg an ihn herangetragen wurde.

Das Cisitalia-Abenteuer

Piero Dusio, ein ehemaliger Fußballstar, war durch eine Reihe von Industriebeteiligungen zu Reichtum gekommen und gründete 1946 zusammen mit dem Rennfahrer Piero Taruffi das Consorzio Industriale Sportive Italia, kurz Cisitalia genannt. Ziele dieser Firmengründung waren die Konstruktion und Produktion von Straßensportwagen und Rennwagen. Bis 1952 wurden einige bildschöne Sportwagen und Monoposti gebaut.

Der italienische Vertreter von Porsche, Carlo Abarth, überzeugte Dusio, dass die Krone der Cisitalia-Palette ein Formel-1-Rennwagen wäre. Ferdinand Porsche hatte für das damalige Reglement einen 1,5–Liter-Motor mit 12 Zylindern und Hochaufladung vorbereitet.

Für die Realisierung dieses hochfliegenden Projektes hat Dusio neben Porsche noch einen weiteren der ganz großen Automobil-Konstrukteure verpflichten können: Eberan von Eberhorst. Porsches Konzept sah einen Zwölfzylinder-Boxer als Mittelmotor vor. Am Ausgang des Schaltgetriebes zum Hinterachs-Differenzial übertrug ein Seitenabtrieb über eine Kardanwelle einen Teil der Motorleistung auf die Vorderachse. Der Vorderachsantrieb konnte während der Fahrt vom Fahrer zugeschaltet werden. Die Idee war, dass der Cisitalia vom Piloten in schnellen Kurven unter Einsatz der hohen Motorleistung im Powerslide schneller bewegt werden konnte als mit dem Vierradantrieb. Mit der vom Fahrer zugeschalteten Vorderachse versprach man sich dann beim Beschleunigen aus den Kurven eine bessere Performance.

Der Cisitalia Formel-1-Rennwagen war sicherlich ein genialer Wurf, aber hochkompliziert und er überforderte deshalb mit den notwendigen Entwicklungsbudgets die Finanzkraft von Cisitalia. Bereits 1949 meldete Cisitalia den Ausgleich an.

Vielleicht war das kurze Aufflackern des Cisitalia und sein schnelles Aus einer der Gründe, warum große Automobilhersteller, die sich im Formel-1-Motorsport engagierten, nach wie vor auf den einfacher zu beherrschenden Hinterradantrieb setzten. So blieb die Anwendung des Allradantriebs in der Königsklasse des Motorsports Einzellösungen vorbehalten, bis er letztlich per Reglement 1969 gänzlich von den Formel-1-Rennpisten verbannt wurde.

Formel-1-Teams versuchen sich am Allradantrieb

Nur einmal trat der Ferguson P 99 zu einem Grand Prix an. Obwohl er 1961 der letzte F1-Rennwagen mit Frontmotor war, konnte sein Handling wegen des Allradantriebes selbst Stirling Moss beeindrucken.

Die englische Firma Ferguson Research war von den Ideen des Allradantriebes für Personenwagen und Rennfahrzeuge überzeugt. Das Team um Tony Rolt, der selbst mit einigem Erfolg Formel-1-Rennen gefahren war, versuchte sein System des Vierradantriebes auch über den Motorsport zu propagieren. Sie pflanzten ihr Vierradantriebssystem Formula Ferguson (FF) in einen Formel-1-Rennwagen, der Project 99 (P 99) getauft wurde. Der Ferguson Formula P99 Rennwagen debütierte 1961 mit dem Fahrer Jack Fairman beim Großen Preis von England in Aintree. Noch im gleichen Jahr fuhr Stirling Moss den P 99 im Oulton Park Gold Cup Rennen zum Sieg. Vielleicht trug der Regen bei diesem Rennen dazu bei, dass die Vorzüge des Allradantriebes auch bei Monoposti nicht entsprechend gewürdigt worden. Aber schon im Trockentraining einen Tag zuvor war Moss mit den P99 Zweitschnellster mit nur 0,2 s Rückstand hinter Bruce McLaren in seinem Cooper. Der Ferguson Formula P 99 war mit einem vorn liegenden Coventry Climax-4-Zylinder-Motor ausgestattet, der zu dieser Zeit gerade die Hochphase seiner Entwicklung erreicht hatte. Natürlich besaß der P 99 permanenten Allradantrieb mit dem Formula Ferguson-System, bei dem zwei Kupplungen parallel zum Zentraldifferenzial ein zu starkes Durchdrehen einer Achse verhindern. Das neue entwickelte Dunlop Maxaret ABS System vervollständigte die wegweisende Technik des P 99. Noch über 30 Jahre später kürte Stirling Moss, der über eine unschätzbare Erfahrung mit verschiedensten Rennfahrzeugen verfügte, den P 99 zu dem von ihm am höchsten geschätzten Boliden.

Doch trotz dieser klaren Demonstration der Vorzüge eines Allrad-Systems im Motorsport wagte sich erst wieder 1964 BRM an ein Formel-1-Projekt mit dem Ferguson-Antrieb. BRM kombinierte den bereits im Rennsport bewährten Ferguson-Antrieb mit einem 2-Liter-Mittelmotor. Für diese Konfiguration musste das gesamte Layout des Motors und des Antriebsstranges umgekehrt werden: Der Mittelmotor gab seine Leistung über ein Getriebe nach vorn ab, ein Seitenabtrieb führte zum Mittendifferenzial, von dem aus die seitlich verlegten Antriebswellen zur Vorder- und Hinterachse verliefen. Alle folgenden Formel-1-Rennwagen mit Vierradantrieb waren nach dem gleichen Konzept gebaut.

BRM stand im Kampf gegen die schon mit 3-Liter-Mittelmotoren ausgerüsteten Konkurrenten auf verlorenem Posten. Das Projekt wurde deshalb sang- und klanglos wieder eingestellt.

Im hektischen Formel-1-Geschäft müssen innerhalb kürzester Frist Erfolge gebracht werden. Nur große Firmen haben den langen Atem für eine sorgfältige Entwicklung von Innovationen, wie sie der Vierradantrieb für den Motorsport dargestellt hat. So haben die damals in der Formel 1 führenden „englischen Garagisten" erst 1969 wieder die Idee des Allradantriebes für Monoposti aufgegriffen. Gleich zwei Teams, nämlich Lotus und Matra brachten in diesem Jahr Formel-1-Rennwagen mit Allradantrieb zum Großen Preis von Holland in Zandvoort. Der Lotus 63 und der Matra MS 84 wurden mit geringer Begeisterung im Training von Graham Hill und Jackie Stewart gefahren. Beide Fahrer erreichten erheblich langsamere Rundenzeiten mit den Allrad-Varianten, sodass beide Teams nach den kurzen Trainingsauftritten die Fahrzeuge wieder zurück in die Box schoben.

Beim Großen Preis von England stellte auch McLaren ihren allradgetriebenen Formel-1 - Wagen vor: den M9A. Die beiden letzten Startreihen des Formel-1-Feldes besetzten die 4x4-Fahrer: Derek Bell im McLaren M9A, John Miles im Lotus 63, Jean-Pierre Beltoise im Matra MS 84 und Jo Bonnier im Lotus 63. Die Leistungen der allradgetriebenen Formel-1-Fahrzeuge waren insgesamt wenig beeindruckend. So fiel es der FIA als oberster Motorsportbehörde nicht schwer, den Allradantrieb für die Formel 1 zu verbieten. Und die Formel-1-Teams haben dem Allradantrieb kaum nachgetrauert. Sie hatten erkannt, dass eine sorgfältige Weiterentwicklung der anspruchsvollen und komplexen Allradtechnik Ressourcen benötigte, über die sie zum Teil gar nicht verfügten.

Die Idee, Formel-1-Rennwagen mit Allradantrieb auszurüsten, ist danach nicht wieder aufgenommen worden. Breitere Hinterreifen mit erheblich weicheren Gummimischungen, hoher aerodynamischer Abtrieb und elektronische Traktionskontrollen führen heute zu Rundenzeiten und Geschwindigkeiten, die eher wieder eingebremst statt mit weiterer Technik beschleunigt werden sollten. Auf der anderen Seite ist in der Formel 1 eine große Chance vertan worden, als Vorreiter für eine Technik zu arbeiten, die inzwischen bei fast allen Automobilherstellern in mehreren Modellen zu finden ist.

Hoch ragt Graham Hill aus dem Indianapolis-Rennwagen von Lotus mit Turbinen- und Allradantrieb. Ein lächerlicher Defekt verhinderte einen Sieg vom Team-Kollegen Joe Leonhard beim 500- Meilen-Rennen 1968.

Granatelli lässt wieder einen 4x4 Monoposto für Indianapolis bauen

In den sechziger Jahren stellte Andy Granatelli eine der gewichtigsten Persönlichkeiten im amerikanischen Motorsport dar. Granatelli regierte STP, eine Firma, die mit Öl-Zusätzen damals gigantische Summen verdiente. Der Motorsport war für Andy Granatelli die ideale Werbeplattform. Mit den Werbemillionen von STP machte Granatelli den Bau eines Indianapolis-Rennwagens mit Vierradantrieb möglich. Dieser STP-Oil Novi V 8 wurde von niemand geringerem als Bobby Unser pilotiert, der den Wagen beim ersten Einsatz 1964 in einem Unfall beschädigte. Ein zweiter Anlauf 1965 führte wegen mechanischer Probleme zum Ausfall.

Aber Granatelli war keine Persönlichkeit, die sich durch die ersten Rückschläge entmutigen ließ. Für Indianapolis 1967 finanzierte Granatelli den STP-Paxton Rennwagen, der natürlich wieder über einen Allradantrieb verfügte, aber als große Innovation von einer Pratt and Whitney Gasturbine angetrieben wurde. Die Gasturbine war neben dem Fahrer platziert, und gerade Antriebswellen übertrugen die Leistung auf die Vorder- und Hinterachs-Differenziale. Das Gasturbinenfahrzeug führte das Rennen an, bis es mit mechanischen Problemen ausfiel. Das Konzept hatte also seine Bewährungsprobe bestanden, und Granatelli wollte mehr.

Bei Lotus gab er für Indianapolis 1968 einen Rennwagen in Auftrag, der Motorsportgeschichte geschrieben hat: der keilförmige Lotus 56 wurde ebenfalls von einer Pratt and Whitney-Gasturbine getrieben, deren Leistung über alle vier Räder auf den Brickyard von Indianapolis übertragen wurde. Granatellis Devise hieß „think big", und so wurden gleich vier Fahrzeuge in Indianapolis eingesetzt. Der Fahrer Mike Spence wurde schon in einem Trainingsunfall in seinem Lotus 56 getötet. Joe Leonhard und Graham Hill platzierten ihre Lotus 56 auf den ersten und zweiten Startplatz. Im Rennen krachte Graham Hill in die Begrenzungsmauer, weil ein Chassisteil des Lotus gebrochen war. Diese häufige Schwäche von Lotus sollte später auch Jochen Rindt das Leben kosten. Leonhard schlug sich in der Spitze während des Rennens hervorragend, bis ihn ein Benzinpumpendefekt in der 192. Runde zur Aufgabe zwang.

1968 versuchte Al Unser sein Glück in einem allradgetriebenen Lola, doch auch dieser Einsatz war nicht von Erfolg gekrönt.

Lotus kehrte noch einmal 1969 mit dem Turbinen-getriebenen Lotus 56 nach Indianapolis zurück. Ein Unfall im Training zeigte, dass die Radträger einen Fabrikationsfehler aufwiesen, sodass Lotus die Fahrzeuge zurückzog.

Nach 1969 wurden für Indianapolis sowohl der Vierradantrieb als auch Gasturbinen verboten. Damit endete auch in dem wichtigsten amerikanischen Motorsport-Wettbewerb die Allrad-Ära.

Sowohl in der Formel 1 als auch in Indianapolis konnten die verschiedenen Anläufe den Allradantrieb nicht als überlegene Technik etablieren. Die Gründe dafür sind mannigfaltig. Wenige Fahrerstars dieser Jahre waren bereit, ihren Fahrstil auf die Anforderungen des Allradantriebs umzustellen. Stirling Moss und John Miles haben später die notwendige Fahrtechnik genau beschrieben: immer höchste Präzision, Räubern kaum möglich. Am schwersten wiegt aber sicherlich die Unterschätzung der ingenieurmäßigen Aufgabenstellung, ein überlegenes Allrad-System so fertig zu entwickeln, um sein gesamtes Potenzial auch auf der Rennstrecke umsetzen zu können. Den Monoposto-Konstrukteuren fehlte als wichtigste Erfahrung der erfolgreiche Umgang mit einem Frontantriebssystem mit

ausgezeichneten fahrdynamischen Eigenschaften und auch mit der Feineinstellung der Leistungsverzweigung. Die hochgerühmten Top-Ingenieure in der Königsdisziplin des Motorsports haben bei diesen Aufgabenstellungen nur in wenigen Fällen geglänzt. So blieb es einer anderen Kategorie des Motorsports vorbehalten, dem Allradantrieb weltweit mit den Sporterfolgen zum Durchbruch zu verhelfen: dem Rallyesport.

Verschiedene Formel-1-Teams versuchten, auch ohne den hohen Aufwand für einen Allradantrieb mit vier angetriebenen Hinterrädern einen ähnlichen Effekt zu erzielen. Der Williams FW 08 B zeigte sich 1982 genauso als Flop wie die Prototypen anderer Teams.

Audi setzt sich ein hohes Ziel: Wir werden Rallye-Weltmeister

Nachdem Jörg Bensinger für Audi die Vorteile des Allradantriebs wiederentdeckt hatte, arbeiteten er und sein Projektleiter Walter Treser ein komplettes Programm zum Einsatz des Allradantriebs bei Audi aus. Nach der Genehmigung des Fahrzeugprojektes Audi Quattro durch alle Gremien überraschten sie den Autor als Leiter des Fahrwerksversuches und der gerade neu gegründeten Motorsportabteilung bei Audi mit einer ambitionierten Zielsetzung: „Wir wollen mit dem Quattro Rallye-Weltmeister werden!"

Vielleicht wäre das „Go" für das Projekt Quattro im Volkswagen-Konzern schwieriger gewesen, hätten die Protagonisten des Allradantriebes bei Audi und die Entscheidungsträger vorher gewusst, dass

Freddy Kottulinsky und Peter Löffelmann gewannen mit kleinstem Aufwand 1980 die Rallye Paris – Dakar. Eine gebrochene Antriebswelle auf der letzten Etappe hätte beinahe den Sieg gekostet.

Vierradantrieb zu dieser Zeit bei Rallyefahrzeugen in allen Kategorien bei Weltmeisterschaftsläufen vom internationalen Sportgesetz verboten war. Doch Schwierigkeiten sind dazu da, überwunden zu werden. Und so wurde ein Mehrstufenplan entwickelt, um eine Änderung des Sportgesetzes herbeizuführen.

Die Aufgabe des Autors war es, in der BPICA, der Herstellervertretung bei der obersten internationalen Motorsportbehörde FIA in Paris, geschickte Überzeugungsarbeit zu leisten. Parallel dazu wurden von Audi Entscheidungsträger und Meinungsmacher eingeladen, Prototypen des Audi Quattro zu fahren. Sie sollten von der erhöhten Fahrsicherheit des Allradantriebes überzeugt werden, was schon mit den frühen Versionen des Quattro uneingeschränkt gelang.

Zwei glückliche Umstände beeinflussten Stockmars Arbeit im BPICA ganz entscheidend und positiv. 1980, im gleichen Jahr also, als der Audi Quattro vorgestellt wurde, gewann das Team Freddy Kottulinsky mit dem Beifahrer Gert Löffelmann in einem Volkswagen Iltis die Rallye Paris-Dakar in einem höchst dramatischen Finale. In allen Argumentationen hob Stockmar auf die Chancen dieses wendigen Geländewagens ab und forderte, solche Fahrzeuge nicht per Sportgesetz von Weltmeisterschaftsläufen auszuschließen. Stockmar erntete für diese Begründung nicht gerade Hohn und Spott, aber doch immerhin ein sehr mitleidiges Lächeln der im großen Rallyesport engagierten Automobilhersteller wie Ford und Fiat.

Und als wohl letztlich entscheidenden Glücksfall berichtete Peter Ashcroft, auch international einflussreicher Ford Motorsportchef, von den negativen Erfahrungen, die sein Team erst kürzlich mit einem auf Vierradantrieb umgebauten Ford Capri gemacht hatte. Der Testfahrer Gerry Birrell bescheinigte dem Auto ein unvorhersehbares und träges Fahrverhalten, das im Vergleich zu den heckgetriebenen Varianten auf den Allradantrieb zurückzuführen sei. Stockmar nutzte die Gunst der Stunde und brachte den offiziellen Audi-Antrag, Vierradantriebsfahrzeuge auch für Rallye-Weltmeisterschaftsläufe zuzulassen, noch einmal ein. Er erhielt an diesem Tag die Zustimmung der Kollegen, die nicht ganz frei von Ironie und Mitleid waren.

Die Genehmigung durch die oberste Motorsportbehörde, die FIA, war durch die gut eingefädelte Vorarbeit mit den wichtigsten Sportkommissaren und Medienvertretern dann nur noch ein nächster logischer Schritt. In der Audi-Motorsportabteilung konnte die Arbeit an der Rallye-Version des Audi Quattro von jetzt ab mit noch mehr Energie vorangetrieben werden.

Der Audi Quattro schockt die Rallye-Welt

Ironie und Mitleid wichen dann aus den Mienen der Motorsportverantwortlichen bei Ford, Fiat, Renault, Opel und anderer Herstellervertreter, als Audi 1981 zwei Audi Quattro zur Rallye Monte Carlo brachte. Michèle Mouton, eine atemberaubend schnelle Frau hinter dem Volant, fiel mit ihrem Quattro schon kurz nach dem Start in Paris wegen Wasser im Tank aus, aber Hannu Mikkola ließ in den französischen Seealpen die Rallyewelt erbeben. Die Verhältnisse waren günstig für den Audi Quattro, es lag viel Schnee, und Mikkola gewann die ersten sechs Sonderprüfungen mit unfassbarem Vorsprung. Verschiedene kleinere Defekte am Quattro und ein Fahrfehler von Mikkola vereitelten noch

Michèle Mouton lässt den Rallye-Quattro fliegen und beweist der Fachwelt zweierlei: auch mit Allradantrieb kann man herrlich driften, und eine neue Zeit im Rallyesport hat begonnen.

beim ersten Auftritt den großen Sieg. Aber alle in Monte Carlo anwesenden Fachleute waren sich bereits nach dieser ersten Demonstration einig: wir waren Zeugen eines historischen Momentes, nach dem die Rallyewelt nicht mehr so sein wird wie sie war.

Der vor der Vorderachse platzierte 5-Zylinder-Motor mit 2,1 l Hubraum leistete 1981 mit der Turboaufladung im Rallyetrimm zwischen 310 und 340 PS. Über eine Einscheibenkupplung wurde diese Leistung an das verstärkte Fünfganggetriebe abgegeben. In den ersten Rallye-Prototypen war mit einem starren Durchtrieb zur Vorder- und Hinterachse experimentiert worden. Die extrem starke Verspannung in engen Kurven bei Verwendung von Rennreifen auf Asphalt führte aber schnell zur Entscheidung, den permanenten Allradantrieb des Rallye-Quattro mit einem Mittendifferenzial auszurüsten. Das Kegelraddifferential rotierte in einem hinteren Ansatz am Getriebe und konnte vom Fahrer mechanisch gesperrt werden. Ungesperrt verteilte das Mittendifferenzial das Drehmoment 50/50 auf die Vorder- und die Hinterachse. Das hintere Differenzial arbeitete mit einer Sperrwirkung von rund 70 Prozent, das vordere Differenzial war wegen der Lenkbarkeit und Kurvenwilligkeit nur leicht mit 18 Prozent gesperrt. Federbelastete Reiblamellen sorgten in beiden Achsdifferenzialen für die nötige Sperrwirkung.

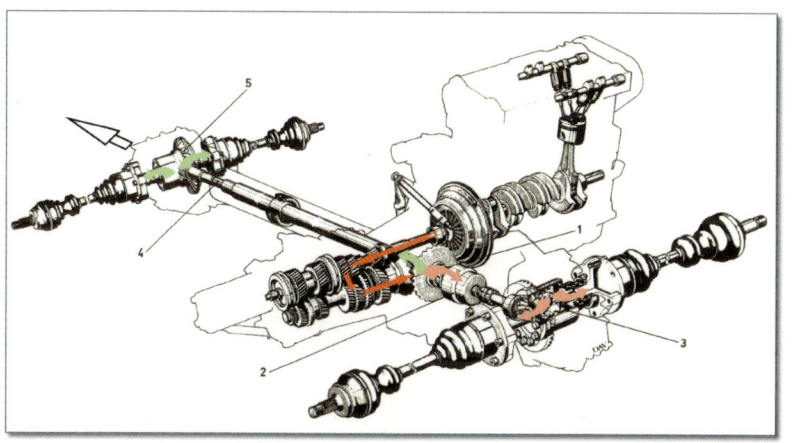

Mit diesem kompli-
zierten Allrad-
Antriebsstrang konnte
der Peugeot 205 T16
1986 die Rallye-Welt-
meisterschaft unter
Juha Kankkunen
gewinnen.
1=Kegeltrieb von der
Quer- auf die Längs-
welle, 2= Zentraldiffe-
renzial mit Visco-Sper-
re, 3=Lamellen-Sperr-
differenzial, 4=Antrieb
zur Vorderachse,
5= Vorderachs-Sperr-
differenzial

Mit dieser Konfiguration zeigte der Audi Quattro bei seinen Ein-
sätzen in den Weltmeisterschaftsläufen seine Überlegenheit. Viele
kleine Defekte, Team- und Fahrerfehler fielen in die Kategorie „Erfahrung sammeln". 1982 brachte dann für den Audi Quattro in sieben
WM-Läufen den Sieg, Audi gewann den Titel des Markenweltmeisters.
1983 gelang Hannu Mikkola, dem Audi Quattro-Fahrer der ersten
Stunde, endlich die Eroberung des Weltmeistertitels. Stig Blomquist
errang die Fahrer-Weltmeister-
schaft ebenfalls im Audi Quattro
im darauf folgenden Jahr.

Dass Audi nach 1982 die Mar-
kenweltmeisterschaft nicht mehr
gewinnen konnte, demonstriert
deutlich, wie erfolgreich die
Konkurrenz nachgerüstet hatte.
Ein technisch besonders interessantes und erfolgreiches Rallye-
Auto baute Peugeot mit dem 205
T16. In diesem wendigen und
leichten Fahrzeug war ein turbo-
geladener Vierzylindermotor mit

nur 1,8 Liter Hubraum quer hinter dem Beifahrer eingebaut. Über
mehrere Kraftumlenkungen und Zwischentriebe wurde die Leistung
auf die Vorder- und Hinterachse je nach Radschlupf variabel verteilt.
1985 konnten damit Timo Salonen, 1986 Juha Kankkunen unter dem
Einsatzleiter Jean Todt die Weltmeisterschaft erringen.

Ein ähnliches Konzept wie Peugeot mit dem 205 T16 setzte
Lancia 1985 mit dem Lancia Delta S 4 um. Auch der S 4 war ein
leichtes Mittelmotorauto, das mit seinem Serien-Pendant nur noch
äußerliche Ähnlichkeiten aufwies. Der 4-Zylinder-Motor mit 1759

Der Lancia Delta S4
trat ebenfalls mit
einem raffinierten
Allradantrieb in der
Rallye-Weltmeister-
schaft an. Der kleine
Vierzylindermotor
mit 1,8 Liter Hubraum
leistete mit Doppella-
dern 470 PS.

ccm wurde bei niedrigen Drehzahlen von einem Rootes-Kompressor, bei hohen Drehzahlen mit einem Abgasturbolader aufgeladen. Diese Doppelladerkonstruktion verhalf dem hubraumkleinen Motor zu einem hohen Drehmoment mit gewaltigem Antritt schon bei relativ niedrigen Drehzahlen. Die mehr als 470 PS des Motors wurden über ein vor dem Motor angeordnetes Fünfgang-Getriebe über eine Übersetzung zum Mitteldifferenzial mit Planetengetriebe und mechanisch überbrückbarer Visco-Sperre mit einer normalen Aufteilung von 70 Prozent auf die Hinter- und 30 Prozent auf die Vorderachse weitergeleitet. Eine Mehrscheiben-Sperre bremste das Hinterachsdifferential ein, an der Vorderachse konnte eine parallel zum Differenzial geschaltete Visco-Sperre je nach Strecke schnell ausgetauscht werden. Leider kam der Lancia S 4 zu spät, um in die Weltmeisterschaft vor dem Verbot der Gruppe B-Fahrzeuge noch erfolgreich eingreifen zu können.

Audi bringt die Hypertrophie eines Rallye-Autos: den S1

Um die alte Rangordnung und Dominanz wieder herzustellen, entwickelte Audi den Über-Quattro, den S1. Viele sahen im S1 wegen seiner Leistung von über 500 PS (350 kW), seinem brutalen, kantigen, nur dem reinen Zweck untergeordneten Styling und der hoch gerüsteten Technik die Perversion einer Idee. Selbst Walter Röhrl, der die Herausforderung im Grenzbereich immer gesucht und gemeistert hat, artikulierte Zweifel an der wirklichen Beherrschbarkeit dieses Überautos.

Der Audi Quattro S1 basierte auf dem neu vorgestellten Audi Sport-Quattro und demonstrierte den automobilen Overkill. Selbst Walter Röhrl zeigte vor diesem Auto Respekt.

Die Ingenieure investierten viel Arbeit in die Weiterentwicklung des S1-Antriebsstranges, um

das Auto auch bei vollem Leistungseinsatz möglichst auf der Straße zu halten. Den Fahrern wurde je nach Streckenqualität für Asphalt, Schotter oder Schnee entweder das sperrbare Mitteldifferenzial, ein Ferguson-Differential mit Visco-Sperre oder ein Torsen-Differenzial angeboten. Die Vorderachssperre wurde auf Visco-Sperre umgerüstet, und an der Hinterachse sorgte ein Torsen-Differenzial für die notwendige, hohe Sperrwirkung. In das Schaltgetriebe wurde noch ein sechster Gang für eine kleinere Spreizung zwischen den einzelnen Übersetzungen eingebaut. Um den Turbolader nach dem Schalten auf Drehzahl zu halten, experimentierte Audi auch mit dem lastschaltbaren Porsche Doppelkupplungsgetriebe. So ausgerüstet katapultierte der Fünfzylinder- Leichtmetallmotor den S1 in 3,1 s auf 100 km/h.

Walter Röhrl und Christian Geistdörfer gewannen mit dem S1 1985 die Rallye San Remo. Ein Jahr darauf bedeutete ein schrecklicher Unfall unter den Zuschauern bei der Rallye Portugal ein Ende der Hochrüstung im Rallyesport. Audi zog sich aus der Rallye-Weltmeisterschaft zurück.

Aber erst nach dem Tod von Henri Toivonen und seinem Beifahrer Sergie Cresto auf Korsika waren sich endlich Fahrer, Teamchefs und Sportkommissare einig, dass diese überschnellen Gruppe B Rallye-Boliden für die häufig undisziplinierten Zuschauer und alle Akteure ein zu großes, nicht mehr akzeptables Risiko darstellten. Schon für das kommende Jahr und 1987 wurden für die Rallye Weltmeisterschaft nur noch Gruppe A-Fahrzeuge zugelassen, für deren Homologation die nachgewiesene Produktion von 5000 identischen Autos notwendig war.

Bevor Audi den S1 für das geplante Werksmuseum aufbewahrte, wurde er für eine atemberaubende Demonstration des Quattro-Prinzips mit noch mehr Leistung und Spezialpräparation für den Angriff auf den Rekord am Pikes Peak nach Colorado, USA verschifft. Schon 1985 hatte Michèle Mouton im zweiten Anlauf den absoluten Rekord auf der rund 20 Kilometer langen Schotterstrecke den 4300 Meter hohen Pikes Peak hinauf erdriftet. Für 1986 hatte man dann beim amerikanischen Importeur einen an diesem Berg besonders erfahrenen Haudegen verpflichtet. Bobby Unser wurde der in ihn gesetzten Hoffnung vollauf gerecht. Er konnte noch einmal die Rekordmarke gegen die amerikanischen Spezialkonstruktionen mit bis zu 1000 PS herunterschrauben. Den Hattrick für Audi erreichte 1987 Walter Röhrl mit dem dritten Sieg in Folge für den rund 600 PS leistenden S1.

Die stärkste Konkurrenz kam übrigens nicht von den amerikanischen Kraftprotzen, sondern vom ebenfalls mit Allradantrieb ausgestatteten Peugeot 205 T16, der bis zum letzten Lauf dem S1 einen verbissenen Kampf lieferte. Erst mit der Weiterentwicklung des Peugeot 205, dem 405 T 16, gelang auch Peugeot später der heiß begehrte Sieg auf dem Berg in Colorado.

Auf dem unteren Teil der gewundenen Bergstrecke sahen sich Audi und Peugeot noch mit einem anderen starken Gegner konfrontiert. Volkswagen Motorsport hatte beim Wiener Rennwagenbauer „Master" Bergmann (weltweit bekannt und geachtet durch seine Kaiman Formel V und Super V Monoposti) einen mit zwei Motoren ausgerüsteten Golf aufbauen lassen. Die beiden 1,8-Liter-Vierzylinder entwickelten zusammen rund 360 PS – zumindest imTal. Mit der immer dünner werdenden Luft auf dem Weg zum hohen Gipfel des Pikes Peak litten die Saugmotoren unter Atemnot. Dennoch erzielte Jochi Kleint als Pilot mit äußerstem fahrerischen Einsatz bis zum Bruch eines Aufhängungsteiles im oberen Streckenabschnitt beeindruckende Zwischenzeiten.

Die Rallyeweltmeisterschaft gewinnen weiterhin die Allradautos

Damit war die erfolgreiche Zeit des Audi Quattro und seiner großen Konkurrenten Lancia Delta S4, Citroen BX 4TC und Peugeot 205 T16 beendet, nicht aber die Anwendung des Vierradantriebes in Rallyefahrzeugen. Auch die nun entwickelten Modelle zur Beteiligung an der Rallye-Weltmeisterschaft in der neu geschaffenen Kategorie verfügen natürlich alle wieder über Allradantrieb als beste aller Lösungen, aber über erheblich weniger Leistung. Auf 300 PS begrenzt das aktuelle Reglement der World Rally Championship WRC die Motorleistung, wobei die Verwendung von Turboladern und Allradantrieb selbstverständlich erlaubt und durchwegs genutzt wird. Unter diesen Restriktionen setzt Toyota in den Folgejahren mit der Celica Turbo 4WD eines der erfolgreichsten Rallye-Autos ein. Die Markenwertung in der World Rally Championship kann die Celica mit turbogeladenem Vierzylinder von 1998

Mit der Celica Turbo 4WD brachte Toyota eines der erfolgreichsten Rallye-Autos entsprechend dem neuen WRC-Reglement mit rund 300 PS an den Start.

Kubikzentimeter Hubraum und reglementskonformen 300 PS 1992 und 1993 für sich entschieden. Und die Rallye-Weltmeister Carlos Sainz (1992), Juha Kankkunen (1993) und Didier Auriol (1994) erarbeiteten ihre Siege ebenfalls in der Toyota Celica Turbo 4WD.

Mit sogar sechs Weltmeisterschaftstiteln übertrumpft Subaru mit der Rallyeversion des Impreza (Markenweltmeister mit einem beeindruckenden Hattrick 1995/96/97 und Fahrerweltmeister 1995, 2001 und 2003) alle anderen Konkurrenten in der Rallye-Weltmeisterschaft.

Bei der Steuerung der Allradantriebe haben alle in der WRC beteiligten Firmen erheblich aufgerüstet. Für die Weltmeisterschaftsautos sind permanenter Allradantrieb mit drei Differenzialen obligatorisch, deren Sperren als state of the art alle drei elektronisch angesteuert werden. In der höchsten Ausbaustufe melden Sensoren die augenblicklichen Raddrehzahlen, das Motordrehmoment,

Der Allradpionier Subaru konnte mit dem Modell Impreza sechs Weltmeisterschaftstitel einfahren. Der Allradantrieb wird in den letzten Versionen elektronisch geregelt.

den eingelegten Gang, den Lenkradwinkel und den Gierwinkel an den Zentralrechner, der diese Daten in Millisekunden auswertet und die Kupplungen in den drei Differenzialen jeweils mit hydraulischen Aktuatoren auf den errechneten Optimalwert einstellt.

Die Idee der Audi-Ingenieure, mit dem Allradantrieb Rallye-Weltmeister zu werden, realisiert sich nach wie vor seit 1982 in jedem Jahr wieder. Der Allradantrieb hat die Rallyewelt also nachhaltig verändert,

wie die aktuellen WRC-Werkswagen von Citroen, Ford, Hyundai, Mitsubishi, Peugeot, Skoda und Subaru eindrucksvoll belegen.

Audi veränderte mit den erfolgreichen Sporteinsätzen der Quattro-Boliden aber nicht nur die Rallye-Szene, sondern auch das eigene Markenimage auf das Nachhaltigste. Galten vor den Quattro-Modellen die Audi als typische Modelle für den Fahrer mit Hut und Hosenträgern, so sprach die Marke danach ganz andere, sportliche und selbstbewusste Käufer an. Die Neupositionierung des Markenauftritts durch Innovation und den Motorsport gelang selten einem Unternehmen so deutlich wie Audi.

Die Rallye Paris-Dakar als Allrad-Domäne

Die neben der Rallye Monte-Carlo weltweit am meisten beachtete Rallye ist die Paris-Dakar. Diese 1978 von dem französischen Rallyefahrer Thierry Sabine ins Leben gerufene und 1979 zum ersten Mal durchgeführte Marathon-Rallye fordert von Menschen und Maschinen das Letzte ab. Die extrem herausfordernde Strecke führt größtenteils durch die nordafrikanischen Wüstengebiete, und hier sind die allradgetriebenen Fahrzeuge in den endlosen Sandpassagen natürlich im Vorteil. Nur zweimal gelang es dem französischen

Konstrukteur und Fahrer Jean-Louis Schlesser mit seinem speziell für die Rallye Paris-Dakar gebauten heckgetriebenen Dune Buggy, den Sieg zu erringen. Das geringe Gesamtgewicht des Buggy ermöglichte diese Bravourleistung 1999 und 2000. In allen anderen Jahren dominierten allradgetriebene Fahrzeuge diese schwerste aller Rallies deutlich. In den Anfangsjahren der Rallye Paris-Dakar hatte diese Veranstaltung noch nicht die gigantomanischen Ausmaße der letzten Jahre angenommen. So konnten 1980 Freddy Kottulinsky im VW-Audi Iltis und 1982 der belgische Formel-1-Fahrer Jackie Ickx in einem Mercedes G-Modell diese Rallye mit noch seriennahen Fahrzeugen und Mini-Service-Teams für sich entscheiden.

Ebenfalls mit einem kleinen Begleit-Team bringt Porsche 1984 den 911 Carrera 4x4 an den Start. Mit reduzierter Verdichtung leistet der Motor 225 PS. Der Allradantrieb verfügt über ein mechanisch sperrbares Mitteldifferenzial, das ebenso wie die auf 27 Zentimeter erhöhte Bodenfreiheit dem Carrera 4x4 bei der Durchquerung auch übelster Geländerpassagen hilft. Mit Erfolg, denn der 911 gewinnt die Dakar.

Citroen stellt mit dem allradgetriebenen CX in der Paris-Dakar den Seriensieger von 1991 bis 1996. Zuletzt entwickelte der Motor mit dem Turbolader 400 PS aus nur 1900 ccm.

Im folgenden Jahr setzt Porsche eine geländetaugliche Variante des neuen Technologieträgers Porsche 959 ein. Wegen der geringen Motorleistung des eilig aufgebauten Aggregates kann sich der 959 nicht im Spitzenfeld behaupten.

Doch Misserfolge spornen Porsche nur noch mehr an. So beschleunigten 400 PS starke Doppelturbo-Motoren mit 2,85 Liter Hubraum

die beiden 1986 eingesetzten Porsche 959 auf Höchstgeschwindigkeiten von bis zu 242 km/h. Den Allradantrieb kontrollierte ein elektrohydraulisch geregeltes Mittendifferenzial. Mit dieser aufwendigen Technik errang Porsche mit den Teams Metge / Lemoyne und Ickx / Brasseur den Doppelsieg in der schwersten Rallye der Welt.

Jahre später stellte Citroen mit dem Typ CX den ersten Vierfachsieger der Paris-Dakar. 1991, 94, 95 und 96 siegten die mit einem Vierzylinder-Turbomotor von nur 1900 Kubikzentimeter, aber mit über 400 PS und Allradantrieb ausgestatteten Citroen-Werkswagen.

Mit neun Siegen führt die Firma Mitsubishi heute die Ehrenliste der Dakar an. Die siegreichen Mitsubishi Pajero wühlten sich 2004 mit 270 PS, die über ein Sechsganggetriebe und ein raffiniertes Allrad-Antriebssystem auf die Räder gebracht werden, durch den feinen Saharasand. Den Kraftstoff ziehen die 3,5 Liter-Motoren aus einem 500 Liter fassenden Tank an Bord.

Audi goes West: Einsätze in USA

Das Bestreben, die erfolgreiche Quattro Philosophie auch in den USA zu verbreiten und somit für Audi eine bessere Marketingplattform zu schaffen, führte zu neuen Motorsport-Aktivitäten. Ein hochgradig modifizierter Audi 5000 CS Turbo Quattro wurde auf eine Leistung

von 650 PS gesteigert. Gewichtsminimierung und Verbesserung der Aerodynamik ließen zusammen mit einem umfassenden Hochleistungspaket ein Rekordfahrzeug entstehen, mit dem Bobby Unser auf dem Rennkurs von Talladega eine Höchstgeschwindigkeit von 350 km/h erreichte. Der Audi mit selbstverständlich permanenten Allradantrieb verbesserte den Rundenrekord auf 332,9 km/h. Damit war im neuen Kontinent ein viel beachteter Beweis erbracht worden, dass der Quattro Antrieb nicht nur auf Schnee, Schlamm und Schotter Vorteile besitzt.

Nach diesem Erfolg setzte Audi 1988 bei der amerikanischen TransAm-Serie drei Fahrzeuge mit den Fahrern Hans-Joachim Stuck, Walter Röhrl und Hurley Haywood ein. Die Basis für diese auf eine Motorleistung von 510 PS gebrachten Fahrzeuge war der Audi 200 Turbo. Mit neun Siegen gewann Audi die Markenwertung der TransAm-Serie und Hurley Haywood die Fahrermeisterschaft gegen die etablierte Konkurrenz der amerikanischen Rennwagen mit den großen V8-Motoren. Die Audi-Wettbewerbsfahrzeuge verfügten über einen permanenten Allradantrieb mit einem Torsen-Mittel- und Hinterachs-Differenzial.

1989 wechselte Audi mit den drei gleichen Fahrern in die bekanntere IMSA Serie. Der IMSA-Audi Quattro basierte auf dem Audi 90 Quattro, der zu dieser Zeit gerade in den USA eingeführt wurde und dessen Quattro-Konzept über den Motorsport propagiert werden sollte.

Der IMSA-Quattro war mit seiner auf 750 PS gesteigerten Leistung wieder das dominierende Fahrzeug in der Serie, doch zwei verpasste Rennen zu Beginn der Saison und technische Probleme

Hans-Joachim Stuck, Walter Röhrl und Hurley Haywood führten bei Audis Ausflug nach USA häufig die TransAm-Serie im Dreierpack an. Der Gesamtsieg ging 1987 mit dem 510 PS starken Audi 200 nach Ingolstadt.

mit den Zahnriemen brachten nur einen zweiten Platz in der Ge-
samtwertung für Audi ein – obwohl H.-J. Stuck sieben Siege erringen
konnte. So konnte das Audi-Team bei der Rückkehr aus den USA
stolz vermelden: „Auftrag erfolgreich ausgeführt!"

Interessanterweise hat trotz der beeindruckenden Erfolge des
Audi Quattro kein anderes Werksteam in den USA die Vorzüge des
Allradantriebes auch auf der Rundstrecke für sich genutzt. Der Heckantrieb ist nach wie vor das einheitlich verwendete Konzept bei den
leistungsstarken Big Bangers geblieben.

Der schwere Audi V8
unter Hans-Joachim
Stuck spielte in der
deutschen Touren-
wagen Meisterschaft
1990 die Überlegen-
heit seines Allradan-
triebes folgreich aus.
Frank Biela gelang die
gleiche Demonstrati-
on ein Jahr später.

Die Quattros beherrschen die Deutsche Tourenwagen Meisterschaft

Nach der Rückkehr aus dem USA suchte und fand die Audi Motorsportabteilung ihre neue Herausforderung in einer Beteiligung in
der Deutschen Tourenwagen Meisterschaft DTM. Gegen etliche in-
terne Widerstände in den Häusern Audi und Volkswagen wurde der
Audi V8 als das einzige Modell aus der Audi-Palette ausgewählt, das
mit reellen Chancen in der hochgerüsteten DTM an den Start ge-

hen konnte. Gleich der erste Lauf zur DTM 1990 fand in Zolder bei Regen statt, und Hans-Joachim Stuck gab eine imponierende Lehrstunde über seine und die Fähigkeiten des Vierradantriebssystems. Auch in den nachfolgenden Läufen bewies der schwere Audi V8, wozu ihn sein Quattro-Antrieb befähigte. Die Konkurrenten kolportierten Fabelzahlen über die mögliche Leistung des V-8-Motors, die bis zu 400 PS reichten. Tatsächlich trat der Audi V8 zu Beginn der Saison mit rund 330 PS an den Start, für den Rest der Erfolge waren das ausgezeichnete Fahrwerk, der Allradantrieb und natürlich die Fahrer verantwortlich. Hans-Joachim Stuck konnte 1990 mit dem größten und schwersten Tourenwagen in der DTM die Meisterschaft nach Hause fahren. 1991 brachte Frank Biela mit dem Audi V8 wieder das gleiche Kunststück fertig. Eine Disqualifikation der Audi V8 durch die Sportbehörde wegen einer angeblich unzulässigen Änderung an der Kurbelwelle führte zum Rückzug von Audi aus dieser Motorsportserie. Dennoch starb die Idee, den Allradantrieb erfolgssteigernd in Tourenwagenrennen einzusetzen, auch nach diesem Ausstieg von Audi aus der DTM nicht.

Abgesang des Allradantriebs auf der Rundstrecke mit Opel- und Audi-Siegen

Die hohe Zeit des Allradantriebes kam im internationalen Tourenwagensport erst noch mit der ITC, der „International Touringcar Championship". In dieser Serie traten ab 1995 die technisch am höchsten entwickelten Renntourenwagen der bisherigen Motorsportgeschichte an. Alfa Romeo, Mercedes-Benz und Opel waren die wichtigen Automobilhersteller, von denen die ITC getragen wurde. Mercedes-Benz setzte weiterhin auf die immer weiter verfeinerte Ausführung des Heckantriebes, während Alfa Romeo und Opel mit ausgeklügelten Allrad-Systemen an den Start gingen.

Insbesondere der Opel-Vierradantrieb stellte in der letzten Ausbaustufe eine Realisierung des technisch Machbaren dar. Nach etlichen Jahren mit Pleiten, Pech und Pannen gelang Opel mit den ITC-Calibra und Manuel Reuter als Fahrer 1996 endlich der verdiente Durchbruch. Für die Entwicklung eines stärkeren Motors engagierte Opel keine geringere Firma als Cosworth, die unter anderem auch für den erfolgreichsten Formel-1-Motor aller Zeiten verantwortlich zeichnete. Aus dem erlaubten Hubraum von 2,5 Litern zauberten die englischen Ingenieure bis zu 535 PS. Völlig mühelos erreichte der V6-Motor mit seiner pneumatischen Ventilsteuerung die vom Sportgesetz für die ITC-Motoren auf 12000 Umdrehungen pro Minute begrenzte Höchstdrehzahl. Eine Mehrscheiben-Kohlefaserkupplung leitete das Motormoment auf

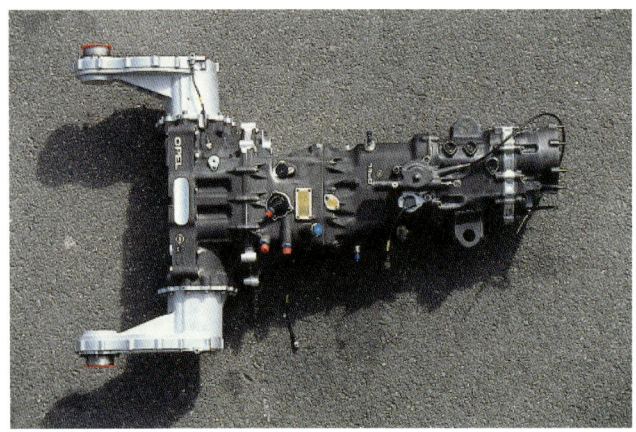

ein unsynchronisiertes, halbautomatisch schaltendes Sechsganggetriebe des ebenfalls englischen Spezialisten Xtrac weiter. Ein Planetendifferential verteilte das Moment je nach Strecke zwischen 30/70 und 40/60 auf die Vorder- und die Hinterräder. In der Normaleinstellung überbrückte eine hydraulisch betätigte Lamellensperre das Mittendifferential ab einem Schlupf von 4 Prozent an einer Achse.

Die beiden Differentiale in den Achsantrieben entwickelten ihre Sperrwirkung drehmomentabhängig über Rampen, die die erwünschte Anpresskraft für die Lamellenpakete für jedes Rad separat aufbringen konnten. Sie waren ohne oder mit einstellbarer Vorspannung zu fahren.

Den Vorderradantrieb zeichnete eine Besonderheit aus, die im modernen Rennwagenbau einmalig war und wohl auch bleiben wird: Obwohl der Motor in der Höhe der Vorderräder platziert war, lag das Vorderachsdifferential mit seitlichem Versatz hinter dem Motor. Zwei Radsätze übertrugen die Leistung in seitlich am Motor nach vorn vorbeigeführten Auslegern zu den beiden Vorderrädern. Das Motormodul ließ sich bei dieser Konstruktion nach vorn zwischen den Antrieben herausziehen und in wenigen Minuten austauschen.

Im Hinterachsdifferential förderte eine eigene Hydraulikpumpe den Öldruck für die zusätzliche hydraulische Betätigung der Differentialsperren rechts und links. Das gesamte, aufwendige Hydrauliksystem auch für das Getriebe und die Lenkung mitsamt der Vielzahl elektronischer Sensoren und der Steuerung entwarf und lieferte der Formel-1-Rennstall Williams.

Im Cockpit demonstrierten armdicke Kabelbäume und mehrere Schaltkästen sowie elektronische Steuerungen den extremen Komplexitätsgrad des Calibra-Allradantriebs. Dieses System mit seiner komplizierten Mechanik und die elektronische Steuerung der weitverzweigten Hydraulik mit unzähligen einstellbaren Parametern lassen selbst einen hochgerüsteten modernen Antrieb eines Formel-1-Wagens als leicht überschaubar und relativ einfach wirken.

Die hervorragende Abstimmung und Beherrschung der vielen anspruchsvollen High-Tech-Komponenten im Opel ITC-Calibra gaben Manuel Reuter endlich ein siegfähiges Arbeitsgerät in die Hände. Er setzte die Fähigkeiten des allradgetriebenen Rennautos

gekonnt um und die lang erstrebte und ersehnte ITC-Meisterschaft war der Lohn für harte Arbeit.

Wegen der Kostenexplosion für die Einsätze in der ITC zogen sich am Ende des Jahres 1996 Alfa Romeo und Opel aus der ITC zurück. Damit war diese international auf höchster Stufe stehende Motorsport-Serie für Tourenwagen gestorben.

Im selben Jahr 1996 konnte Audi auf nationaler Ebene mit dem Audi 80 quattro im STW-Cup unter Manuelle Pirro einen weiteren Erfolg für das Allrad-Konzept einfahren. Wegen der drückenden

Überlegenheit der Quattro-Armada mussten die Audi im Folgejahr 30 Kilogramm Ballast schleppen. Ab 1999 durften dann die Allradler gar nicht mehr starten, weil das Sportgesetz nur noch Zweiradantrieb erlaubte.

Die heutige Nachfolgeserie DTM knüpft wieder an alte Erfolge vor der Hochrüstung in der ITC an und hat sich ein Reglement gegeben, das interessanten Tourenwagensport mit noch erträglichen Kosten kombinieren sollte. V-8-Motoren mit maximal 4000

Der Allradantrieb treibt heute international nur noch in der Rallye-Weltmeisterschaft die Siegerautos an. Für diese Anwendung wurde er auf das höchste technische Niveau entwickelt.

ccm und Heckantrieb sind die vom Reglement vorgesehenen Standardkonfigurationen. Selbst der sonst als Serienauto in der 225-PS-Version mit dem Quattro-Antrieb ausgerüstete Audi TT rennt heute in der DTM-Serie mit rund 500 PS lediglich mit Heckantrieb.

Natürlich finden an jedem Wochenende viele kleine Rallies oder Wettbewerbe mit Geländewagen statt, in denen Fahrzeuge mit Allradantrieb erfolgreich eingesetzt werden. Auch bei nationalen Motorsport-Wettbewerben auf der Rundstrecke sind Allrad-Fahrzeuge im Einsatz. In den international besetzten und beachteten Rundstreckenrennen wurden Rennwagen mit Allradantrieb entweder vom jeweils gültigen Reglement verbannt oder aber die beteiligten Teams scheuen den großen Aufwand, in die langwierige Entwicklung eines kompetitiven Allrad-Systems zu investieren. Diese Entwicklung läuft konträr zu dem klaren Trend am Markt, der in den letzten Jahren eine kontinuierliche Steigerung der Attraktivität und damit der Verkaufsstückzahlen des Allradantriebes in verschiedenen Modell-Kategorien zeigt.

Lediglich die Rallyefahrer nutzen die Vorteile des Allradantriebes in nationalen und internationalen Wettbewerben bis auf das Letzte aus, um trotz der durch das Sportgesetz begrenzten Leistung von 300 PS Motorsport-Aktionen und Dynamik zu zeigen, von denen die Zuschauer immer wieder fasziniert sind. Damit wird der Allradantrieb auf das Terrain von vornehmlich Schotter und Schnee reduziert, obwohl er in vielen Serien des Motorsports nachdrücklich bewiesen hat, dass seine Vorteile bei leistungsstarken Autos auch mit modernen Rennreifen auf Asphaltstrecken zum Siegen eingesetzt werden können.

10.

Fahren im Gelände
– wie und wo

Solche atemberaubenden
Aussichten sind die Belohnung auch
für strapaziöse Geländefahrten.

Die vollkommene Fahrzeugbeherrschung im Gelände ist eine Kunst, die in keiner Führerscheinausbildung auf dem Lehrprogramm steht. Aus gutem Grund, denn die Vermittlung des dafür notwendigen Spezialwissens käme einem ineffizienten Minderheitenprogramm gleich. Erhellende Studien von Automobilklubs und Fahrzeugherstellern über die Einsatzprofile von Geländewagen kommen zu ernüchternden Ergebnissen. Nur vier Prohzent der Geländewagenbesitzer wagen sich tatsächlich, und dann auch nur gelegentlich, mit ihren Allradautos ins Gelände. Und nur weitere vier Prozent dieser Klientel setzt die Geländewagen häufiger bestimmungsgemäß abseits der Straße auch in schwierigerem Umfeld ein. Dieses Einsatzgebiet bleibt ausschließlich den Fahrzeugen mit Allradantrieb und der nötigen Bodenfreiheit vorbehalten. In diese Domäne der Geländewagen können Fahrzeuge mit Einachsantrieb nicht mehr vordringen. Denn auch die beste elektronische Schlupfregelung ist beim Zweiradantrieb nicht in der Lage, den im schwierigen Gelände oder bei niedrigen Reibwerten geforderten Vortrieb aufzubringen.

Einige leichte, aber wichtige Vorbereitungen

Schon vor dem Anlassen des Motors zum Start ins Abenteuer Geländefahren können einige kleine, aber wichtige Vorbereitungen den Erfolg des Ausflugs absichern. Als erstes muss eine „unsportliche", steile Sitzposition relativ nah am Lenkrad eingestellt werden. In dieser Haltung verbessert sich die Übersicht vor dem Fahrzeug und schnelle Lenkkorrekturen mit Übergreifen fallen leichter.

Selbst bei geschickten Ausweichmanövern beutelt welliger Untergrund mit größeren Hindernissen das Fahrzeug und die Insassen kräftig durch. Für alle Passagiere gilt deshalb als oberste und erste Regel schon vor Fahrtbeginn: Bitte die Sicherheitsgurte anlegen. Bei großen Bodenwellen können die Gurte verhindern, dass Fahrer und Beifahrer aus den Sitzen katapultiert werden und der Lenker dabei gerade in solchen brenzligen Situationen die Kontrolle über die Lenkung und die Pedalerie verliert.

Selbst wenn das Geländefahrzeug mit einer leichtgängigen Servolenkung ausgestattet sein sollte, dürfen die Daumen nicht lässig hinter den Lenkradspeichen eingehakt werden. Denn nur ein einziger ins Lenkrad durchgekommener schwerer Stoß kann schon zu einer schmerzhaften Verstauchung führen. Und dass im Gelände beide Hände auf dem Lenkrad liegen, darf wohl als Selbstverständlichkeit gelten.

Vor dem Start sollten noch die Fensterscheiben bis auf einen eventuell nötigen Lüftungsspalt geschlossen werden, damit der

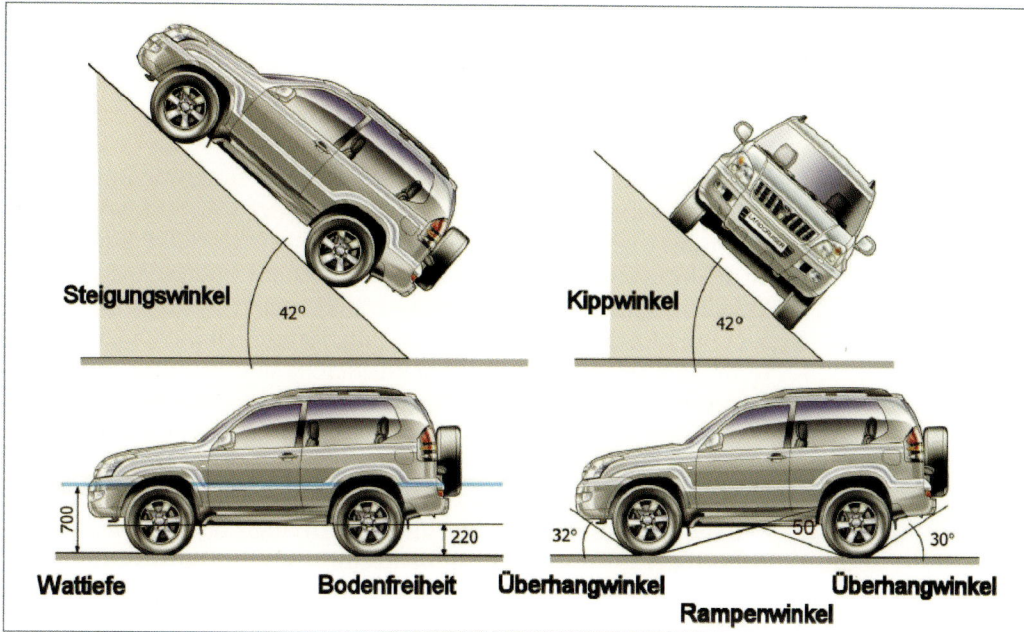

Steigungswinkel 42°

Kippwinkel 42°

700 · Wattiefe

220 · Bodenfreiheit

32° · Überhangwinkel

50° · Rampenwinkel

30° · Überhangwinkel

Kopf bei überraschenden starken seitlichen Schlägen nicht auf die Scheibenkante aufschlagen kann.

Vorsicht, Vorausschau und richtige Einschätzung sind die Erfolgsgeheimnisse

Wer sich ohne jede Erfahrung oder Anleitung mit seinem Allrad-Fahrzeug ins Gelände wagt, sollte einige Grundregeln des Offroad-Fahrens beherzigen. Denn bei zu viel Mut könnte der Gelände-Fahrer schnell erkennen, dass es ihm hier mit guten Ratschlägen geht wie mit dem Reservereifen oder einem Colt: man braucht beide selten, aber wenn, dann dringend. Bevor man also sein Auto von der befestigten Straße auf unsicheren Grund lenkt, sind einige Vorsichtsmaßnahmen zu treffen.

Als erstes muss die Überlegung stehen, welches Gelände in Angriff genommen werden soll. Danach richtet sich die Wahl der Reifen und anderer Ausrüstungen. Und der Gelände-Novize muss sich auf die neue Herausforderung auch mental einstellen. Während auf gut ausgebauten Straßen der Wagen auch ohne kontinuierlichen Blick auf die Fahrbahn sicher kontrolliert werden kann, erfordert das Fahren im Gelände die höchste Aufmerksamkeit. Ständiges Absuchen des Untergrundes auf Hindernisse und gefährliche Stellen sowie die angespannte Bereitschaft zu Ausweichreaktionen fordern den Fahrer psychisch und physisch.

Sicheres Fahren in unbekanntem Gelände bedeutet eine Herausforderung ganz eigener Art. Denn schon die erste Böschung, über die man die Straße verlassen möchte, kann eine ernste Hürde bedeu-

Vor jeder Gelände-fahrt sollte sich der verantwortungsbewusste Fahrer über die Schwierigkeiten im Gelände informieren und prüfen, ob sein Fahrzeug für dieses Vorhaben geeignet ist.

ten, wenn das Fahrzeug nicht über entsprechend große Böschungs- und Rampenwinkel verfügt. Aufsetzer mit der vorderen oder hinteren Stoßstange bedeuten dann noch die kleinsten Beschädigungen. Im schlimmsten Fall setzt der Wagen aber auf und bleibt schon im Anlauf zur großen Freiheit stecken. Bei einigen Geländewagen, wie zum Beispiel dem Chevrolet Silverado, lassen sich die Unterteile der Stoßfänger leicht demontieren, um Beschädigungen im Gelände zu verhindern. Schräges Anfahren von Wällen und Gräben kann Beschädigungen und Aufsitzen verhindern.

Beim Überfahren quer laufender größerer Unebenheiten wie aufgeschütteter Dämme müssen ebenfalls Vorausschau und Vorsicht walten. Bei dieser Übung ist die Bauchfreiheit des Geländewagens gefragt, denn sonst setzt das Fahrzeug mitten auf dem Damm auf. Bei ungünstigen Reibungsverhältnissen der Dammflanken helfen auch Motorleistung und Allradantrieb nicht weiter, denn dann gleicht das Vehikel mit leer drehenden Rädern einem hilflosen Käfer. In dieser und vielen anderen Situationen im Gelände bieten die höhenverstellbaren Luftfederungen eines Touareg / Cayenne turbo auf Knopfdruck zusätzliche Höhenreserven.   Bevor also die geometrischen Grenzen des eigenen Fahrzeugs ausgelotet werden, sollten einige einfachere Übungen auf dem Programm stehen.

Ein schräger Wiesenhang kann bis zu erstaunlichen Steigungen mit den serienmäßigen Hochgeschwindigkeitsreifen erklommen werden – solange das Gras nicht nass ist. Ein aufgeweichter, triefend nasser Rasen verlangt dagegen schon bei mäßigen Steigungen nach stark profilierten Geländereifen. Auch jeder schmierige, lehmige Untergrund kann mit den falschen Reifen zur Falle werden. Für den Beginn der Offroad-Erfahrungen empfehlen sich deshalb Trockenperioden, in denen auch ohne spezielle Geländereifen die Allradantriebe beeindruckende Fähigkeiten an den Tag legen. Doch wehe, wenn es nass wird! Unter diesen Bedingungen lauern im Gelände viele Fallen, deren Überwindung Übung und geeignete Reifen voraussetzt. Ambitionierte Aktivitäten im Gelände erfordern unabdingbar Geländereifen mit der speziellen Eignung für das vorgesehene Terrain.

Zu Beginn von Gelände-Erkundungen deuten schon eingefahrenen Spuren auf Terrain hin, in das ohne Überraschungen eingefahren werden kann. Auf häufig befahrenen Spuren können aber die vielen Vorausfahrenden schon so tiefe Rinnen in den Untergrund gearbeitet haben, dass besonders bei Fahrzeugen mit Starrachsen das Differentialgehäuse aufsetzt. Bei dieser Gefahr empfiehlt es sich, mit den Rädern einer Fahrzeugseite neben die Spur zu klettern und dadurch die notwendige Bodenfreiheit zwischen Starrachsdifferenzial und Untergrund zu schaffen.

Übermut tut selten gut

Eine alte Offroad-Weisheit lehrt: „Schwung ist die Mutter der Fortbewegung". Aber gerade in der richtigen Dosierung des zum Fortkommen notwendigen Schwunges liegt eines der Geheimnisse von guten Geländewagenfahrern. „So langsam wie möglich, so schnell wie nötig", lautet deshalb der zweite Hauptsatz im Gelände. Deshalb muss der notwendige Schwung je nach Situation und Fahrzeug genau kalkuliert werden. Bei zu niedrigem Tempo reicht die Bewegungsenergie des Fahrzeugs nicht mehr aus, um auf glatten Geländestücken den mangelnden Vortrieb zu unterstützen. Aber bei zu hohem Tempo kann plötzlich auftauchenden Hindernissen nicht mehr rechtzeitig ausgewichen werden. Starke Schläge können dann die Reifen, den Unterboden mit verletzlichen Antriebselementen oder die Radaufhängungen ernsthaft in Mitleidenschaft ziehen. Außerdem kann der ganze Wagen unkontrolliert verspringen.

Bei zu spätem Erkennen eines Hindernisses darf dennoch nicht die Bremse panisch bis zum Anschlag getreten werden. Die Bremswirkung verlagert Achslast dynamisch von hinten nach vorn, wodurch sich der Federweg und die Bodenfreiheit vorn verkleinern und die Federung verhärtet. Ein noch stärkerer Schlag auf die Vorderachse wäre die Folge. Deshalb muss die Bremse kurz vor einem Hindernis wieder gelöst werden, um die Stoßwirkung ins Fahrzeug zu vermindern.

Der Fahrzeugschwung kann und muss in einer ganz besonderen Situation hilfreich eingesetzt werden. Soll ein Hang mit einer höheren Neigung als dem erlaubten Kippwinkel quer befahren werden, so kann nur der Schwung für ein kurzes Stück den Wagen in einer stabilen Lage halten. Vor dem Abkippen muss dann schnell in der Fall-Linie talwärts gelenkt werden, um das drohende seitliche Abrollen zu Tal noch abzufangen. Dieses Manöver zählt aber bereits zur

Bei steilen Abfahrten soll aus Sicherheits-gründen die Fall-Linie eingehalten werden, um ein seitliches Ab-rollen des Wagens zu verhindern. Magué/ Sousa balancieren hier schon mächtig.

hohen Kunst des Geländefahrens und sollte nur bei ausreichender Übung an kleineren Hängen gewagt werden.

Schlimme Folgen ganz anderer Art können zu mutige Einfahrten in tiefere Wasserstellen hervorrufen. Beim Eintauchen des Vorderwagens in der Wasser ergießt sich ein großer Schwall über die gesamte Motorhaube und kann dabei kurzfristig die Ansaugleitungen des Motors fluten. Das angesaugte Wasser führt sofort zum berüchtigten Wasserschlag im Motor, wenn der hochfahrende Kolben eines Zylinders statt Luft plötzlich Wasser komprimieren soll. Der Motor bleibt nicht nur schlagartig stehen, sondern verlangt daraufhin in vielen Fällen auch nach einer Grundüberholung des Kurbeltriebs in der Fachwerkstatt. Diese Erfahrung mussten sogar ein Rallye-Weltmeister (Ari Vatanen) und eine Dakar-Siegerin (Jutta Kleinschmidt) 2004 in einer Wasserduchfahrt mit Motorschäden bezahlen.

Für den extremen Offroad-Einsatz vorbereitete Gelände-wagen saugen zur Vermeidung von Wasserschäden im Motor die Verbrennungsluft über hoch gelegte Schnorchel an.

Für richtige Offroad-Fahrzeuge lässt sich in den Betriebsanleitungen immer eine Angabe für die Wattiefe finden. Hierbei handelt es sich nicht nur um den Wasserstand, der noch ohne Feuchtigkeitseinbruch in den Innenraum und nasse Schuhe zu bewältigen ist. Vielmehr ist die Wattiefe ein wichtiges Maß für die Betriebssicherheit des gesamten Antriebsstranges und anderer Komponenten des Fahrzeugs. Beim Überschreiten der erlaubten Wattiefe können nicht nur der Motor, sondern auch Getriebe und Achsantriebe über die notwendigen Belüftungen durch den Wassereintritt ernsthaften Schaden nehmen.

Sobald bei zu schneller Einfahrt in Wasser der Schwall die Motorhaube übergießt, können schwere Motorschäden als Folge durch angesaugtes Wasser auftreten.

Fahrten durch stark strömendes Wasser führten schon häufiger trotz geringerer Wassertiefe zu bösen Überraschungen. Das Fahrzeug schwimmt dann wie ein Hausboot auf und die Strömung treibt es flussabwärts.

Wenig spektakulär, aber sicher: langsame Wasserdurchfahrt nur bis zur erlaubten Wattiefe sichert die Weiterfahrt ab.

Sand – ein Untergrund mit tausend Formen und Gefahren

Ein gut bemessener Anfangsschwung erleichtert die Durchquerung von kürzeren Sandpassagen ungemein. Wenn der Sand keine zu tiefe und lockere Struktur aufweist, kann man sich selbst mit ungeeigneten Reifen vielleicht noch auf das nächste griffige Geländestück retten. Bei langen Sandstücken helfen aber nur noch die richtigen Reifen – und natürlich ein Allradantrieb. Fatalerweise existieren derart verschiedene Qualitäten von Sand, dass für die optimale Traktion auf diesem tückischen Untergrund Geländereifen mit verschiedenen Profilen auszuwählen sind. Das richtige Profil für den zu erwartenden Sand können nur Experten bestimmen. Bei keinem anderen Untergrund ist die Erfahrung so wichtig wie für die erfolgreiche Bewältigung von langen Sandstrecken. Nur Unerfahrene wagen

Durch lange Sand-
passagen helfen
ausreichende Motor-
leistung, der Allrad-
antrieb und die
richtigen Reifen.

sich im Vertrauen auf ihren Allradantrieb in schweres Gelände mit langen, tiefen Sandpisten. Die erfahrenen Wüstendurchquerer bauen dagegen nicht nur auf ihr eigenes Sand-Know-how, sondern für den Notfall auch auf möglichst lange Sandbleche und große Schaufeln. Vor ihrem Einsatz versucht der kundige Gelände-Experte aber erst einmal, das Fahrzeug frei zu schaukeln. Dazu fährt er mit wenig Gas das Auto in den Radkuhlen vorsichtig bergauf, bis die Reifen durchzudrehen beginnen. Während jetzt das Auto in der eigenen Kuhle wieder zurückrollt, schnell den Rückwärtsgang einlegen und auf die Gegenseite der Vertiefung so weit wie möglich hinauffahren. Bei mehrmaligem Hin- und Herschaukeln vergrößern sich die Reifenkuhlen und das Fahrzeug kann von Versuch zu Versuch mehr Schwung aufnehmen. Mit Können und Glück gelingt es häufig, ein nicht zu tief festgefahrenes Auto auf diese Art wieder flott zu machen. Dieses Manöver empfiehlt sich natürlich nicht nur im Sand als erster Befreiungsversuch, sondern auch in vielen anderen misslichen Lagen. Bei weniger Glück vergrößert sich bei diesen Manövern aber eine vorher kleine Pfütze zu einem veritablen Schlammloch, aus dem nur noch fremde Hilfe heraus führt.

Wenn sich ein Fahrzeug in tiefen Sand aber einmal richtig eingegraben hat, kann die Befreiung daraus viele Stunden mit schweißtreibender Arbeit dauern. Dann ist es gut, wenn das Fahrzeug mit einer Winde ausgerüstet ist, um sich aus eigener Kraft befreien zu können. Gerade in der Wüste sind Bäume oder Gegenstände zum Befestigen des Seiles äußerst rar gesät. Ein zweites Fahrzeug oder ein Bodenanker sind notwendige Voraussetzungen, um eine Winde auch erfolgreich einsetzen zu können. Als Bodenanker kann auch ein ausreichend tief eingegrabenes Reserverad dienen.

Um sich diese Mühe beim Freischaufeln ihres Autos zu ersparen, reduzieren Geländewagenfahrer vor Sandpassagen den Reifenluftdruck. Die Reifen erhalten dadurch eine größere Auflagefläche und damit sinkt der Bodendruck. Der verringerte Rollwiderstand im Sand und die vergrößerte Kontaktfläche erlauben die Übertragung deutlich höherer Zugkräfte. Die Luftdruckabsenkung und vor allen das Aufpumpen der Reifen mit einem – hoffentlich – mitgebrachten Kompressor sind zeitraubend und mühselig. Diese Arbeit erspart eine Luftdruckregelanlage, die es aber außer beim Hummer für keinen zivil genutzten Geländewagen als Option ab Werk gibt. Luftdruckregelanlagen mit außenliegenden Zuleitungen lassen sich aber an fast allen Allradfahrzeugen auch nachträglich montieren. Einige Teilnehmer von Wüsten-Rallies vertrauen sogar auf diese Anbaulösungen.

Lockerer Sand bremst das Fahrzeug wegen des hohen Rollwiderstands der Reifen stark ab. Deshalb gilt auch hier, selbst wenn mit Anfangsschwung in eine Sandstrecke eingefahren werden kann, früh herunterzuschalten. Bevor die Räder durchdrehen rechtzeitig, wie in allen Situationen des Geländefahrens, schnell die Sperren – sofern manuell bedienbar – in der richtigen Reihenfolge einschalten. Bei der Rückkehr

auf festen Untergrund aber auf keinen Fall vergessen, die Sperren vorher wieder auszuschalten. Denn ein schwerer Geländewagen wie zum Beispiel das Mercedes G-Modell lässt sich auf Asphalt mit drei gesperrten Differenzialen nicht manövrieren. Bei modernen Allradfahrzeugen übernehmen elektronisch gesteuerte Sperren automatisch die Funktionen des Ein- und Ausschaltens.

Ketten als letzte Hilfe

In nördlicheren Klimazonen stellen Schlamm, Morast oder tiefer Schnee die größeren Hindernisse für das Vorwärtskommen eines Fahrzeugs im Gelände dar. Auch für diesen Untergrund bieten mehrere Hersteller Reifen mit für diese Einsätze abgestimmten Profilen an. Aber selbst mit den richtigen Reifen ist das Fortkommen nicht immer garantiert. In diesen Fällen sind Ketten die beste und letzte Wahl, um das Auto wieder in flott zu bekommen. Wichtig ist auch in diesen Fällen, nicht durch verzweifeltes Gas geben und durchdrehende Räder das Fahrzeug zu tief einzugraben. Das Auflegen von Ketten ist dann nämlich eine Qual, und die Befreiung aus eigener Kraft ist selbst mit diesen Hilfsmitteln eher fraglich.

Unter Geländewagenfahrern und in den Betriebsanleitungen ihrer Fahrzeuge herrschen zwei Philosophie-Richtungen vor: Ketten auf die Vorderräder oder Ketten auf die Hinterräder. Beide Montageweisen haben Vor- und Nachteile und sollten deshalb nur bei kurzfristiger Verwendung von Ketten zum Einsatz kommen. Die höchste Traktion, Brems- und Kurvenstabilität bieten Ketten auf allen vier Rädern. Moderne Ketten sind mit ein wenig Übung schnell aufzulegen und wieder abzunehmen und spannen sich selbst nach. Die Verwendung von nur einem Kettenpaar bedeutet Sparsamkeit am falschen Platz und im Extremfall auch mögliche Gefährdung von sich und anderen.

Vor der Anschaffung von Ketten müssen ein Studium der Betriebsanleitung oder die gezielte Abfrage beim Händler stehen. Denn nicht auf allen Fahrzeugtypen lassen sich Ketten auf allen Rädern auflegen und für die Größe der Ketten gelten wegen der engen Platzverhältnisse in modernen Autos teilweise starke Einschränkungen. Die Kettenhersteller tragen dem immer engeren Bauraum konsequent Rechnung und bieten Ketten mit besonders feinen Gliedern an, die nur noch wenig zusätzlichen Platz beanspruchen. Diese Ausführungen reißen aber in schwerem Gelände leicht.

Die meisten Besitzer von SAV, SUV und Geländewagen werden sich ohne eine fachmännische Einführung in die Kunst des Geländefahrens nicht in schwierige Gebiete als erste Herausforderung begeben. Sie wollen meistens nur den Winter sicher bezwingen. Dazu gehören, und nicht nur im Gebirge, auf jeden Fall geeignete Win-terreifen. Die in Nordamerika so weit verbreiteten Ganzjahresreifen stellen nur einen schlechten Kompromiss dar und sollten für einen richtigen alpinen Winter gar nicht in Erwägung gezogen werden.

Bei allradgetriebenen Fahrzeugen gilt, im Gegensatz zu Flugzeugen, die Erkenntnis: „Hoch kommen sie immer„. Es ist erstaunlich, welche Steigungen sich selbst mit normalen Straßenreifen und Allradantrieb

bewältigen lassen. Erst beim Herunterfahren treten die Probleme auf. Die meisten Geländewagen sind erheblich schwerer als normale Personenwagen, und diese Masse schiebt beim Bergabfahrten für viele Neulinge überraschend unwiderstehlich talwärts. Bei geringen Reibwerten der Straßenoberfläche lautet deshalb das oberste Sicherheitsgebot bei Abfahrten, die Geschwindigkeit verantwortungsvoll zu drosseln. Die Hill Descent Control Systeme bieten eine hervorragende Unterstützung, das Fahrzeug gar nicht erst unbeherrschbaren Schwung aufnehmen zu lassen. Bei vereisten Bergabstrecken können aber weder die Hill Descent Control Systeme noch das beste ABS für die notwendige Verzögerung sorgen, weil dann die Reifen nur noch ohne spürbare Kraftübertragung hinunterschlittern. Jetzt gilt es, eine alte Fahrschullehre in die Praxis umzusetzen und möglichst schnell das Auto auf der Bergseite zum Bremsen anzulehnen. Gut, wenn dort der Schneepflug einen Schneewall aufgeworfen hat. Noch besser, wenn rechtzeitig vier Ketten aufgezogen wurden und damit dieser letzte Ausweg nicht gesucht werden muss.

Die Tücken des Bremsens auf Rollsplitt und die hilfreiche Wirkung des ABS in diesen Fällen kennt jeder wintererfahrene Lenker. Genauso bremswegverlängernd wirkt sich Schotter aus, auf dem die Reifen wie auf Kugellagern weiterrutschen. Beherztes Blockieren der Bremsen führt meistens zum Eingraben der Räder im Schotter und der aufgeworfene Wall vor dem Reifen baut dann die erhoffte Verzögerung auf. Bei eingeschaltetem ABS bleiben die Räder aber nur stehen, wenn das System intelligent genug ist und über eine Schneekeil- und Schottererkennung verfügt.

Schub von unten raus

Nicht überschaubare Geländestrecken oder Abschnitte mit großen Hindernissen müssen mit aller Vorsicht durchfahren werden. Diese Vorsicht beginnt mit einer möglichst niedrigen Geschwindigkeit. Die Geländeübersetzungen der Profi-Geländewagen sollen nicht nur die Überwindung von Steilstrecken, sondern auch die zuverlässige Einhaltung einer Kriechgeschwin-digkeit ohne Belastung der Kupplung erlauben. Viele alte Prospekte und militärische Angaben sprechen deshalb auch von einem Kriechgang statt von einer Geländestufe. Ein Kriechgang stellt aber nur die eine Hälfte der extremen Geländefähigkeiten dar. Die andere Hälfte muss ein Motor mit möglichst großem Drehmoment „aus dem Keller heraus" beitragen. Auf hohe Leistung getrimmte Ottomotoren oder Dieselaggregate mit großen Turboladern verfügen nicht über den beim Geländefahren wichtigen „low end torque", das bullige Drehmoment aus niedrigen Drehzahlen heraus. Auch für diese Anwendungsfälle ist Hubraum wieder einmal durch nichts zu ersetzen, weil nur er das hohe Grunddrehmoment für einen starken Antritt schon aus Leerlaufdrehzahl erzeugt.

Der Drehmomentwandler eines Automatik-Getriebes kann eine leichte motorische Anfahr-

Beim Bremsen im Schotter und im Schnee graben sich die Reifen ein und bauen einen bremsenden Keil vor sich auf. Besitzt das ABS keine Keilerkennung, muss es in solchen Situationen ausgeschaltet werden.

Bei steilen Abfahrten muss unbedingt eine niedrige Geschwindigkeit eingehalten werden, um ein „Ablaufen" des Fahrzeugs zu verhindern.

schwäche ausgleichen. Einen Geländefahrer aus altem Schrot und Korn überkommt immer noch das Grausen beim Gedanken an ein Automatik-Getriebe für den Offroad-Einsatz – zumindest noch in Europa. In Amerika stellt dagegen ein Hardcore-Geländewagen mit Automatik-getriebe eine übliche Kombination dar. Nach langen und sorgfältigen Ausscheidungstests entschied sich sogar die traditionsbewusste Schweizer Armee zur Beschaffung des G-Modells mit Automatik-Getriebe und setzte damit ein klares Zeichen in Europa. Neben einer Reihe technischer Gründe gab die einfachere Beherrschung des Fahrzeugs gerade in schwerem Gelände den Ausschlag für diese Wahl.

Niedriger Gang, eingelegte Geländeübersetzung und hohes Motormoment sind notwendig, um solche Situationen zu bewältigen.

Automatik-Getriebe nutzen Momente der Entlastung häufig zum Hochschalten – gerade dann, wann am nächsten Hindernis wieder höchste Zugkraft verfügbar sein muss. Automaten sollen im Gelände deshalb in niedrigen Gängen gesperrt gefahren werden. Eine vorhandene Geländestufe muss der Fahrer zusätzlich rechtzeitig einlegen, um den Drehmomentwandler nicht zu überlasten und das Motormoment über die Übersetzung zusätzlich verstärken zu können. Das Gleiche gilt natürlich im übertragenen Sinn auch für Handschaltgetriebe: rechtzeitig herunterschalten, um das Fahrzeug mit dem Motormoment besser kontrollieren zu können. So gelingt das langsame Heranfahren an Hindernisse, das Entlasten der Vorderachse durch einen gezielten Gasstoß und dann das leichtere Erklimmen einer Böschung oder eines Felsbrockens. Ein Kriechgang und ein möglichst hohes Motorgrunddrehmoment stellen die wichtigen Voraussetzungen für solche Übungen dar.

Zu den heute fast zum Standard gewordenen Erleichterungen beim Fahren zählt auch die Servolenkung. Besonders beim Ausweichen von Hindernissen in schwerem Untergrund reduziert sie die Kraftanstrengung und dämpft darüber hinaus von den Rädern weitergeleitete seitliche Schläge.

Wo man im Gelände fahren und üben kann

Wie in jedem Metier, so macht auch beim Geländefahren Übung den Meister. Die Gelegenheiten fürs notwendige Üben im freien Gelände sind rar, da immer mehr Verbote den Bewegungsraum von Geländewagen in Feld und Flur – zu Recht – einschränken. Inzwischen bieten aber eine Reihe von privaten Institutionen und auch die Automobilhersteller selbst Geländestrecken jeden Schwierigkeitsgrades zur Erfahrung der persönlichen und der automobilen Grenzen an. In organisierten Kursen vermitteln sie allen Interessenten unzählige Tricks und Kniffe für die sichere Bewältigung des kleinen Abenteuers abseits der Straße. Viel Know-how tauschen natürlich auch die engagierten Mitglieder in Geländewagen-Klubs bei gemeinsamen Ausfahrten und den Klubabenden aus. Die hier zusammengestellte kleine Auswahl von organisierten Lehrgängen und Offroad-Clubs soll als Anregung dienen, sich vor der Bewältigung schwieriger Geländefahrten das notwendige Wissen und die unumgängliche Übung anzueignen. Denn nur mit der notwendigen Praxis stellen sich dann die Erfahrung und mit ihr das Fahrerlebnis und die Faszination ein, die als emotionales Fernziel beim Kauf eines Allradfahrzeugs zu einem hohem Anteil ausschlaggebend sind.

Der schnellste und einfachste Weg zu einem Geländefahrtraining führt über den jeweiligen Händler. Mehrere Automobil-Firmen veranstalten regelmäßig oder sporadisch Geländefahrkurse mit hohem Nutzwert. BMW zum Beispiel nutzt regelmäßig das größte Sandgebiet in Europa in der Slowakei zu einem Adventure Training. Auch in Marokko lehrt BMW die hohe Kunst des Geländefahrens. Mitsubishi veranstaltet zusammen mit mehreren anderen Organisationen ihre Desert Academy in beeindruckenden Wüstengebieten.

Im größten Sandgebiet Europas führt BMW regelmäßig Fahrerlehrgänge durch. Andere Automobil-hersteller bieten ähnliche Kurse an.

Neben den Automobilherstellern veranstalten eine ganze Reihe von Autofahrer- und Offroad-Klubs sowie auch professionelle Organisationen Geländefahrgänge in den verschiedensten Gebieten. Die von Auto, Motor und Sport zusammengestellte Adressenliste kann hier gute Auskünfte geben.

Nur wer schon ausreichend Übung gesammelt hat, sollte dann als krönenden Höhepunkt einer Geländefahrer-Karriere über eine Teilnahme an den Abenteuern über den berühmt-berüchtigten Rubicon-Trail in Kalifornien oder die etwas weniger anspruchsvollen Geländestrecken in Utah nachdenken. Auf diese beiden großen Herausforderungen stimmen die Internet-Seiten **www.rubicon-trail.com** und **www.utah.com/offroad/** mit einem hohen Suchtpotential ein.

Der Rubicon-Trail in Californien bedeutet das Mekka für Hardcore-Geländefahrer mit kaum zu überbietenden Anforderungen an Mensch und Material.

Lion´s Back als Teil des Rubicon-Trails wurde für echte Geländewagenfahrer der berühmteste Felsen der Welt und eine der größten Herausforderungen.

Die wichtigsten Regeln beim Geländefahren

- Das Gelände und die Fahrtstrecke möglichst vorher erkunden
- Danach die Reifenwahl treffen
- Vor langen Sandpassagen Luftdruck absenken
- Schwierige Geländestücke nicht zu schnell anfahren
- Wasser langsam durchfahren
- Rechzeitig in niedrige Gänge schalten
- Rechzeitig die Geländeübersetzung einlegen
- Rechtzeitig die Differezialsperren einschalten
- Nicht in Hindernisse hineinbremsen, Vorderwagen mit Motormoment entlasten
- Bei Kippgefahr an Schräghängen sofort talwärts lenken
- Nach Geländestücken Luftdruck korrigieren und Sperren ausschalten
- Bei Fahrten in einsame Gegenden komplette Ausrüstung an Bord nehmen
- Wissen von erfahrenen Offroad-Spezialisten nutzen
- Mindestausrüstung: Ketten auch im Sommer, Schaufel, Spaten, Greifzug, Beil, Säge, Handschuhe, feste Schuhe, Lampe

Adressenliste

Allrad Fahr- und Übungsgelände
Reichwalde
Ziegeleistraße 1a
02943 Boxberg
Tel.: 035774/30070
Fax: 035774/30072
www.allradgraupner.de

Motorsportzentrum
Jänschwalde
Pelitzer Straße 58a
03197 Jänschwalde
Tel.: 035607/524
www.allradfreunde.de

Allrad- und Freizeitpark Tollwitz
Ammendorfer Straße 37
06184 Oberthau
Tel.: 34204/63607
www.orcsachsen.de

Motorsportverein
Dieskau e.V.
06184 Dieskau
Tel.: 0171/1204869
Fax: 0345-290
www.msvdieskau.de

Fahrgelände „Am kleinen Gegenstein"
An den Gegensteinen 1
06493 Ballenstedt
Tel.: 039483/204
Fax: 039483-275

auto motor und sport Fahrsicherheits-
zentrum am Sachsenring
Am Sachsenring 2
09353 Oberlungwitz
Tel.: 03723-65330
Fax: 03723-653355
www.sachsenring.de

Teltow-Fläming-Ring Kallinchen
Straße zur Försterei
15806 Kallinchen
Tel.: 033769/51461
Fax: 033760/51462
www.tf-ring.de

Diehloer Bergring
Neue Gartenstraße 13
15890 Eisenhüttenstadt
Tel.: 03364/414457
www.oderland-trail.de

Fahrgelände Basdorf
Birkenstraße 49
16352 Basdorf
Tel.: 033397/62412
Fax: 033397/81940
www.off-road-tiger.de

Siedenbüssow und Schlakendorf
Jarmener Straße 50
17109 Demmin
Tel.: 03998/253504
oder 039999/71562
Fax: 03998/253526

Rostocker Offroad-Erlebnispark
Brückenweg
18146 Rostock (Dierkow)
Tel.: 0381/20790190
Fax: 0381/7788760

Fahrgelände Steinhagen
Kurt-Tucholsky-Straße 8
18507 Grimmen
Tel.: 038326/69013 oder 0171-
8986227
www.msc-nordvorpommern.de

Offroadcamp Karenz
Malker Weg 22
19294 Karenz
Tel.: 0172/8740780
Fax: 040/6080809
www.offroadcamp-karenz.de

Motorsportplatz Tensfeld
Tarbeckerlandstraße
23824 Tensfeld
Tel.: 04323/96010 oder
ADAC Sportabteilung Kiel
Tel.: 0431/6602180
www.motorsport-n-t.de

Müller-Dittmer GbR-Offroad-Events
Wohlsberg 22
27389 Fintel
Tel.: 04265/1223
Fax: 04265/981062
www.offroarevents-offroad.de

Freizeitpark Motodrom Hoope
Wulsbüttler Straße 2
27628 Wulsbüttel
Tel.: 04795/954820
Fax: 04795/954822
www.hoopepark.de

Fahrgelände Tann
Geländewagen-Club
Rhön, 36142 Tann (Rhön)
Tel.: 06682/315
Fax: 06682/315

Aspenstedt
Hill Hopper Club Goslar
Bergmannstraße
39446 Löderburg
Tel.: 039265/52481
oder 05321/389116
www.hillhoppergoslar.de

Offroadpark beim Wurzelsepp
39649 Waldsiedlung Peckfitz
Tel.: 039082/8518
Fax: 039082/93372

auto motor und sport
Fahrsicherheitszentrum
am Nürburgring
An der B258
53520 Nürburg
Tel.: 02691/30150
Fax: 02691/301510
www.fsznuerburgring.de

Off-Road Centrum Biningbrücken
Geländewagenfreunde Saar-Pfalz e.V.
Im Kellerfeld 54
66440 Blieskastel
Tel.: 06842-6582
Fax: 06842/8365
www.grade.de

Outdoor Parcours Tripsdrill
Markom Agentur und
Veranstaltungs-Service
74389 Cleebronn
Tel.: 07135-9999
www.tripsdrill.de

Off-Road-Park Langenaltheim
Untere Haardt 4
91799 Langenaltheim
Tel.: 09143/791
Fax: 09143/837034
www.offroadpark-langenaltheim.de

Alsace Off Road
Club 4x4 valee de la Zorn
9, rue du Moulin
67330 Hattmatt
Tel. und Fax: +33388690113
http://alsace-off-road-ifrance.com

11.

Ausblick

V on allen wegweisenden Entwicklungen für das Automobil hat wohl der Allradantrieb die längste Vorbereitungsphase bis zur Einführung in die Großserie benötigt. Selbst wenn Leonardo da Vincis Vision aus dem Jahr 1506 nicht gezählt, sondern erst Ferdinand Porsches Entwicklung des mit vier elektrischen Radnabenmotoren ausgerüsteten „Rennwagens" als Startpunkt betrachtet wird. Denn erst über 70 Jahre später fand mit dem Subaru Leone und dann mit den Audi Quattro-Modellen der Allradantrieb eine breite Akzeptanz. Der wahre Allrad-Boom setzte aber erst mit einer Flut von Geländewagen, SUVs, SAVs und Allrad-Versionen von Limousinen wie Ford Sierra, Lancia Integrale 4WD, BMW 325 iX, Mercedes 4MATIC für die gesamte Personenwagen-Reihe von Mercedes-Benz und Jaguar X-Type ein. In der Betrachtung der Lebensdauerzyklen von Produkten befindet sich der Allradantrieb auf jeden Fall noch in der Wachstumsphase. Es wird noch viele Jahre dauern, bis Allradantriebe mit noch deutlich höheren Stückzahlen und neuen Technologien die Sättigungsphase am Markt erreicht haben.

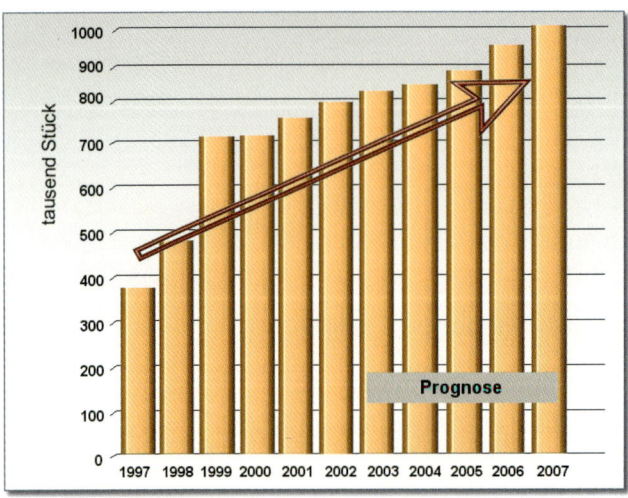

Mit dieser Ausgangslage und einem deutlichen Trend fällt die Prognose nicht schwer, Fahrzeugen mit Allradantrieb eine weiter kontinuierlich steigende Verbreitung in der Zukunft vorherzusagen. Schwerer wird da schon die Prognose über die jeweiligen Marktanteile von Limousinen, Stationwagen mit Allradantrieb, Crossover-Fahrzeugen und Geländewagen. Ganz sicher wird die Zahl der Hardcore-Geländefahrzeuge nicht deutlich steigen, zumindest nicht in Europa. Schon heute sind freie Geländestrecken in fast allen europäischen Ländern gesperrt, und echte Gelände-Freaks können ihre Fahrzeuge nur auf besonderem Terrain in Privatbesitz ausnutzen.

Nach den letzten Prognosen von Continental wird sich der westeuropäische SUV-Markt von allen Allradkategorien weiterhin am stärksten entwickeln.

Weiterhin an Beliebtheit gewinnen werden dafür die SUVs und SAVs, bei denen an der absoluten Geländegängigkeit zugunsten von mehr Komfort und höherer Dynamik Abstriche vorgenommen werden. Nicht sicher ist, ob das derzeitige Wachstum dieser Fahrzeuge in völlig neue Dimensionen, wie es Dodge Ram, Ford Excursion, GM Suburban, Porsche Cayenne und Volkswagen Touareg demonstrieren, über längere Zeit akzeptabel bleibt. Schon heute stellen amerikanische Umweltschützer die provozierende Frage „Welches Auto

würde Jesus fahren?" und zeigen damit eine beginnende soziale Unverträglichkeit der Monstermobile an. Wenn die europäische Automobilindustrie die sich selbst auferlegte Beschränkung des Flottenverbrauchs durch eine weiterhin wachsende Anzahl dieser durstigen SUVs

verfehlen sollte, könnten die Gesetzgeber eingreifen und von sich aus restriktive Maßnahmen zur Kraftstoffeinsparung vorgeben.

Der für 2006 geplante Smart formore wird als einer der kleinsten SUVs sicherlich eine interessante Alternative zu den großen Brüdern.

Nachdem die Käufer in Europa den SUV und SAV mit Allradantrieb erst vor einigen Jahren als interessante Alternative zur herkömmlichen Limousine für sich entdeckt haben, wird die Sättigungsphase dieser Fahrzeugkategorie in den nächsten Jahren mit Sicherheit nicht erreicht. Eine Betrachtung der neu eingeführten Techniken in Allradfahrzeugen belegt diese Vorhersage ebenfalls. Jahrelang vollzog sich die Einführung von Innovationen bei Geländefahrzeugen und Allradlimousinen nur in kleinen Schritten, und erst in den letzten Jahren wird eine dynamische Entwicklung auf diesen Gebieten sichtbar.

Schon 1903 hat der Spyker Grand Prix Racer mit seinem Allradantrieb die nächsten 60 Jahre der Entwicklung im Personenwagen vorweggenommen. In sechs Jahrzehnten haben sich die Ingenieure nicht von der form-

schlüssigen mechanischen Übertragung lösen können und keinen technologisch bedeutsamen Durchbruch erzielt. Erst mit dem Antriebskonzept im Jensen Interceptor FF hat Ferguson Developments einen Quantensprung in die Neuzeit des Allradantriebes geschafft. Die nächsten bedeutsamen Schritte wie die Einführung der Visco-Kupplung, der elektronisch gesteuerten Lamellenkupplungen zur variablen Leistungsverzweigung und die Kombination von Elektronik und Mechanik zur Mechatronik im Allradantrieb haben zu völlig neuen Systemfähigkeiten geführt. Heute wird das technisch Machbare in SUVs, deren Preise inzwischen das Niveau von Luxuslimousinen überschreiten, auch realisiert. Damit scheint ein vorläufiger Endpunkt in der Entwicklung von Allradantrieben für Personen-, Sport-, und Gelände-Wagen erreicht zu sein. Die elektronischen Assistenzsysteme stehen den Fahrern in fast jeder Situation auf normalen Straßen und im Gelände zur Seite und übernehmen weitestgehend die Kontrolle in Extremsituationen. Was kann da noch kommen?

Hydrostatische Antriebe bieten neue Antriebskonzepte

Ein Blick über den Zaun zu anderen Fahrzeugkategorien könnte hier die Antwort geben. Im Traktorbau wird an Vorderachsantrieben gearbeitet, die mit einem hydrostatischen Antrieb ein auf die jeweiligen Spurkreise und den Traktionsbedarf der Vorderachse exakt zugeschnittenen Anteil der Motorleistung zwischen Vorder- und Hinterachse verteilen. Der hydrostatische Antrieb arbeitet dabei als stufenlose Übersetzung, um die optimale Anpassung an die jeweilige Fahrsituation zu ermöglichen. Noch sind hydrostatische Antriebe für den Einsatz im Personenwagen zu teuer, zu schwer und zu laut. Aber es kann nur noch eine Frage der Zeit sein, wann endlich ein Hydrostat als leichtgewichtiger Preisbrecher in Großserie auf dem Markt erscheint.

Hydrostatische Antriebe hätten dann auch gute Aussichten, als Zusatzantrieb für eine Achse verwendet zu werden. Dieser Antrieb würde dann nur eingeschaltet – oder schaltet sich automatisch ein – wenn die mit höherem Wirkungsgrad arbeitende mechanische Leistungsübertragung auf einer Achse zum Beispiel auf Eis, Schnee oder im Matsch das Auto nicht mehr frei fahren kann. Denn in den

Im Nutzfahrzeugbau dringen hydrostatische Antriebe langsam vor. Gewicht, Kosten und Geräuschentwicklung stehen einer Anwendung im Geländewagen noch entgegen.

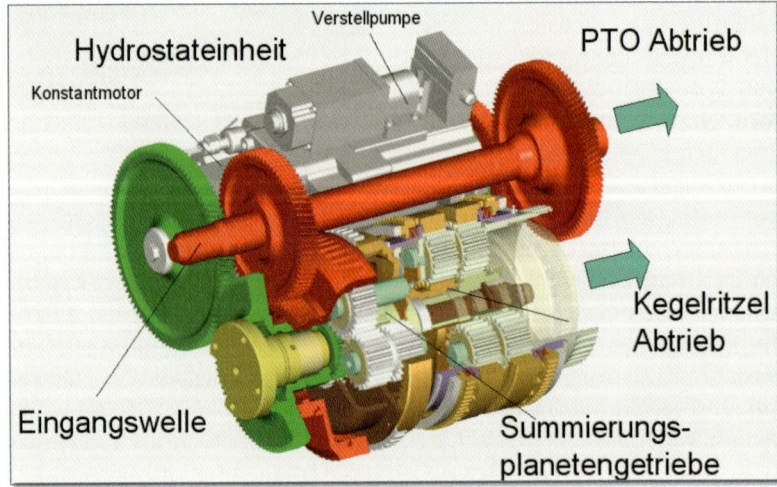

meisten Fällen bedarf es nur eines geringen Zusatzschubes, um ein festsitzendes Auto wieder flott zu fahren. Geringeres Zusatzgewicht und niedrigere Kosten machten diese Varianten eines „Leichtallrads" besonders für Kompakt- und Mittelklassewagen interessant.

Elektromotoren kommen in Hybridfahrzeugen wieder

Hybridfahrzeuge nutzen für den doppelten Antrieb mit einem Verbrennungsmotor und Elektromotoren den Allradantrieb. Beim Toyota Hybrid-Fahrzeug überträgt ein stufenloses CVT-Getriebe die Leistung von Verbrennungsmotor und vorderem Elektromotor auf die Vorderachse.

Die gleiche Aufgabe können auch elektrische Motoren übernehmen, die dann den Vierradantrieb wieder zu seinem Ursprung im Lohner-Porsche-Fahrzeug zurückführen. Durch die Entwicklung von extrem starken Magneten in den letzten Jahrzehnten können diese Motoren erheblich kleiner und leichter ausgeführt werden als bisher. Auch lassen sie sich als temporäre Hilfsantriebe einsetzen, um das Vorwärtskommen eines Wagens bei schwierigen Straßenverhältnissen sicherzustellen. Und die schon heute verfügbaren Leistungselektroniken regeln diese Motoren optimal.

Elektrische Hilfsantriebe sind aber schon heute keine Vision mehr. Mazda und Nissan haben mit den elektrischen Zusatzantrieben des Demio bzw. des Micra interessante Lösungen für einen leichten, zuschaltbaren Allradantrieb bereits in Serie gebracht. Damit sind die beiden japanischen Firmen Vorreiter auf dem Sektor der elektrischen Zusatzantriebe, denen noch weitere Hersteller in naher Zukunft folgen werden.

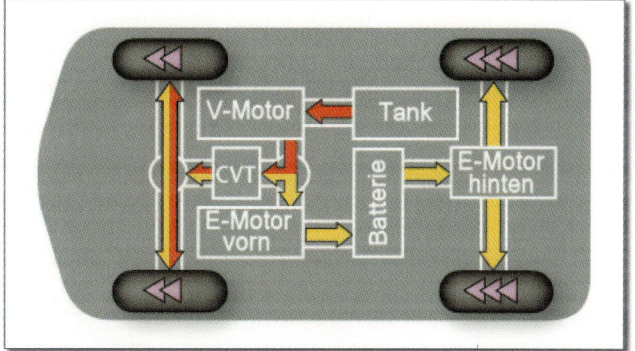

Fahrzeuge mit Hybridantrieb überbrücken derzeit die sich ständig verlängernde Entwicklungszeit von Brennstoffzellen-Autos. In Ballungszentren schalten die Hybridfahrzeuge vom Antrieb mit Verbrennungsmotoren auf elektromotorischen Betrieb um und verringern damit die lokale Luftbelastung. Die Stückzahlprognose auch für diese Art von Fahrzeugen steigt kontinuierlich, so dass die dafür benötigten elektrischen Fahrmotoren demnächst in Großserien entsprechend preiswert zur Verfügung stehen werden.

Toyota hat mit seinem Serien-Modell Estima bereits die Entwicklungsrichtung vorgegeben. Bei diesem vorerst nur in Japan verkauften Hybrid-Minivan können die Hinterräder elektrisch über eine Pufferbatterie zusätzlich angetrieben werden. Noch einen Schritt weiter in die Zukunft

weist Toyotas Fuel Cell Hybrid-Fahrzeug, das noch zu Erprobungszwecken dient. Bei diesem Prototyp treibt ein Verbrennungsmotor im Normalbetrieb die Vorderräder an. Eine Brennstoffzelle entwickelt die notwendige elektrische Leistung zum Antrieb der Elektromotoren in den Hinterrädern. Beide Antriebsarten können wahlweise separat oder, zur Erhöhung der Beschleunigungsleistung oder der Steigfähigkeit, auch gemein-

Auch Ford liefert mit dem vierradgetriebenen Hybrid-Modell Escape einen Beitrag zur geringeren Umweltbelastung durch SUVs.

sam verwendet werden. Selbst in der Oberklasse führt Toyota mit dem Lexus RX 330 die Hybridtechnologie als Kombination eines Verbrennungsmotors mit einem Elektromotor als Vierradvariante in dem Luxus-SUV ein.

Auch Ford beteiligt sich mit dem Escape Hybrid an der Entwicklung der neuen Technologie, die besonders für den amerikanischen Markt immer interessanter wird. In Europa erreichen die Dieselmodelle mit Partikelfilter und Katalysator zu günstigeren Kosten ähnliche Verbrauchs- und Abgaswerte.

Noch erweckt das Konzept des zweisitzigen Geländewagens Jeep Treo nur auf Motorshows Interesse. Es könnte aber eine mögliche Zukunftsentwicklung andeuten.

In ein überraschendes Betätigungsfeld zielt das von MG Rover zusammen mit der englischen Fahrzeugentwicklungs-Gruppe MIRA erstellte Konzept des Hybrid Performance Development Fahrzeuges. Sein Name sagt schon alles: Ein Ottomotor und Elektromotoren sind zu einer Hybrid-Einheit kombiniert und leisten zusammen 200 PS. Das Konzeptfahrzeug auf Basis des MG TF verfügt über Vierradantrieb und

zeigt nach Auskunft von Rover ein „hohes Potenzial für den Motorsport". Während bisher Hybridfahrzeuge primär unter dem Aspekt der Luftreinhaltung in Ballungsgebieten konzipiert wurden, sehen Rover und MIRA auch die Möglichkeit der Leistungssteigerung durch die Addition von Verbrennungs- und Elektromotoren. Während einer „Clean Racing Conference" im Oktober 2003 in Birminghamm stellten mehrere Unternehmen bereits ihre Ansätze und Vorschläge für

Motorsporteinsätze mit weniger schädlichen Abgasen vor. Diese Bemühungen fallen eindeutig in den Bereich der PR- und Alibi-Aktionen mit nicht messbarer Wirkung auf die Umwelt.

Einen auf den ersten Blick genauso wenig ernsten und zukunftweisenden Ansatz zeigt der Chrysler Treo, der ebenfalls alle vier Räder mit Elektromotoren antreibt. Die stilistische Verwandtschaft zu einem Dune Buggy kann auf Ausstellungen Aufmerksamkeit erringen, für die weltweiten Märkte trägt dieses Modell dagegen den klaren Stempel eines nicht serienfähigen Showcars. Das Konzept des kleinen, ein- oder zweisitzen Geländefahrzeugs könnte aber durchaus wieder an Attraktivität gewinnen. Einige nützliche und witzige Elemente des Treo können darüber hinaus Eingang in spätere Freizeitautos finden.

Neue Materialien und Technologien zur Gewichtseinsparung

Das hohe Gewicht der neuen Allrad-Fahrzeuge ist ein schwerwiegendes Handikap. Deshalb zielen viele Maßnahmen für zukünftige Modelle auf die Gewichtsreduzierung. Der weitere Einsatz von Verkleidungen und sogar tragenden Teilen aus Komposit-Werkstoffen trägt zur Gewichtsreduzierung genauso bei wie die Hybrid Bauweise mit verschiedenen Metallen. Neue Fügeverfahren erlauben es, Aluminium- und Stahlteile hochfest miteinander zu verbinden. Daraus resultieren Möglichkeiten zur gezielten Verwendung unterschiedlicher metallischer Werkstoffe entsprechend den jeweils geforderten   Eigenschaften. Leichtmetalle wie Aluminium- oder Magnesiumlegierungen werden für hochbelastete Komponenten, zum Beispiel Radführungen, zukünftig nicht nur geschmiedet, sondern mit neuen Verfahren wie Squeeze-Casting oder Tixo-Casting kostengünstiger gegossen werden und damit auch Einzug in preiswertere Fahrzeuge, natürlich nicht nur mit Allradantrieb, halten.

Die erkennbare Abkehr von der Rahmenbauweise zugunsten selbsttragender Karosserien ermöglicht ebenfalls eine deutliche Gewichtseinsparung. Rahmen als Basis für Geländewagen werden sich in Europa zukünftig nur noch bei Militärfahrzeugen und bei den ausgesprochenen Arbeitspferden finden. Die neuen SUVs und SAVs verzichten bereits alle auf diese vom Lastwagen übernommenen schwergewichtigen Profile unter der Bodenplatte. In USA bleibt die Rahmenbauweise für die Millionen von jährlich produzierten Light Trucks und Trucks mit den darauf aufgebauten unzähligen Varianten von Pick-Ups und SUVs aber noch für etliche Jahre die preiswerteste Produktionsmethode.

Elektronische Steuergeräte und Infotainment dringen weiter vor

Schon heute arbeiten in hoch ausgestatteten Fahrzeugen bis zu 70 verschiedene elektronische Module. Derzeit kommunizieren nur wenige Steuersysteme wie Motormanagement, Antriebsmanagement, ABS, Traktionskontrolle und elektronisches Stabilitätsprogramm wirklich perfekt miteinander. An der noch tiefer gehenden Verknüpfung der einzelnen Systeme arbeiten zurzeit die Elektroniker besonders intensiv, um noch bessere Eigenschaften mit allem Assistenz-System zu erzielen. Im Zuge dieser Entwicklung wird sich auch die Zahl der Steuergeräte, damit der Platzbedarf und letztendlich der Preis für den Kunden spürbar senken lassen.

Telematik und Infotainment sind die beiden Schlagworte, die Hoffnung geben, zukünftig Staus vermeiden zu können oder aber die Stauzeit möglichst kurzweilig zu verbringen. Beide Entwicklungen der Elektronikindustrie beschränken sich natürlich nicht auf allradgetriebene Fahrzeuge, sondern gelten für alle Auto-Kategorien gleichermaßen. In den Innenräumen der voluminöseren SUVs besteht aber ein größeres Platzangebot für die Unterbringung von zusätzlichen Bildschirmen, klanggewaltigen Lautsprechern und Stauraum für Spielekonsolen. Die Geländewagenhersteller aus Fernost haben diesem Trend schon umfangreicher Rechnung getragen als Europäer und Amerikaner. Der Grund liegt wohl in den erheblich längeren Stauzeiten in den asiatischen Metropolen, die einigermaßen erträglich mit der Betätigung von Spaß und Spiel überbrückt werden sollen.

Trends und Zeitgeist prägen neue Fahrzeugkonzepte

BMW hat mit der neuen Bezeichnung für seine Modelle X 5 und X 3 als Sports Activity Vehicles den Zeitgeist exakt getroffen. In den Freizeitgesellschaften der Industrieländer dienen diese Fahrzeugkategorien nur in den seltensten Fällen zur Überwindung schwieriger Straßenverhältnisse. Die rationalen Käufer, die einen Geländewagen oder einen SUV tatsächlich benötigen, machen nur einen geringen Prozentsatz aus. Die überwiegende Mehrzahl der Besitzer kauft diese Autos aus emotionalen Gründen und sieht darin ein Statement für ihren Lebensstil. Mit ihren Fahrzeugen signalisieren sie Aktivität und moderne Lebenseinstellung. Und sie schätzen das ganz besondere Fahrerlebnis, das diese Automobile in einmaliger Form bieten.

In der Umsetzung dieser emotionalen Kaufgründe trifft der neue Mercedes GST das Selbstverständnis einer anspruchsvollen Klien-

tel punktgenau. Dieser Grand Sports Tourer verkörpert die ultimative Synthese aus SAV, Oberklassen-Limousine, Mini-van und Sportwagen in einem Fahrzeug. Um dem Anspruch der uneingeschränkten Einsatzfähigkeit gerecht zu werden, treibt der GST natürlich alle vier 22 Zoll großen Räder an. Mercedes gibt mit diesem GST einen neuen Trend vor, dem andere Hersteller folgen müssen – vorausgesetzt, die Wohlstandsentwicklung reißt nicht ab.

Die emotionalen Kaufgründe bei dem hohen Prozentsatz der weiblichen Fahrer von Geländewagen zielen dagegen weniger nach außen als eher nach innen. Die erhabene Sitzposition, das hohe Gewicht der Fahrzeuge und das große Volumen, das die Fahrerinnen umgibt, erzeugen bei ihnen ein Gefühl der Sicherheit. Die Botschaft nach außen scheint dagegen nach den derzeitigen Untersuchungsergebnissen bei Damen eher sekundär zu sein.

Viele der jetzt trendigen Outdoor-Aktivitäten wie Radfahren, Golf oder Tauchen erfordern viel Platz für die notwendigen Gerätschaften. Die Variabilität von SAVs und Crossover-Fahrzeugen steht deshalb in besonderem Fokus der Käufer, und damit auch der Entwickler. Leichtere und schneller entfernbare oder einklappbare Sitze, breite Tür- und Heckklappen-Öffnungen sowie leicht zu reinigende Oberflächen bedeuten nur die Grundforderungen von aktiven Käufern. Darüber hinaus erwarten sie ein breit gefächertes Angebot von Zubehör für die verschiedensten Aktivitäten, um sich ihr Fahrzeug

Allradgetriebene Fahrzeuge bieten sich für die boomenden Freizeittrends besonders an. Hohe Flexibilität und Variabilität der Ausstattungen wird zukünftig besonders gefragt sein.

Die weite Spanne der Allradanwendungen belegt der Grand Sports Tourer von Mercedes-Benz. Die Mischung aus Sportwagen und Langstreckenfahrzeug macht den GST zu einem Crossover-Fahrzeug.

für ihre Einsätze maßschneidern zu können. Fahrzeughersteller und Zubehörlieferanten haben diesen Markt bereits entdeckt und werden in der Zukunft noch eine Fülle von Adaptions – Möglichkeiten für die verschiedensten Fahrzeuge anbieten.

Konzeptfahrzeuge und Showcars weisen in die Zukunft

Die Attraktivität aller Industrieprodukte wird durch das Styling in einem hohen Maße beeinflusst. Die runderen Formen der neuen SUVs und SAVs belegen bereits die kontinuierliche Abkehr von dem Box-Design der urwüchsigen, echten Geländewagen. Diese Entwicklung des Designs setzt sich fort, und schon heute lassen Studien der einzelnen Automobilhersteller ahnen, in welche Richtung die nächsten Modell-Generationen geformt wer-den. Selbst der traditionsbewusste englische Geländewagenhersteller Land Rover gibt seinem neuesten Modell Range Stormer neben runderen Formen weitere moderne Designelemente mit auf den weg. Nur der Ford Bronco und natürlich der Hummer H3 zeichnen sich durch betont eckige Formen aus und setzen sich damit deutlich vom Trend ab.

Auffällig ist auch, dass sportliche Elemente immer stärker stilbildend eingesetzt werden. So zeigt das Konzept-Fahrzeug Jeep Varsity trotz der erkennbaren Abstammung vom Jeep Cherokee eine klare Anlehnung an ein Coupé. Noch stärker demonstriert der Showcar Infiniti Triant die Verschmelzung aus einem hochkarätigen Sportwagen mit einem geländegängigen Fahrzeug. Mit dem Concept T stellt Volkswagen eine Studie mit der gleichen Zielrichtung vor.

Auch der Audi Pikes Peak lehnt sich nicht nur im Namen an ein sportliches, für Audi besonders erfolgreiches motorsportliches Ereignis

an. Formgebung und Motorisierung stellen ein deutliches Statement zur Sportlichkeit, kombiniert mit der Mobilität des Quattro-Antriebes, dar.

Ebenso stellt Peugeot bei dem Konzeptfahrzeug Hoggar die Anlehnung an den Sport in den Vordergrund. Die Benennung des futuristischen Dune Buggies nach dem Hoggar-Gebirge in Algerien soll gleichzeitig das Abenteuer der Sahara und der Rallye Paris-Dakar assoziieren. Die jeweils doppelten Federbeine an allen vier Radaufhängungen erinnern bewusst an die Wettbewerbswagen in den harten Wüstenrallyes. Und die zwei getrennt voneinander arbeitenden Dieselmotoren vorn und hinten mit je 180 PS setzen die französische Tradition des Citroen Sahara aus dem gleichen Konzern legitim fort. Die hohe Leistung lässt allerdings eher an den Audi TT bimoto mit zwei Motoren der Firma MTM in Wettstetten denken.

Die Verschmelzung von Geländewagen mit dynamischen Sportcoupés wie hier beim Infinity Triant vollziehen derzeit mehrere Automobilhersteller. Daran lässt sich ein klarer Trend für kommende Modelle erkennen.

Schon heute verfügen die Top-Modelle wie BMW X5, Lexus, Mercedes M-Klasse, Porsche Cayenne, Range Rover oder Volkswagen Touareg über Motorleistungen, die vor wenigen Jahren Sportwagen in die erste Startreihe gebracht hätten. Dieser Zug zu hubraumgroßen Motoren mit ungebändigter Kraft endet derzeit bei den Zehnzylinderaggregaten des Dodge Ram und des VW Touareg. Viele Konkurrenten werden leistungsmäßig nachrücken müssen. Die Konzeptfahrzeuge auf den Auto-

shows in Detroit, Frankfurt und Tokyo belegen diesen Trend.

Diese und viele andere Aktivitäten zeigen, dass die Zukunft der Allradfahrzeuge gerade erst begonnen hat. Die folgenden Generationen werden noch kundenfreundlicher, sicherer, attraktiver und hoffentlich umweltverträglicher. Die nächsten Modelle werden beweisen, welche weiteren faszinierenden Potenziale noch im Allradsystem und den damit ausgerüsteten verschiedenen Fahrzeuggattungen freigesetzt werden können. Die Kombination der besten Konzepte und Komponenten aus Hardcore-Geländewagen, SUVs und SAVs sowie Allrad-Personenwagen in den kommenden Crossover-Fahrzeugen wird Automobile mit bisher nicht gekannter Sicherheit, Variabilität und Fahrerlebnis schaffen.

Toyota erweitert wie mehrere andere Hersteller auch die bisherige Gewichts- und Leistungsgrenze mit dem FTX Concept nach oben. Ein großvolumiger V8-Motor soll in Verbindung mit dem Hybridantrieb die Verbrauchswerte eines V6-Motors ermöglichen.

Paul Frère/Herbert Völker, *quattro, Sieg einer Idee*
Verlag ORAC, Wien, 1986
Jürgen Lewandowski, *Audi sport quattro,*
Südwest-Verlag, München,1989
Visco-Kupplungen und Visco-Differentiale,
Viscodrive GmbH, Schwäbisch-Gmünd, 1986
100 Jahre Steyr-Daimler-Puch
Steyr-Daimler-Puch Fahrzeugtechnik AG & Co KG, Graz, 1999
Cayenne, der dritte Porsche
Dr.Ing.h.c. F.Porsche AG, Stuttgart, 2002
Alfred Preukschat: *Fahrwerktechnik, Antriebsarten*
Vogel Buchverlag, Würzburg, 1998
Prof. Günter Hohl, *Interaktion zwischen Reifen und Gelände,* Symposium „Reifen
und Fahrwerk", Wien, 2003-12-28
E. Pape, M. Kröll, M. Gerhardy, Volkswagen AG. *Der neue Touareg* (ATZ 12/02).
**M. Eichler, K.-J. Gier, H. Liefer, W. P. Liesner, U. Preuße, F. Rischbieter, D.
Schuldig, U. Sonnak, C. Spichalsky.** Volkswagen AG. *Das Fahrwerk des VW
Phaeton mit Luftfederung.* (ATZ-Extra 7/02)
M. Rabe, N. Küstler-Claus. Volkswagen AG. *Das Sicherheitskonzept des VW
Phaeton* (ATZ-Extra 7/02).
A. Bauder, T Dirschnabel, R. Pischke, M. Schöffmann. Audi AG.
Der Antriebsstrang des Audi A8 (ATZ-Extra 8/02).
F. v. Meel, A. Biesalski, C. Blattner. Audi AG. *Die neue Luftfederung des Audi A8.*
(ATZ-Extra 8/02).
H. Lanzer, MagnaSteyr Powertrain. *Vergleich verschiedener Allradsysteme* 4/2003
H Hödl, MagnaSteyr, 4. Grazer Allradkongress. *Wieviel Allrad braucht der Markt?*
G. Walz, DaimlerChrysler, 3. Grazer Allradkongress. *Marktunterschiede Europa-USA.*
H. Lanzer, MagnaSteyr Powertrain, 4. Grazer Allradkongress. *Was leisten die
Allradsysteme.*
E. Pape, Volkswagen AG. 3. Grazer Allradkongress. *VW in 4MOTION – Vortrieb
in allen Lebenslagen.*
F. Gratzer, MagnaSteyr Powertrain. 3. Grazer Allradkongress. *Kupplung oder
Differenzial – Antriebsstrangkonzepte für Allradfahrzeuge.*
M. Edo Ros. ACTS, 3. Grazer Allradkongress. *Neue Sicherheitsentwicklungen für
Geländewagen.*
B. Heißing, F. Diermeyer, E.M. Hackbarth, TU München. 3. Grazer Allradkon-
gress. *Fahrdynamik von Offroad-Fahrzeugen.*
H. Schwanghart, A. Zweier, Influence of Tread on Drawbar Pull of Tires,
11. ISTVS Conference, Nevada
S. Shoop, B. Young et. al, Winter Traction Testing 11. ISTVS Converence,
Nevada
Winthertur-Versicherung, Winterthur. *Crash-Tests 2000. Erkenntnisse der Unfall-
forschung aus Versuchen mit Geländewagen. Automobiltechnische Zeitschrift,*
Wiesbaden, div. Ausgaben.
Verein für Konsumenteninformation, Wien, *Konsument,* Berichte über Euro-
NCAP-Tests, div. Ausgaben.

Auto Motor und Sport, Stuttgart, verschiedene Ausgaben
Autorevue, Wien, div. Ausgaben.
Classic Car
Off Road, 4x4-Magazin, Ottobrunn, div. Ausgaben.
Katalog der Schweizer Automobil-Revue, Bern, div. Ausgaben.
Hobby, Magazin der Technik, Geländewagen-Vergleichstest, Heft 15/1972.
Euro-NCAP Crash-Test Results fortlaufend.
Der Spiegel 45/97. Tanz um die Gummihütchen (Elchtest).
www.Ultimatecarpage.com

In solchen Landschaften mit beeindruckenden Stimmungen ist schon der Weg das Ziel.

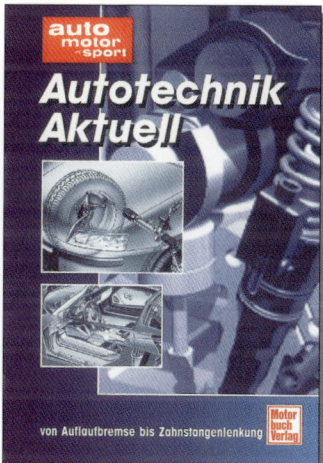

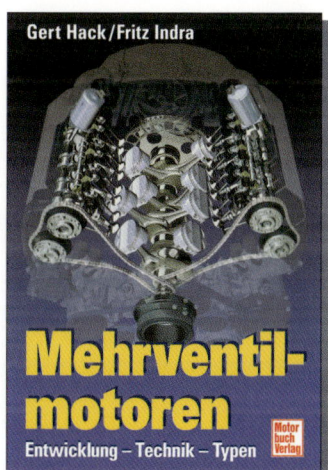